Manual Imprescindible de
Excel 2003

Claudia Valdés-Miranda Cros
Enrique Rodríguez Álvarez

ANAYA
MULTIMEDIA

Primera edición, febrero 2004
Primera reimpresión, agosto 2005
Segunda reimpresión, mayo 2006

Juan Ignacio Luca de Tena, 15. 28027. Madrid
Depósito Legal: M.21.068-2006
I.S.B.N.: 84-415-1665-0
Printed in Spain
Imprime: Artes Gráficas Guemo, S.L.
Febrero, 32. 28022 Madrid

Dedicatoria de la autora

A mi abuela Bessie

Dedicatoria del autor

A mi padre por el tiempo que le debo...

Las sombras son tan importantes como las luces.
Madrid, invierno de 2003.

Agradecimientos de la autora:

Gracias **Mami**, sin tu apoyo y dedicación ninguno de mis libros habría visto la luz.

Gracias **Daniela**, mi niña preciosa, por tu cariño y entusiasmo, estudia más.

A **Titos** y su encantadora familia por los buenos momentos pasados juntos.

Gracias a mis amigos por lo agradable que hacen mi vida, no puedo nombrarlos a todos... pero me gustaría hacerlo.

Quiero recordar a mis colegas de **FCC**, a ellos y a mis compañeros de **Cuatro Caminos** agradezco su camaradería y colaboración.

Finalmente agradezco al equipo de **Anaya Multimedia**, especialmente a mis editores **Eugenio Tuya** y **Marta Camarero** el gran apoyo que han prestado en la realización de este libro.

Agradecimientos del autor:

Algunos de estos capítulos se han alternado con notas de aliento a un amigo en misión militar. Agradezco al **Cabo Seijas** su honestidad y amistad.

Claudi, qué paciencia tienes, pero ya me conoces.

Kike, sigues siendo el niño al que quiero un montón. Tu compañía es lo más valioso que tengo.

Mary, agradezco mucho tu esfuerzo de revisión. Puedes mucho más...

Flaka, que bonito comprobar que seguimos siendo los de siempre.

Gracias a mi madre, familia y amigos.

Existe una ciudad en el mundo donde convergen todos los extremos. Te da y te quita todo. Este libro se terminó bajo su espléndida luz.

Índice

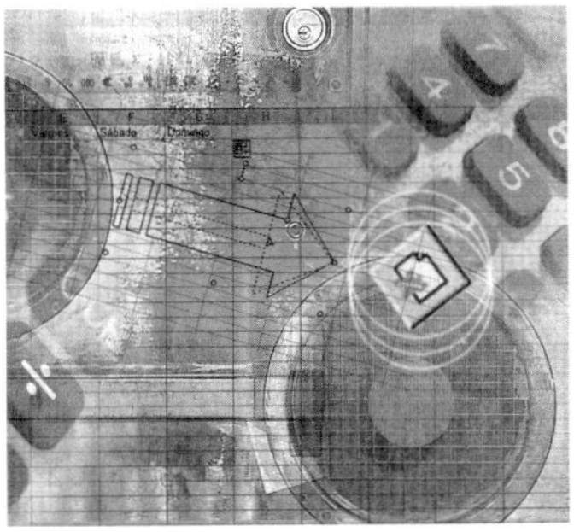

Cómo usar este libro

A quién va dirigido este libro

Este libro va dirigido principalmente a los usuarios noveles de Excel, aquellos que empiezan a dar sus primeros pasos con el programa. Incluso si nunca antes han trabajado con la aplicación, les resultará estimulante sentir que aprenden rápidamente y que, muchos de sus problemas de cálculo tienen una solución sencilla.

Los usuarios de nivel medio también pueden usar este libro como manual de referencia, utilizando directamente el capítulo que les interese, aunque este libro es fundamentalmente para el aprendizaje ordenado del programa.

Contamos con que posee conocimientos básicos de informática: cómo usar el teclado, cómo desplazarse con el ratón y que tiene referencia sobre el funcionamiento de Windows.

Todo el que tenga una duda acerca de las herramientas elementales de Excel, encontrará una respuesta en este libro. Esperamos que disfrute con su estudio y que este manual ocupe un lugar destacado en su biblioteca informática y en su aventura cotidiana con Excel.

Estructura del libro

Este libro está dividido en 20 capítulos y un apéndice que abarcan los siguientes temas:

- **Capítulo 1. Principios básicos**: Asimilará los conceptos básicos de Excel, desde una celda a un libro de trabajo. Realizará un recorrido elemental por las principales herramientas del programa: la entrada de datos, el formato, las fórmulas, las funciones y los gráficos.
- **Capítulo 2. Para empezar a trabajar con Excel**: Conocerá cómo identificar y manejar los distintos elementos del entorno de Excel, aprenderá a trabajar con los botones de control de Windows y a navegar por la zona de trabajo de Excel. Al finalizar este capítulo podrá utilizar los menús y las barras de herramientas y obtener ayuda en Excel.
- **Capítulo 3. Libros y hojas de trabajo**: Estudiará cómo crear un libro de trabajo nuevo, buscar un libro de trabajo dentro del programa, salvar y cerrar documentos, moverse entre libros abiertos, administrar las hojas de trabajo, mover, copiar, insertar, renombrar y borrar hojas de trabajo, colorear las fichas de las hojas y cambiar el tamaño de visualización del programa en pantalla.

- **Capítulo 4. Entrada y edición de datos**: Aprenderá a introducir y editar sus datos, a desplazarse de una celda a otra, entenderá algunas funciones que optimizan la entrada, como Autocompletar y Autorrellenar, cómo crear listas personalizadas, el comando Rellenar y, por último, aprenderá a editar, reemplazar y borrar el contenido de una celda.
- **Capítulo 5. Trabajos con celdas y rangos**: Comprenderá el trabajo con las celdas y rangos de celda, cómo seleccionar filas, columnas y hojas completas, insertar comentarios, nombrar celdas y rangos de celda, copiar y mover datos, trabajar con el portapapeles, usar el pegado especial, las fichas inteligentes y cómo borrar sus datos.
- **Capítulo 6. Cómo adaptar el entorno de trabajo:** Aprenderá funciones esenciales para el trabajo con Excel: insertar y eliminar filas y columnas. Explicaremos varias herramientas que permiten optimizar tiempo y garantizar la calidad del documento, como Buscar y Reemplazar y la Revisión ortográfica, así como modificar la fuente estándar, los colores disponibles y el fondo de la hoja.
- **Capítulo 7. Las fórmulas en Excel**: Aprenderá a introducir y editar fórmulas y a distinguir diferentes estilos de referencias. También podrá detectar errores en las fórmulas con las herramientas que proporciona Excel.
- **Capítulo 8. Funciones**: Conocerá los mecanismos para el uso de las funciones. Una vez que domine cómo usarlas, solamente necesitará una breve descripción de cada función y estará listo para ejecutarla. Practicará con alguna de las funciones del programa.
- **Capítulo 9. El formato de las hojas de cálculo**: Conocerá las herramientas que permiten modificar el aspecto de la hoja de cálculo, para mejorar su presentación sin que cambien los datos que se encuentran dentro de las celdas.
- **Capítulo 10. Los gráficos en Excel**: Los gráficos ilustran visualmente los datos de una hoja de cálculo y, a la hora de presentar un informe, permiten comparar informaciones y analizar tendencias de un simple vistazo. En este capítulo aprenderá a realizar gráficos, utilizando los datos de la hoja de cálculo y conocerá muchas de las posibilidades que ofrece esta magnífica herramienta.
- **Capítulo 11. Trabajar con Imágenes**: Profundizaremos en una serie de herramientas que permiten resaltar y hacer más explícitas sus hojas de cálculo. Aprenderá a insertar y a crear nuevas imágenes y dibujos en una hoja de trabajo.

- **Capítulo 12. Imprimir hojas de cálculo**: Conocerá las opciones de impresión, que posibilitan que sus trabajos impresos tengan un aspecto más profesional.
- **Capítulo 13. Las bases de datos en Excel**: Descubrirá que Excel, además de sus magníficas herramientas de hoja de cálculo, proporciona un grupo de instrumentos, que permiten crear y gestionar bases de datos.
- **Capítulo 14. Totalizar y comparar datos**: Las tablas y gráficos dinámicos permiten presentar la información recopilada en las bases de datos, de forma que sea fácilmente comprensible. En este capítulo explicaremos de manera sencilla cómo trabajar con estas herramientas, todavía desconocidas para muchos.
- **Capítulo 15. Personalizar**: Conocerá cómo adicionar y borrar botones de la barra de herramientas, crear su propia barra, variar las características predefinidas del programa e instalar otras funciones desde el CD de instalación.
- **Capítulo 16. Integración con otras aplicaciones**: Conocerá un grupo de funciones encargadas de la importación y exportación de archivos. Excel se integra perfectamente con el resto de aplicaciones de Office, por lo que resulta muy fácil combinar una hoja de cálculo de Excel con otros tipos de documentos.
- **Capítulo 17. Colaboración y seguridad**: Conocerá cómo organizar grupos de trabajo compartiendo los libros de trabajo. Un libro que está compartido permite el acceso paralelo de varios usuarios en tiempo real, permitiendo la manipulación múltiple de los datos. Verá cómo configurar los parámetros de seguridad de sus documentos y cómo enviar sus archivos Excel por correo electrónico.
- **Capítulo 18. Macros**: Probaremos definir una macro. La esencia de este capítulo es la automatización, lograr que un grupo de operaciones se ejecuten automáticamente, a través de una orden que puede darla una combinación de teclas o un botón. Conocerá las ventajas que ofrecen las macros.
- **Capítulo 19. Excel en Internet**: Estudiará la avanzada relación de Excel con Internet. Excel puede acceder a archivos de cualquier parte del mundo, con la misma facilidad que a los archivos almacenados en su propio disco duro.
- **Capítulo 20. Novedades**: Excel 2003 es la hoja de cálculo más potente en estos momentos, esta nueva versión incluye variadas y novedosas características que resumimos en este capítulo.
- **Apéndice**: Instalación del programa.

Convenios utilizados en este libro

Este libro es fácil de entender. El uso de formatos especiales para estructurarlo facilita la compresión y podemos resumirlo en los siguientes aspectos:

- Cuando nos referimos en el texto a una combinación de teclas, éstas aparecen separadas por un guión. Así, **Control-C** indica que debe mantener pulsada la tecla **Control** y, después pulsar **C**; soltando ambas teclas a continuación. Estas combinaciones de teclas aparecen en negrita.
- Los nombres de comandos, menús, opciones, cuadros de diálogos y todo lo que queremos diferenciar aparecen en un tipo de letra diferente, para destacarlos del resto del texto.
- Cuando haya que seleccionar un determinado comando de un menú o submenú, abreviaremos la escritura, presentando los menús y comandos en el orden en que deben seleccionarse y separados por el signo mayor que (>). Por ejemplo, en lugar de indicar en el menú Archivo el comando Guardar Como... se dice directamente que se ejecutará Archivo>Guardar como....
- Para diferenciar términos anglosajones usamos la letra cursiva.
- Encontrará una serie de recuadros con elementos destacados sobre el texto normal, con Notas, Trucos y Advertencias, con el objetivo de resaltar algún concepto importante. Estos recuadros serán:

Nota:

Para facilitar o concretar información relacionada con el tema que estamos tratando.

Truco:

Para ampliar sus conocimientos y facilitar el uso de Excel.

Advertencia:

Para evitar posibles errores a consecuencia de una operación mal realizada.

Los mecanismos, procesos e ideas que desarrollamos en nuestro libro no son únicos, pues Excel ofrece múltiples posibilidades para llegar a un mismo fin, por tanto, si investiga podrá encontrar otras posibilidades para solucionar sus tareas.

Información de soporte

Los ejemplos desarrollados en este libro puede descargarlos de la página Web de Anaya Multimedia en la dirección: http://www.anayamultimedia.es, seleccionando sucesivamente los menús: Atención al cliente>Complementos>Manuales imprescindibles>Excel 2003. Allí existe una carpeta para el material de entrenamiento que presentamos en el libro. Puede partir de estos ejemplos y manipular sus resultados, incluso con modificaciones que resulten de sus propias comprobaciones. Aquellos lectores que, una vez terminen el estudio de este manual, quieran profundizar en sus conocimientos, Anaya Multimedia edita un magnífico Manual Avanzado de Excel 2003 con los temas más complejos de la aplicación.

Antes de comenzar a explicar los temas nos resta desearle que sea esta una útil lectura.

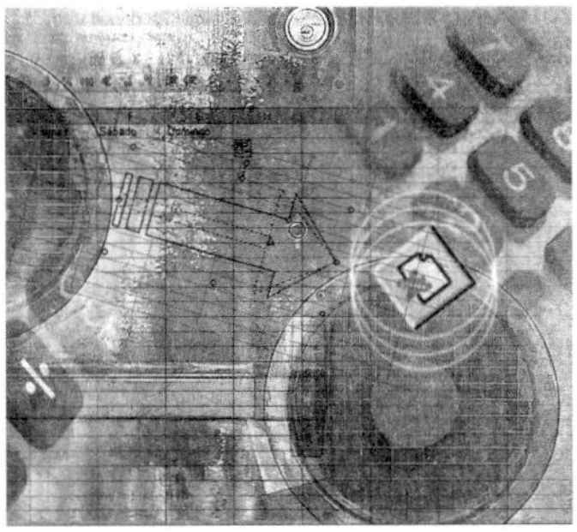

Introducción

Desde los inicios de la informática, siempre se han relacionado los ordenadores con los cálculos matemáticos. Excel es una hoja de cálculo que procesa datos automáticamente y aumenta de manera considerable la productividad. Las hojas de cálculos se utilizan para realizar cómputos matemáticos, convirtiendo el ordenador en una gigante calculadora de infinitas posibilidades. Excel es la más poderosa y, a la vez, la más conocida de todas.

La esencia de estas aplicaciones son una combinación de filas y columnas que contienen datos con los que se realizan cálculos. La aparición de los ordenadores proporcionó la posibilidad de automatizar todo el proceso de modo que si variamos algún número de la hoja, inmediatamente se realiza el cálculo automático con los nuevos datos introducidos.

El componente fundamental de Excel son las fórmulas, pero además de sus enormes posibilidades para crear y aplicar fórmulas, cuenta con una potente biblioteca de funciones matemáticas, estadísticas y financieras que simplifican muchas operaciones. Complementan la aplicación numerosas herramientas, que permiten mejorar el formato para presentar los datos de manera elegante, realizar representaciones gráficas, optimizar la impresión de informes, trabajar en equipo y publicar documentos como páginas Web, entre otras.

La versión 2003 incluye novedades entre las que destaca la total integración con el resto de los componentes de Microsoft Office 2003: Word, Access, PowerPoint y FrontPage. Ahora existe una mayor compatibilidad con XML, así como nuevas funciones que facilitan el análisis estadistico y el uso compartido de la información.

Haremos un recorrido por las herramientas más importantes del programa, empezando por las más básicas y aumentando en complejidad a medida que avanza el estudio.

El libro tiene un enfoque didáctico que lo guiará en sus primeros pasos con el programa. Agradecemos su elección y le garantizamos que, para los autores, el desarrollo de este proyecto ha sido una experiencia grata, significativa y singular.

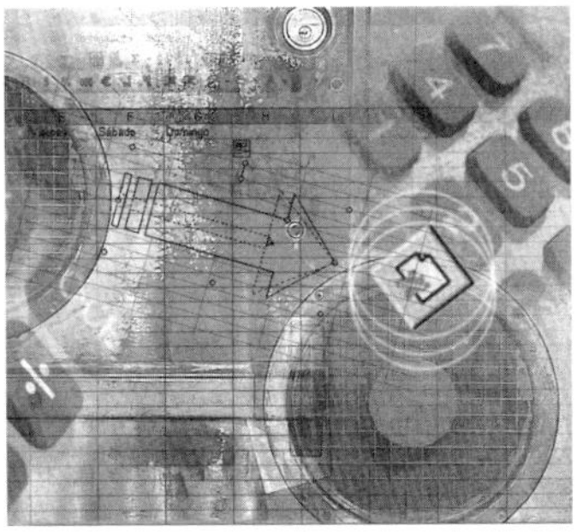

Capítulo 1

Principios básicos

En este capítulo aprenderá:

- Las funciones y aspectos más importantes de las hojas de cálculo.
- Los conceptos más importantes para trabajar con Excel: libros de trabajo, hojas de trabajo, filas, columnas y celdas.
- Cómo definir una referencia para identificar una celda.
- Qué son las fórmulas y funciones y cómo se usan para realizar cálculos de valores.
- La importancia de los gráficos y cómo hacerlos más comprensibles.

Introducción

A lo largo de este capítulo ofreceremos una visión inicial de Excel, explicando las características básicas de su funcionamiento. Partiremos del concepto de que Excel es una hoja de cálculo, un documento cuadricular constituido por filas y columnas, donde es posible introducir valores, datos y textos, almacenarlos lógicamente y realizar cálculos, selecciones y filtrado automático. Los resultados pueden representarse mediante gráficos para hacerlos más comprensibles.

Una hoja de cálculo está formada por filas que se identifican con números y por columnas que se identifican con letras. La intersección de una fila y una columna define una celda. La figura 1.1 muestra un modelo sencillo de hoja de cálculo. El encabezamiento identifica el tema de la hoja, las columnas ofrecen una descripción de los artículos: cantidad, precio y total, y las filas, la relación de los propios artículos: cascos, camisetas, bañadores, etc.

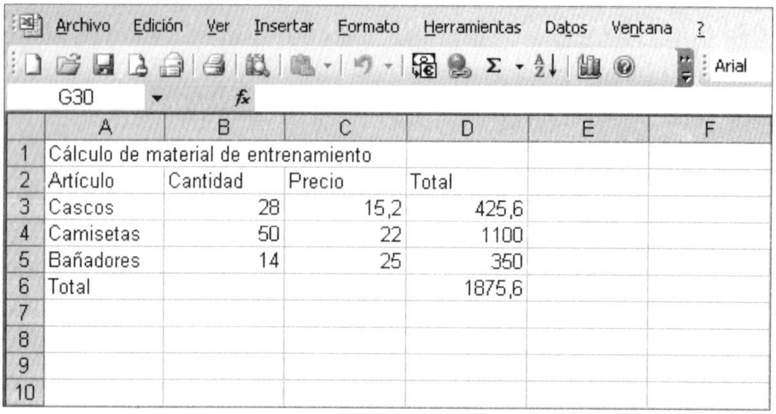

Figura 1.1. Un modelo elemental de hoja de cálculo.

Archivos, libros y hojas de trabajo

Algunos conceptos deben estar muy claros antes de empezar a trabajar con Excel:

- Archivos: Los archivos son documentos en los que se almacena información. Cada archivo en Excel corresponde a un libro de trabajo, que puede incluir una o más hojas de trabajo.

- Libro y hoja de trabajo: Un libro puede contener múltiples páginas que son sus hojas de trabajo, aunque sólo una hoja de trabajo será la hoja activa. El uso de varias hojas de trabajo, dentro de un mismo libro, permite reunir diferentes temas en un archivo único, garantizando organización y eficiencia en el trabajo.
- Libro de trabajo activo: Puede tener abiertos varios libros de trabajo simultáneamente, pero sólo uno de ellos será el libro de trabajo activo.

La figura 1.2 muestra un libro de trabajo de Excel. Los libros de trabajo contienen por defecto tres hojas de trabajo, pero resulta muy sencillo agregar más hojas. Los nombres predeterminados de las hojas son Hoja1, Hoja2 y Hoja3. Aparecen en la zona inferior de la pantalla con el nombre de la hoja activa en Negrita.

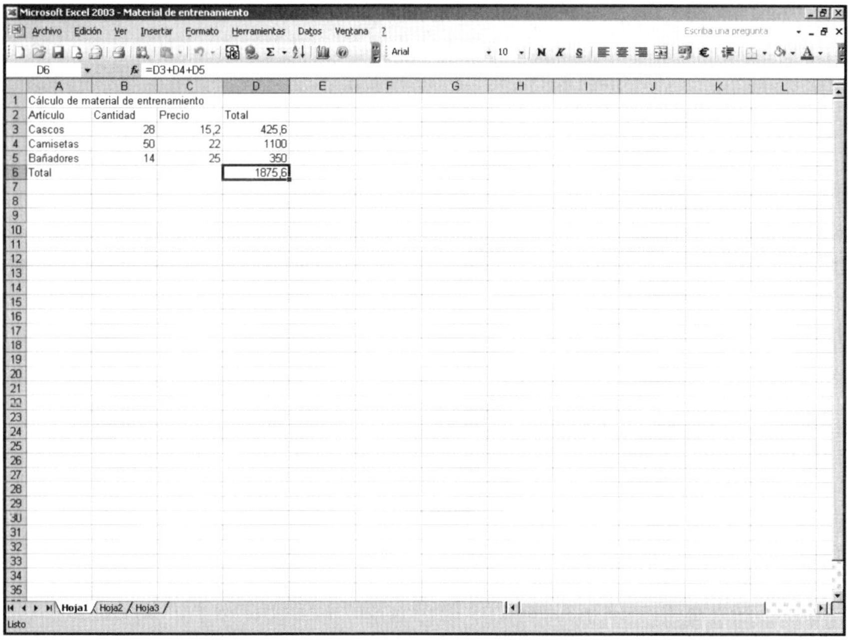

Figura 1.2. Un libro de trabajo de Excel. Observe las fichas en la zona inferior correspondiente a cada hoja de trabajo.

Nota:

Puede modificar el número predeterminado de hojas de trabajo; en el menú Herramientas>Opciones *en la ficha* General, *cambie el número en la opción* Número de hojas en nuevo libro.

Haciendo clic en estas fichas, se selecciona la hoja correspondiente y se puede mover así por las diferentes hojas de trabajo que forman un libro. Se pueden mostrar varias hojas de trabajo simultáneamente seleccionando Ventana>Nueva Ventana y desplegando, en cada ventana, una hoja de trabajo.

En capítulos posteriores explicaremos cómo añadir otras hojas, renombrar las fichas e incluso cambiarles el color.

Filas, columnas y celdas

Una fila es una sucesión horizontal de celdas identificadas por números consecutivos, del 1 al 65.536. Estos números aparecen en el lado izquierdo de la hoja y, haciendo clic sobre cualquiera de ellos, se selecciona toda la fila.

Una columna es una sucesión vertical de celdas identificadas con letras mayúsculas, que comienzan en la A hasta la Z y continúan, en pares de letras, desde AA hasta IV, obteniéndose así 256 columnas. Estas letras aparecen en la parte superior de la hoja y, haciendo clic en cualquiera de ellas, se selecciona toda la columna.

Cada intersección de una fila con una columna constituye una celda. Cuando se hace clic en cualquiera de las celdas, ésta se rodea de bordes negros, convirtiéndose en celda activa y su referencia aparece en el Cuadro de nombres. El número total de celdas es de 16.777.216.

Es decir, que lo que ve en pantalla es sólo una pequeña parte del total de su hoja. Las barras de desplazamiento le permiten moverse a través de la hoja de trabajo.

Nota:

En realidad, el límite de tamaño de un libro, la cantidad de hojas y el tamaño de las mismas lo determina la memoria del ordenador y no la cantidad de celdas disponibles.

Cada celda contiene un elemento de entrada único. Los elementos de entrada de una celda pueden ser: texto, números, datos, fechas, fórmulas y funciones.

Las celdas se identifican por la combinación de la letra de la columna y el número de la fila que las forman, B6 por ejemplo. Esta identificación se denomina referencia y resulta de gran utilidad cuando se hace referencia a una celda desde una fórmula o una función.

Nota:

Siempre haremos alusión a las columnas por su letra, a las filas por su número y a las celdas por su referencia.

La figuras 1.3, 1.4 y 1.5 muestran las filas, columnas y celdas de Excel. Otro concepto importante en el trabajo con Excel es el rango de celdas, que es la agrupación de varias celdas. Más adelante dedicaremos un capítulo a su estudio.

Figura 1.3. Fila.

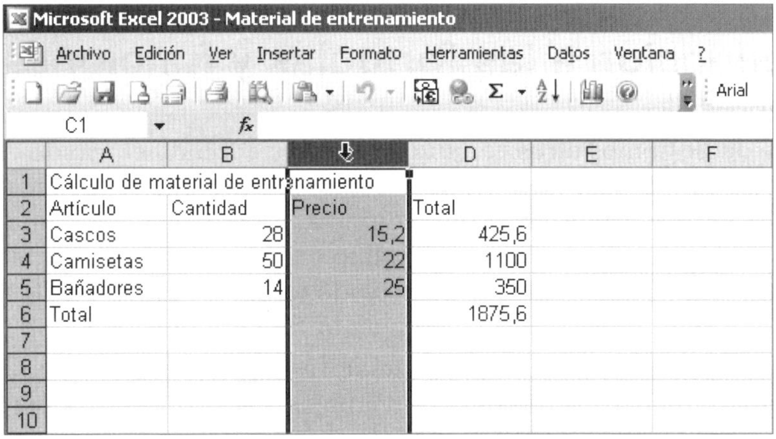

Figura 1.4. Columna.

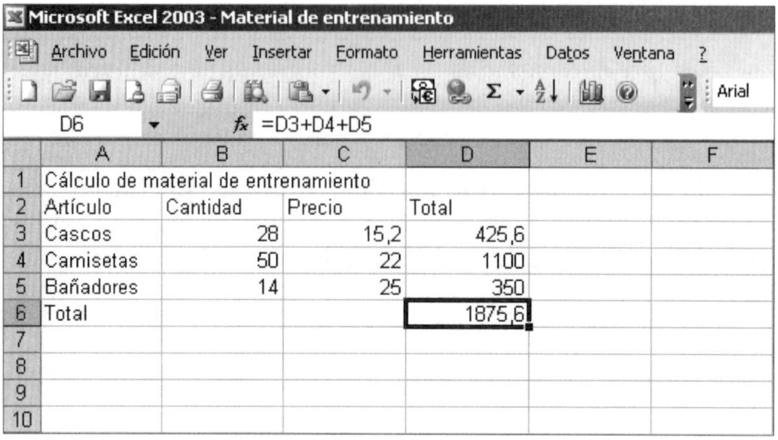

Figura 1.5. Celda.

Puede hacer referencia a una celda que se encuentra en otra hoja de trabajo del mismo libro, para ello, debe especificar la hoja en que se encuentra, por ejemplo: Hoja2!C40. Si se encontrase en otro libro, entonces ya sería necesario especificar también el libro: [Ejemplo.xls]Hoja2!C40.

Observe que el nombre del libro se escribe entre corchetes ([ ]) y que el número de la hoja va seguido de un signo de admiración (!). El hecho de que pueda referirse a cualquier celda dondequiera que se encuentre, garantiza la interrelación entre documentos en Excel. El potente motor de búsqueda del programa se encarga de la actualización automática de los datos ante cualquier modificación.

Introducción a las fórmulas y funciones

Aunque dedicaremos otros capítulos para que aprenda el uso de estas herramientas, en este capítulo inicial ofrecemos una breve descripción, por considerarlas las más importantes del programa. La gran ventaja de una hoja de cálculo consiste en que, cualquier cambio que introduzca, tiene un cálculo inmediato de todos los elementos vinculados al elemento cambiado. Muchos de estos vínculos se establecen mediante fórmulas y funciones.

El programa usa las fórmulas para sumar, restar, multiplicar y dividir, para determinar promedios, totales, porcentajes y todo tipo de operaciones matemáticas. En la figura 1.5 la celda seleccionada contiene una fórmula: =D3+D4+D5.

Los siguientes aspectos son determinantes para comprender el trabajo de las fórmulas en Excel:

- Las fórmulas normalmente contienen referencias a otras celdas de la hoja de cálculo, como puede ver en el ejemplo de la figura 1.5.
- Las fórmulas se recalculan automáticamente, siempre que cambie el valor de cualquiera de sus componentes o referencias.
- Todas las fórmulas comienzan con el signo **(=)**. Si intenta comenzar una fórmula con un texto, el programa considerará que está introduciendo texto. Si lo hiciese con un número, el programa considerará que desea introducir un valor.
- Las fórmulas se introducen en la celda donde quiere que aparezca el resultado.
- Las fórmulas pueden incluir números o constantes.
- Los símbolos elementales que se usan son los siguientes:
    - + Suma
    - - Sustracción
    - * Multiplicación
    - / División
    - ^ Raíz cuadrada
    - % Porcentaje
- Excel conserva el orden tradicional en el cálculo de las ecuaciones, es decir, primero la multiplicación y división y luego, la adición y sustracción, aunque siempre puede controlar el orden de ejecución utilizando paréntesis.

Las funciones son fórmulas abreviadas o prefabricadas que realizan cálculos complejos de manera sencilla. Excel posee funciones de todo tipo: financieras, estadísticas, matemáticas, etc.

Las funciones, como las fórmulas, siempre van precedidas del signo igual y cada una tiene un nombre y uno o más argumentos. Los argumentos son valores que la función usa para calcular el resultado.

En la función, SUMA (D3:D5), SUMA es el nombre de la función y D3:D5 sus argumentos. Aunque en la mayoría de los casos son una referencia a un rango de celda, los argumentos pueden ser muy variados y se estudiarán con detalle en el capítulo de las funciones.

No es necesario memorizar todas las funciones para poder usarlas. El programa posee la herramienta Insertar función, que se muestra en la figura 1.6 y permite detectar, paso a paso, la función adecuada y configurar sus argumentos.

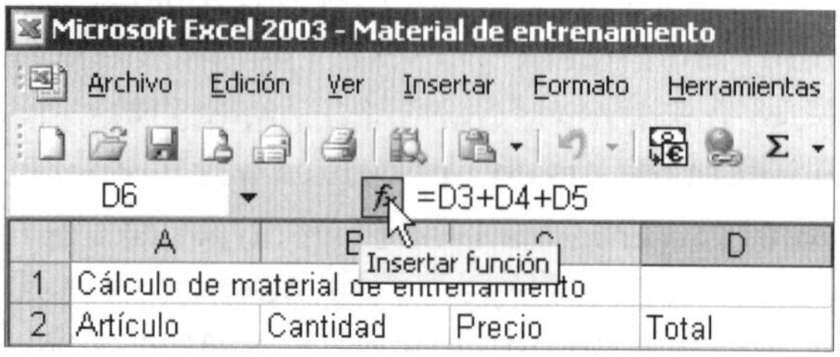

Figura 1.6. Insertar función.

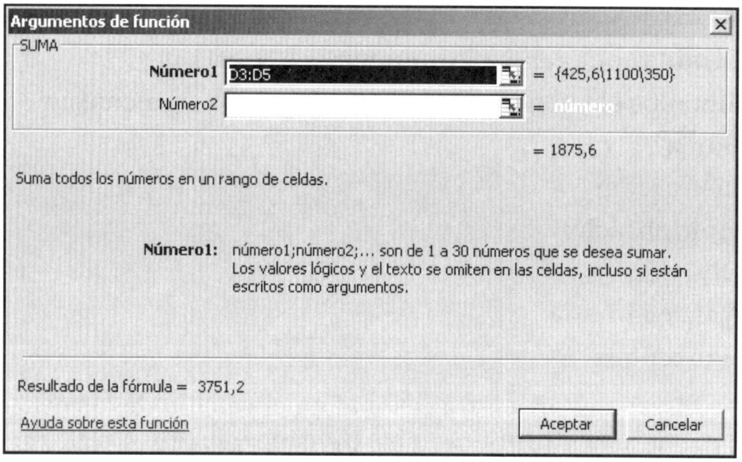

Figura 1.7. Definir los argumentos de una función.

Todo lo que necesita saber por ahora es que, con Excel, puede realizar de manera sencilla cualquier tipo de cálculo.

Introducción a los gráficos

En ocasiones, es necesario representar los datos con que trabaja de forma clara y comprensible para todos. Para esto el programa presenta una excelente herramienta de gráficos al que dedicaremos todo un capítulo.

Los gráficos permiten comparar información y analizar tendencias de un sólo vistazo.

Pueden crearse con Excel diferentes tipos de gráficos: de Columnas, Barras, Líneas, Circulares, XY y un largo etcétera que verá en el mencionado capítulo.

Puede pensar que la creación de un gráfico en Excel sea una tarea complicada, pero en realidad es realmente sencilla. Basta con seleccionar un rango de celdas y pulsar la tecla **F11**.

La figura 1.8 muestra el resultado de la operación con la hoja de trabajo que utilizamos en este capítulo. Se ha seleccionado un tipo de gráfico de columnas.

Observe que el gráfico creado se ha ubicado en una hoja independiente llamada Gráfico1.

Existe un asistente para crear gráficos paso a paso y que, además, permite personalizarlos con el estilo deseado.

Truco:

Excel posee versiones tridimensionales de la mayoría de sus gráficos.

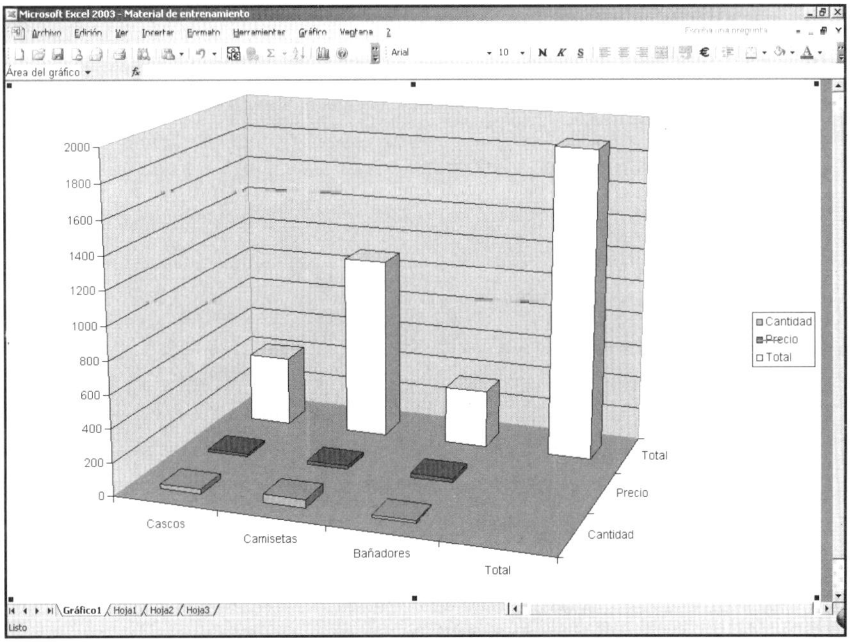

Figura 1.8. Un gráfico de columnas.

Resumen

Excel es una potente hoja de cálculo que podrá usar para realizar sus cálculos, crear tablas y organizar datos en general. En este capítulo, hemos definido algunos conceptos y la terminología imprescindibles para comenzar a trabajar con la aplicación. Hemos realizado un pequeño recorrido por sus herramientas más importantes. No debe pensar en Excel como un programa complejo sólo comprensible para personas con conocimientos matemáticos, sus operaciones son generalmente sencillas y sus caminos variados, todos con un mismo fin.

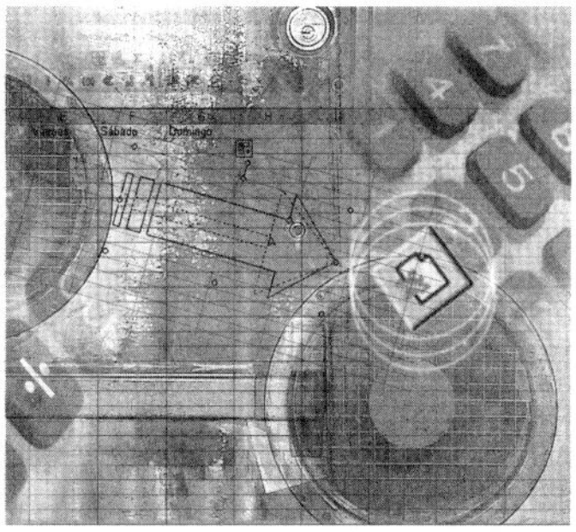

Capítulo 2

Para empezar a trabajar con Excel

En este capítulo aprenderá a:

- Abrir Excel por vez primera.
- Identificar y manejar los distintos elementos del entorno de Excel.
- Trabajar con los botones de control de Windows.
- Navegar por la zona de trabajo de Excel.
- Utilizar los menús y las barras de herramientas.
- Obtener ayuda en Excel.

Introducción

Antes de que pueda desenvolverse eficazmente en cualquier programa, es preciso que sepa cómo abrir la aplicación y cómo utilizar sus herramientas, comandos y menús. A lo largo de este capítulo, haremos un *tour* por el entorno de Excel, para que conozca todos los elementos que componen su interfaz.

Abrir Excel

Antes de empezar el recorrido por el entorno de Excel, es preciso iniciar la aplicación, para ello:

1. Haga clic en el botón **Inicio** de Windows.
2. Seleccione Todos los programas.
3. Seleccione Microsoft Office en el menú que se despliega.
4. Por último seleccione Microsoft Excel, como se muestra en la figura 2.1.

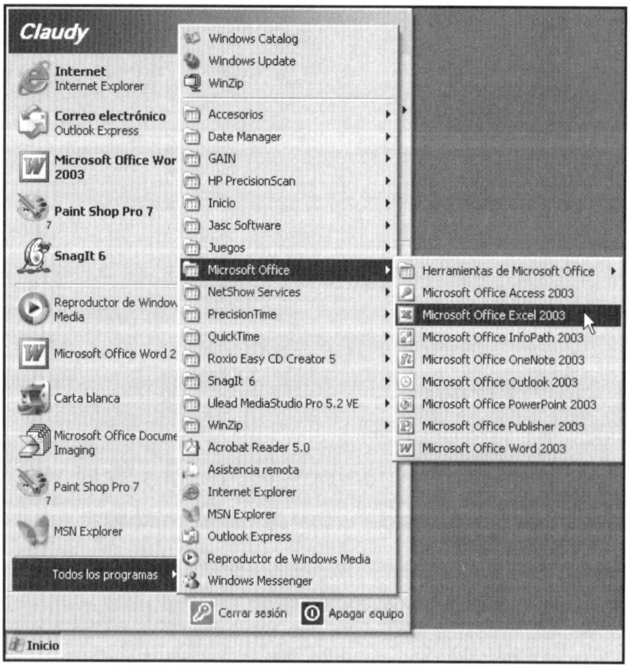

Figura 2.1. Iniciar Microsoft Excel.

Truco:

Para crear un acceso rápido a Excel desde el menú Inicio, *en lugar de seleccionar* Microsoft Excel, *haga clic con el botón izquierdo del ratón y seleccione* Anclar al menú Inicio *en el menú contextual que aparece. A partir de ese momento, Windows mostrará el acceso a Excel en su menú* Inicio, *como se aprecia en la figura 2.2.*

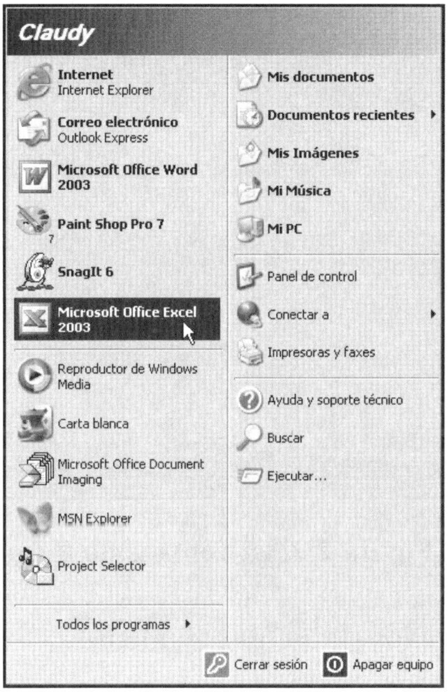

Figura 2.2. Acceder a Excel desde el menú Inicio.

El entorno de Excel

El principio fundamental de Windows, "hacer aplicaciones informáticas sencillas de utilizar", se aplica perfectamente a Excel. La sustitución de complicados comandos que debían memorizarse, el uso del ratón, iconos y botones con imágenes, permite seleccionar las opciones de una forma mucho más clara. Sin embargo, la interfaz de Excel se presenta llena de herramientas, botones y barras que podrían desanimar al nuevo usuario. Para interactuar con el programa es fundamental conocer su entorno de trabajo. Una vez que ejecute los pasos explicados, se iniciará Excel mostrando la ventana de la aplicación que aparece en la figura 2.3.

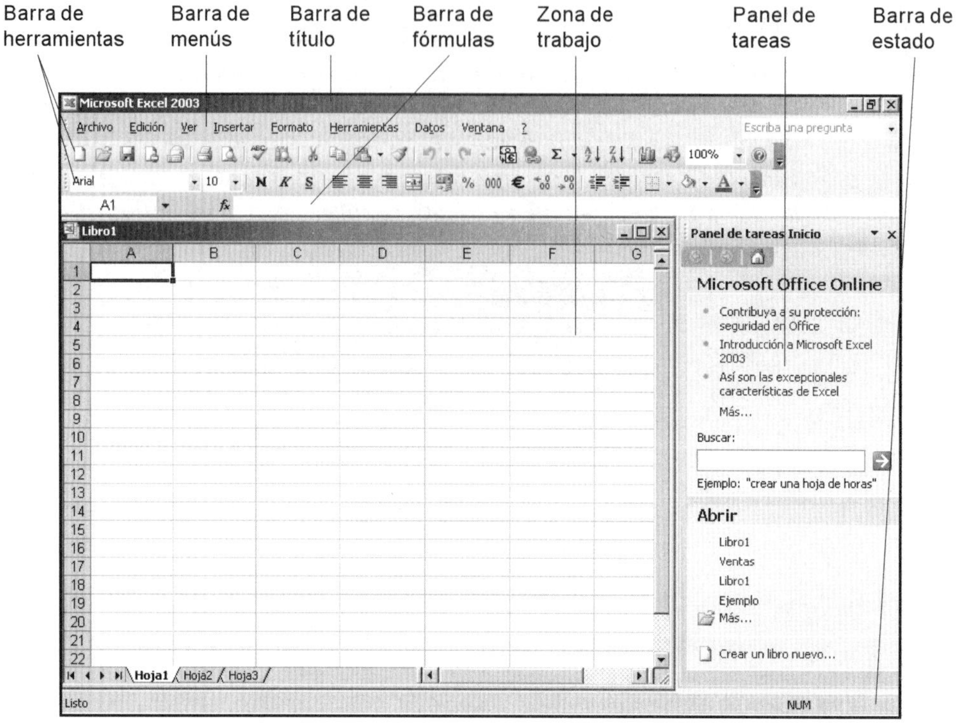

Figura 2.3. La ventana de Excel.

Esta ventana contiene los siguientes elementos:

- Barra de título.
- Barra de menús.
- Barra de herramientas.
- Barra de fórmulas.
- Zona de trabajo.
- Panel de tareas.
- Barra de estado.

Veamos todos estos elementos con más detalle.

La barra de título

La barra de título aparece en el borde superior de la ventana. Es importante diferenciar la barra de título de la aplicación, de la barra de título del libro activo. En el siguiente capítulo explicaremos el concepto de libro de trabajo, de momento sepa que cada ventana tiene su barra de título, por tanto, existe la posibilidad de que se muestre más de una barra de título, como se observa en la figura 2.4.

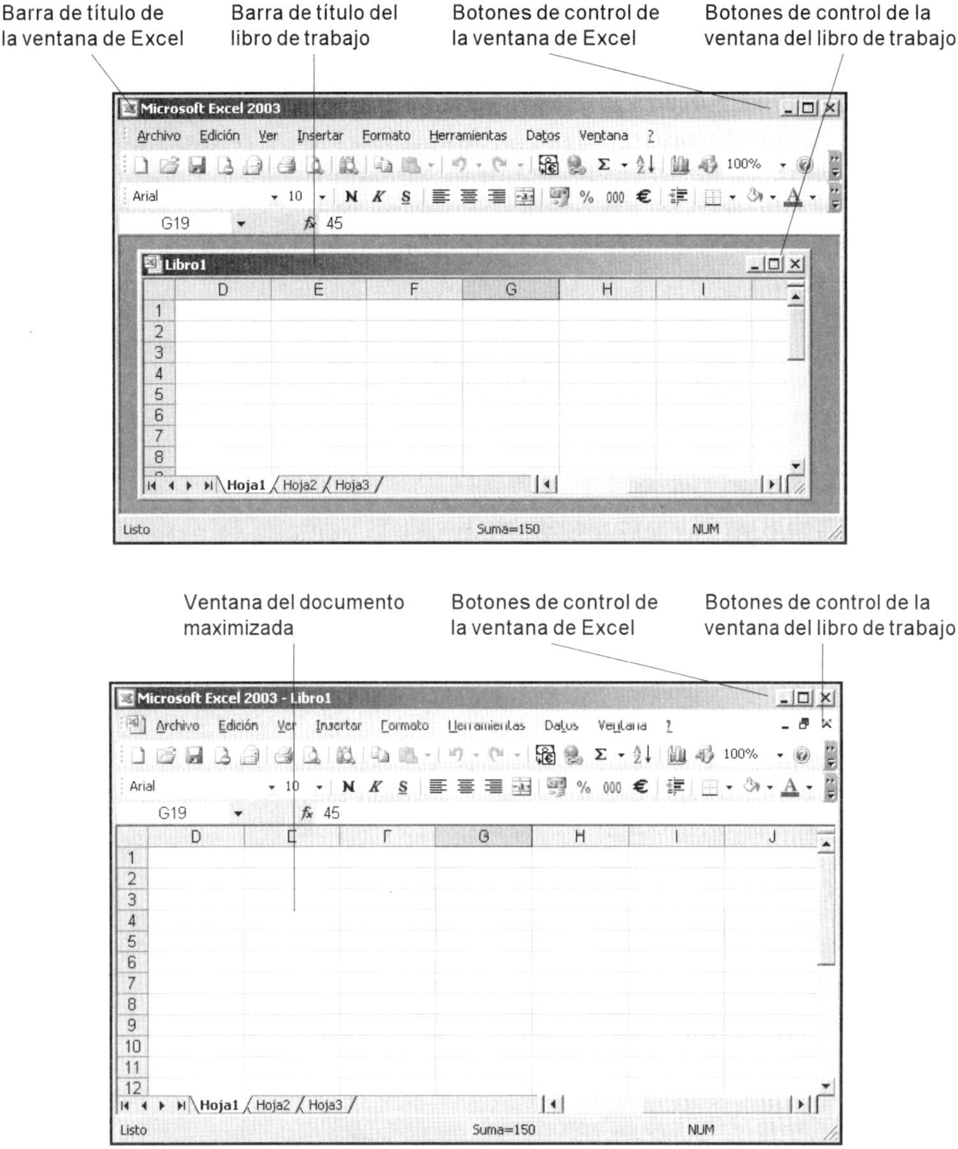

Figura 2.4. Diferenciar la barra de título de Excel y la barra de título del libro activo.

En la ilustración superior de la figura 2.4, puede apreciar que la ventana del libro de trabajo, también llamada ventana del documento, está separada de la ventana de Excel y tiene su propia barra de título.

En cambio, en la ilustración inferior, la ventana del documento está maximizada y ha desaparecido su barra de título, pero si observa detalladamente la parte superior derecha, encontrará el grupo de botones de control de la ventana del documento.

Detallemos ahora la barra de título: en su parte izquierda aparece en primer lugar el botón Control, a continuación el nombre de la aplicación Microsoft Excel - 2003, después el nombre del libro, de momento llamado Libro1 y, a la derecha, el grupo de botones de control que es común a todas las ventanas de Windows. Antes de continuar, veamos cómo trabajar con estas ventanas.

Algunas nociones sobre cómo trabajar en el entorno de Windows

El entorno de ventanas, al que debe su nombre el sistema operativo de Windows, funciona con un grupo de botones llamados botones de control de Windows:

- El botón Minimizar hace desaparecer la ventana y, para mostrarla nuevamente, es preciso hacer clic en el botón de la aplicación en la barra de tareas de Windows, en la parte de abajo del escritorio, que se puede apreciar en la figura 2.5.
- El botón Maximizar aumenta el tamaño de la ventana hasta cubrir la pantalla a todo lo largo y ancho. Después de hacer clic en él, este botón se transforma en el botón Restaurar.
- El botón Restaurar devuelve a la ventana el tamaño que tenía antes de hacer clic en el botón Maximizar.
- El botón Cerrar cierra la ventana. Si hace clic en el botón Cerrar de la ventana del libro de trabajo, sólo se cerrará el libro de trabajo, en cambio, si hace clic en el botón Cerrar de la ventana de Excel, se cerrará la aplicación.

El botón Control activa el menú de Windows, que se muestra en la figura 2.6 y permite ejecutar los mismos comandos que los botones de control que explicamos antes.

Veamos otro modo de modificar el tamaño de las ventanas manualmente. Para acceder a este modo, la ventana no debe estar maximizada, en caso que lo estuviese, haga clic en el botón Restaurar, a continuación mueva el cursor sobre el extremo inferior derecho de la ventana, cuando el cursor se transforme en una flecha de dos puntas, haga clic en el botón izquierdo del ratón y, manteniéndolo presionado, arrastre el extremo de la ventana hasta conseguir el tamaño deseado, vea la figura 2.7.

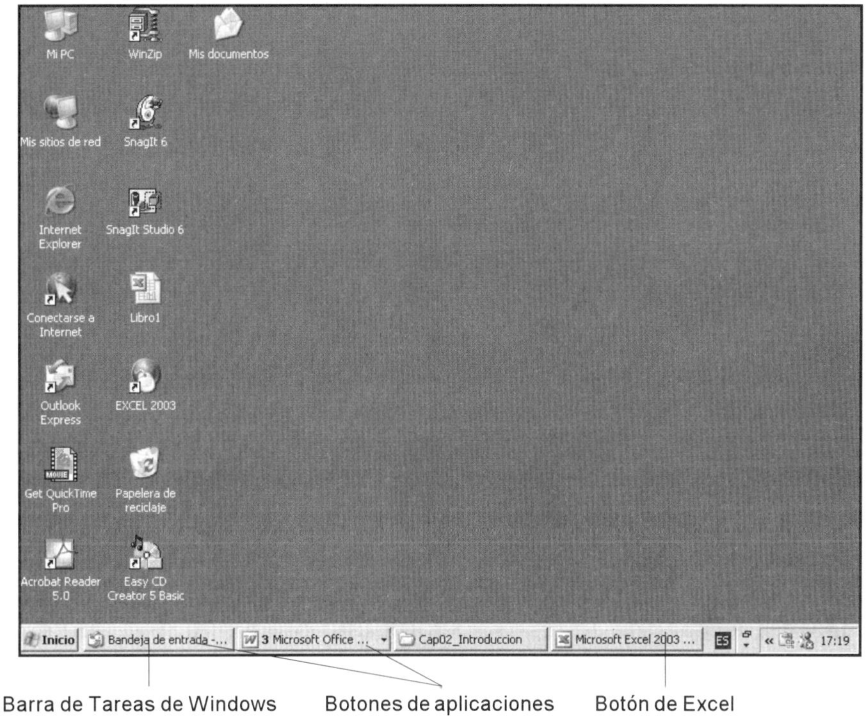

Figura 2.5. Escritorio de Windows.

Figura 2.6. Menú de Windows que se muestra al hacer clic en el botón Control.

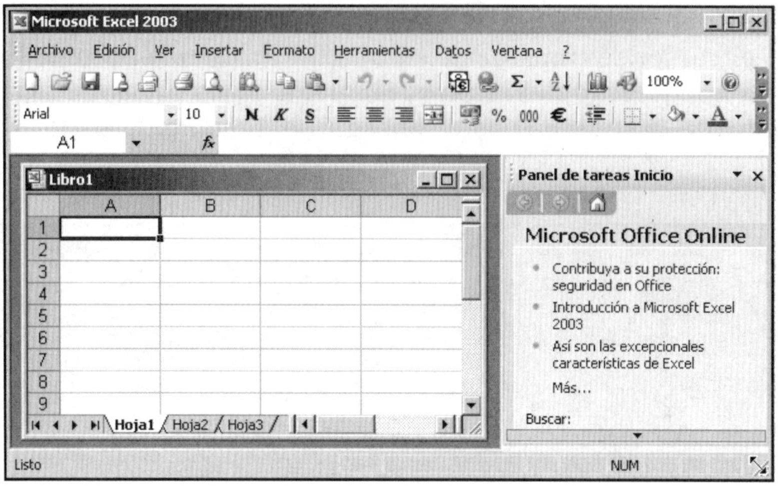

Figura 2.7. Modificar el tamaño de la ventana.

La barra de menús

La encontrará en la parte superior de la ventana de trabajo, justo debajo de la barra de título.

Esta barra contiene los diferentes menús de Excel y le permite desplazarse y visualizar las opciones y comandos disponibles. En su extremo derecho aparece el cuadro de texto Escriba una pregunta; más adelante le explicaremos cómo usarlo.

Los menús permiten acceder a todos los comandos de Excel. Para ejecutar un comando, sólo debe hacer clic en el menú correspondiente y a continuación, elegir el comando deseado en la lista de menús que se despliega.

Por ejemplo, para insertar una imagen, primero haga clic en el menú Insertar y después seleccione Imagen, como se muestra en la figura 2.8.

Para describir esta secuencia, a partir de ahora utilizaremos el siguiente convenio en este libro, Insertar>Imagen.

El sistema de menús en Excel es sencillo e inteligente, lo que significa que la barra de menús se adapta a sus necesidades.

Para trabajar con los menús de Excel tenga en cuenta lo siguiente:

- Al abrir cualquiera de los menús, se presentan sólo los comandos más comunes y aquellos que en ese momento no son ejecutables, aparecen desactivados, por lo que no se puede acceder a ellos. Se aprecia porque tienen un tono gris más claro.

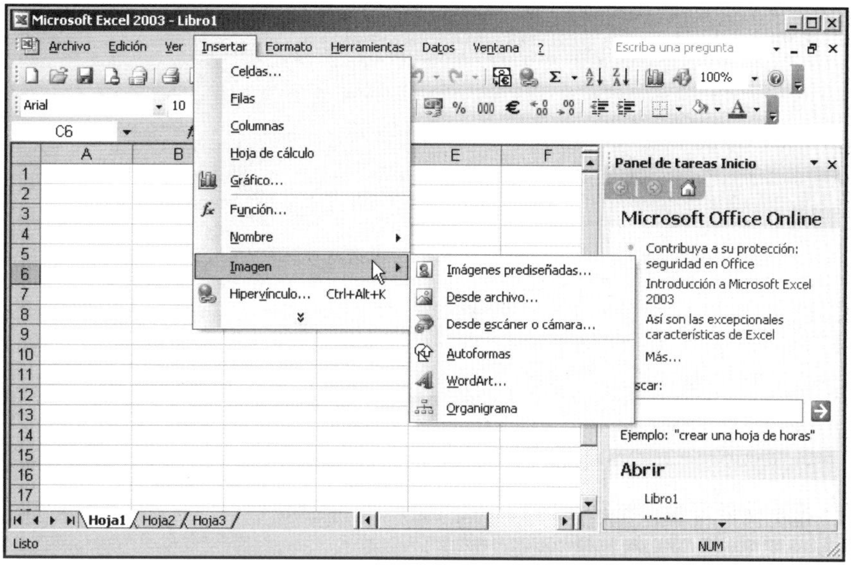

Figura 2.8. Ejecutar un comando.

- Los comandos seguidos de puntos suspensivos (...) indican que, al hacer clic en ellos, se activará un cuadro de diálogo.
- Si los acompaña una flecha pequeña, ésta indica que activan un submenú con comandos adicionales, vea la figura 2.8.
- En la parte inferior de la lista de comandos aparece una doble flecha, si hace clic en ella o mantiene abierto el menú unos segundos, se mostrará el menú completo, como se aprecia en la figura 2.9.
- Al desplegar la totalidad de las opciones, aparecen destacadas las más comunes, pero a medida que utilice otros comandos, Excel los irá incorporando al grupo de los más usuales y viceversa. Todo ello garantiza que se mantengan activas sólo aquellas funciones que utiliza con mayor frecuencia.
- Los que prefieren trabajar con combinaciones de teclas observarán que a la derecha de algunos comandos, aparecen los métodos de acceso abreviado a dichas funciones, por lo tanto, en lugar de seleccionar sucesivamente el nombre del menú y el comando a ejecutar, puede conseguir los mismos resultados haciendo clic en esas teclas. Por ejemplo, para

imprimir la hoja de cálculo, puede ejecutar Archivo>Imprimir o pulsar la combinación de teclas **Control-P**.

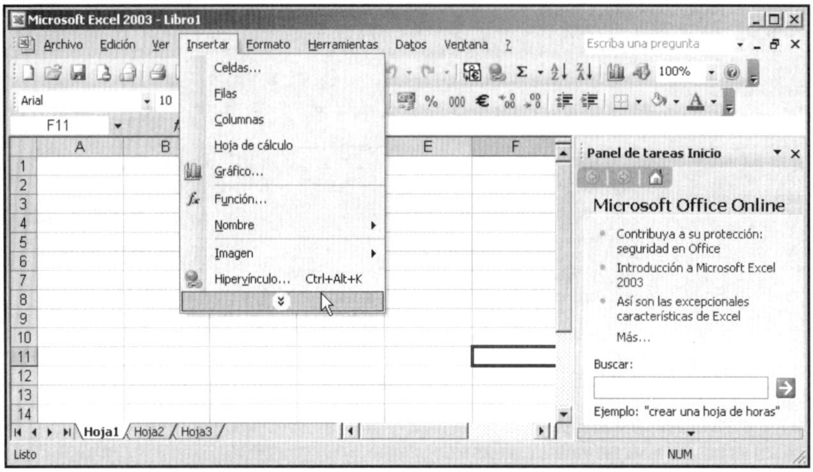

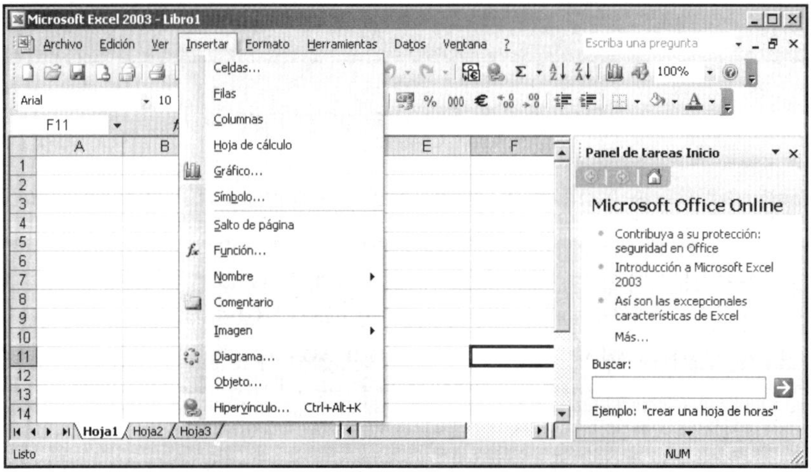

Figura 2.9. Expandir la lista de menús.

Nota:

Existe otra forma de activar todos los menús disponibles para un elemento determinado: los llamados menús contextuales. Para mostrarlos, seleccione un elemento y haga clic en el botón derecho del ratón, vea la figura 2.10. A continuación seleccione el comando que precise.

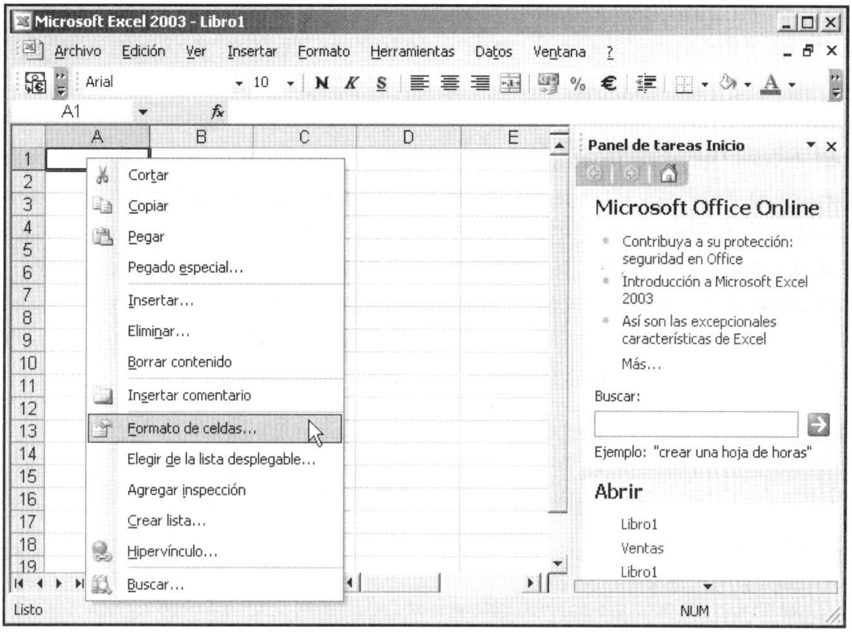

Figura 2.10. Menú contextual.

Las barras de herramientas

Debajo de la barra de menús, aparecen las barras de herramientas que proporcionan un acceso rápido a los comandos más frecuentes de Excel. Los botones se representan con un pequeño icono y, al pasar el cursor sobre ellos, se muestra una etiqueta con el nombre de la función que realizan. En la barra de herramientas, aparecen también listas desplegables y botones para activar ventanas de opciones. De forma predeterminada, Excel presenta una barra de herramientas, que combina elementos de las barras de herramientas Estándar y Formato con los comandos más generales.

De la misma forma que en la barra de menús sólo aparecen aquellos comandos que se utilizan con mayor frecuencia, la barra de herramientas muestra inicialmente sólo los botones más comunes. A medida que avancemos explicaremos el uso y la función de los botones relacionados con cada tema. Ahora nos limitaremos a decir que, en el extremo derecho de cada barra de herramientas, aparece el botón Opciones de la barra de herramientas, que muestra los botones que no pueden aparecer por falta de espacio y permite seleccionar los que desea ver u ocultar. Si hace clic en este botón, podrá seleccionar también la opción Mostrar botones en

dos filas, para que aparezcan las barras de herramientas **Estándar** y **Formato** en dos filas diferentes. Las demás barras de herramientas aparecen, normalmente, de modo automático cuando se trabaja en una tarea determinada.

Aunque Excel incluye muchas barras de herramientas (más de veinte), es posible crear nuevas barras de herramientas que contengan botones de barras ya existentes o botones nuevos. Para mostrar una barra de herramientas, ejecute **Ver>Barras de herramientas** o haga clic con el botón derecho del ratón en cualquier zona libre del área donde están situadas dichas barras. A continuación, seleccione la barra deseada en el submenú que aparece, como se muestra en la figura 2.11.

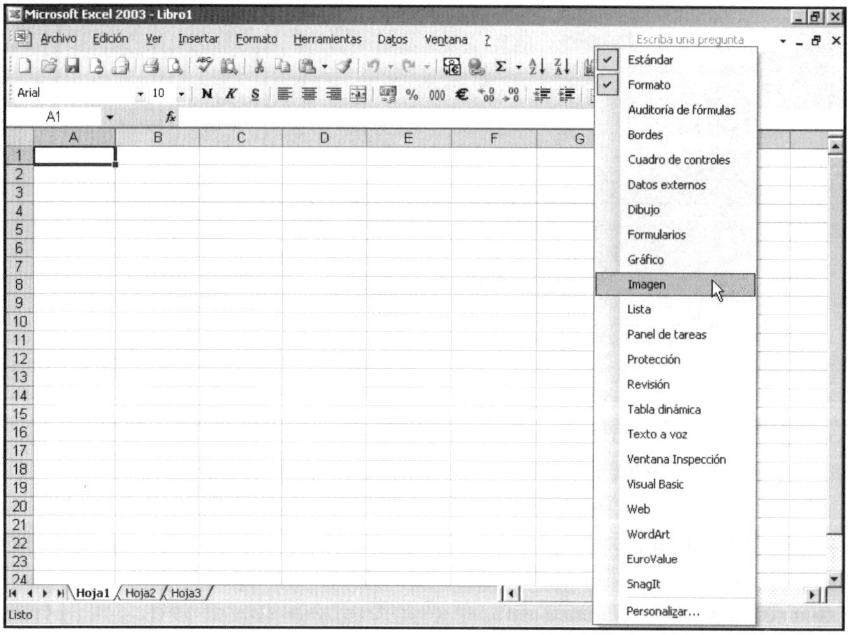

Figura 2.11. Mostrar otras barras de herramientas.

Las barras de herramientas se pueden fijar en cualquiera de los bordes de la ventana de Excel y, también, se pueden hacer flotar sobre la hoja de trabajo. Para moverlas, haga clic con el ratón en la zona de puntos y arrástrelas al sitio deseado. Si las acerca a alguno de los bordes de la ventana se anclan automáticamente, por el contrario, si las deja sobre la zona de trabajo permanecen flotando sobre ella. Observe la figura 2.12.

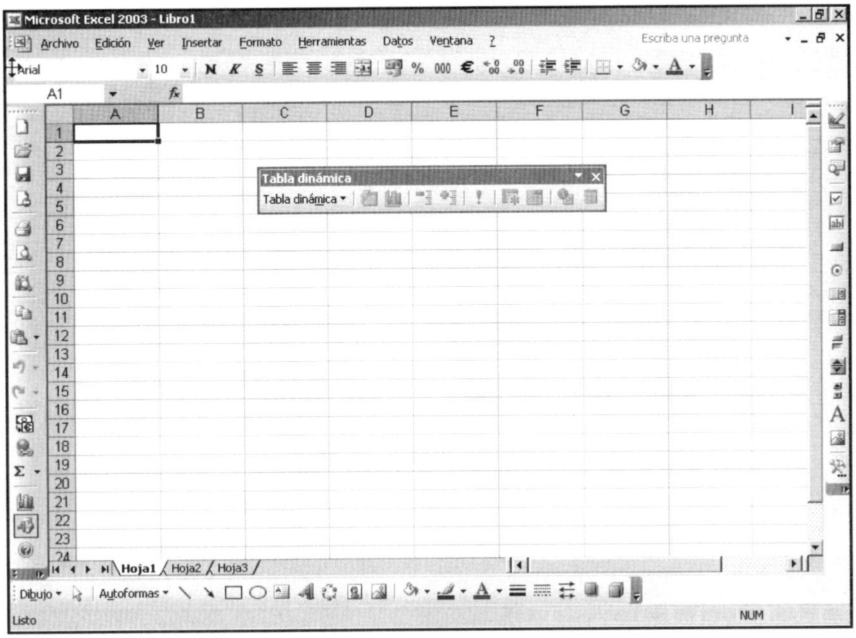

Figura 2.12. Mover las barras de herramientas.

Para cerrar una barra flotante haga clic en el botón Cerrar.

La barra de fórmulas

Justo debajo de la barra de herramientas y encima de la hoja de trabajo, aparecen dos apartados: el cuadro de nombres, que muestra la celda seleccionada y la barra de fórmulas, que permite introducir y modificar datos y fórmulas en la celda activa.

En los capítulos de fórmulas y funciones trataremos detalladamente el uso de este importantísimo elemento de Excel, así como del botón Insertar función.

La zona de trabajo

La zona de trabajo cuadriculada constituye el cuerpo principal de la ventana y es donde se visualizan todos los datos. En la figura 2.13 puede apreciar los diferentes elementos para navegar por el espacio de trabajo.

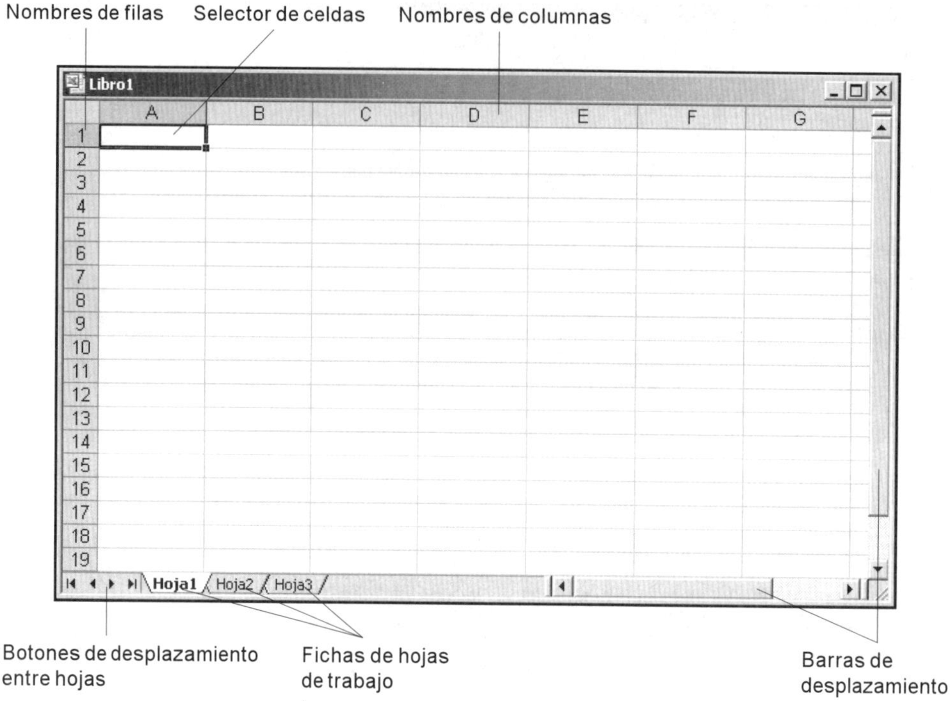

Figura 2.13. Los elementos de la zona de trabajo.

Entre los componentes de la zona de trabajo se encuentran los nombres de columnas y filas, que se utilizan para seleccionar filas y columnas completas. Las barras de desplazamiento permiten moverse con rapidez por las filas y columnas del documento. Las fichas o etiquetas de hoja, aparecen debajo de la hoja cuadriculada y justo encima de la barra de estado y permiten trabajar con libros que tienen más de una hoja de trabajo. En el próximo capítulo, estudiaremos estos elementos y los botones para desplazarse por ellas.

Los paneles de tareas de Excel

Las tareas más habituales de Office se encuentran organizadas en paneles, que facilitan enormemente la ejecución de tareas, debido a que ofrecen una serie de opciones que se mantienen visibles durante todo el tiempo en que se lleva a cabo la acción. Estos elementos aparecieron por primera vez en Excel 2002 y, en esta nueva versión, Microsoft ha incluido nuevos paneles además de hacerlos mucho más funcionales. Estos paneles se activan automáticamente y aparecen a la derecha de la zona de trabajo. Si no se muestran por sí solos puede acceder a ellos ejecutando Ver>Panel de tareas, o con la combinación de teclas **Control-F1**. Veamos los paneles que aparecen en Excel 2003, aunque a lo largo de este libro explicaremos cómo utilizar cada uno de ellos:

- Panel de tareas Inicio: Proporciona diferentes opciones para abrir un libro de trabajo, crear uno nuevo, o conectar con Microsoft Office Online. Es el panel que se muestra al iniciar la aplicación.

Figura 2.14. Panel de tareas Inicio.

- Ayuda de Excel: Suministra asistencia para encontrar información sobre la forma de manejar esta aplicación. Si tiene conexión a Internet, también podrá conectar con Microsoft Office Online, donde incluso encontrará cursos para ejecutar tareas específicas. Más abajo explicamos este panel con más detalle.

Figura 2.15. Ayuda de Excel.

- Resultados de la búsqueda: Muestra los resultados de la búsqueda de aquellos elementos que coincidan con los criterios solicitados a la Ayuda de Excel.
- Imágenes prediseñadas: Presenta un cuadro de búsqueda para encontrar determinadas imágenes para insertarlas en la hoja de cálculo.
- Referencia: Presenta un cuadro de búsqueda para acceder a fuentes externas de referencias, tales como diccionarios, sitios de referencia, sitios comerciales, etc.
- Portapapeles: Muestra todos los elementos que se han copiado, para que seleccione aquel que desea pegar. En próximos capítulos tratamos este tema detalladamente.
- Nuevo libro: Se muestra al ejecutar Archivo>Nuevo.
- Ayuda en plantilla: Se muestra cada vez que descarga una plantilla de la página Web de Microsoft.
- Área de trabajo compartida: Posibilita guardar un libro de trabajo como un archivo compartido, en el que pueden colaborar varias personas.
- Actualizaciones de documentos: Para examinar las últimas actualizaciones de un documento compartido.
- Origen XML: Proporciona herramientas para guardar un libro de trabajo con formato de documento XML.

En los paneles de tareas puede encontrar cuadros de texto, botones e hipervínculos, vea la figura 2.15. En la parte superior de los paneles de tareas aparecen los botones:

- Paneles de tareas adicionales: Muestra el menú para acceder a los diferentes paneles de tareas.
- Cerrar: Para cerrar el panel de tareas.
- Atrás: Para volver al panel anterior.
- Adelante: Para pasar al siguiente panel.
- Inicio: Para ir al panel inicial.

La barra de estado

Por último, en la parte inferior de la ventana de Excel aparece la barra de estado, que muestra información sobre el estado de la aplicación. Habitualmente presenta la palabra Listo, que significa que Excel está listo para trabajar, es decir, que no está realizando ninguna otra función. Cuando introduce datos en una celda aparece la palabra Introducir. Si edita el contenido de una celda, aparece la palabra Modificar. Y cuando se refiere a una celda, al escribir una fórmula aparece la palabra Señalar.

El siguiente indicador de mayor tamaño, que aparece en la barra de estado, representa una característica muy útil llamada AutoCálculo. Esta herramienta permite obtener resultados inmediatos de cálculos elementales, sin necesidad de utilizar fórmulas o funciones. Seleccione un rango de celdas y haga clic con el botón derecho del ratón en la barra de estado, se despliega un menú, como el de la figura 2.16, en el que puede seleccionar una operación. El resultado de la operación aparecerá en el indicador de AutoCálculo de la barra de estado.

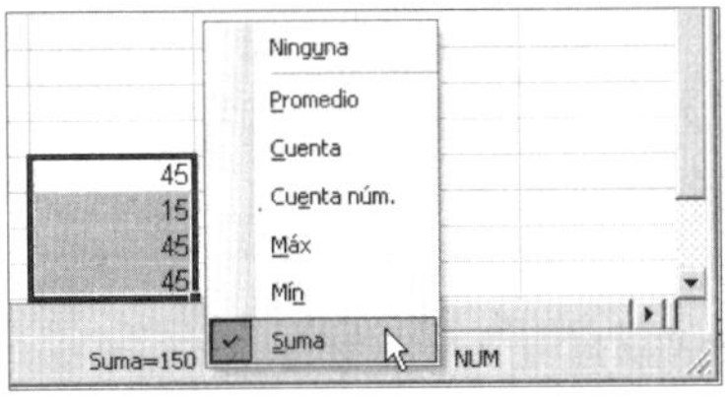

Figura 2.16. La característica AutoCálculo.

En el extremo derecho se muestra el estado de varias teclas. Si aparecen los indicadores MAY, NUM y DESP, ello quiere decir que las teclas de mayúsculas, números y desplazamiento están activadas. Si aparece el indicador SO, significa que la tecla **Insert** ha conmutado de Insertar a Sobrescribir.

La ayuda en Excel 2003

En esta versión, el acceso más directo a la ayuda está en el cuadro Escriba una pregunta de la barra de menús, aunque también existen otros tipos de ayuda muy útiles:

- Cuando un botón de la barra de herramientas le resulte desconocido, mueva el cursor por encima de él y, pasados unos segundos, se mostrará un pequeño cuadro con el nombre del comando asociado a ese botón.
- En los cuadros de diálogo aparece un botón con un signo de interrogación , que permite acceder a la ayuda relacionada con el mismo.
- La tecla **F1** y el comando ?>Ayuda de Microsoft Office Excel activan el panel de tareas Ayuda de Excel.

- El Ayudante de Office es un pintoresco personaje que responde a las preguntas formuladas.

En este libro nos extenderemos en el panel Ayuda de Excel, que a nuestro juicio resulta el elemento más versátil e innovador para conseguir ayuda en esta nueva versión.

Para acceder a este panel, puede usar el cuadro de texto Escriba una pregunta:

1. Haga clic en el cuadro de texto Escriba una pregunta.
2. Escriba una o más palabras que describan el tema que desea buscar.
3. Pulse la tecla **Intro** para mostrar el panel de tareas Ayuda de Excel.

Si desea hacer una pregunta en concreto, utilice el cuadro de texto Buscar del panel de tareas. También puede hacer clic en el enlace Tabla de contenidos, para seleccionar un tema determinado entre la relación que presenta Excel.

La tabla de contenido

La tabla de contenido se presenta como una relación de temas cada uno con un pequeño icono de libro a su derecha, como se muestra en la figura 2.17.

Figura 2.17. La tabla de contenido.

Para buscar la información que necesita:

1. Haga clic en el icono de libro para mostrar todas las categorías de ayuda disponibles.

2. Continúe buscando hasta encontrar el tema deseado.
3. Haga clic en el icono de ayuda para mostrar la ventana de ayuda de Excel que explicamos más abajo.

La ventana de Ayuda de Excel

Esta ventana se muestra cuando escribe una pregunta en el cuadro de texto Buscar, pulsando la tecla **F1**, al final del recorrido por la tabla de contenido. Sin importar el método empleado, al final de la búsqueda siempre aparecerá esta ventana que puede apreciar en la figura 2.18.

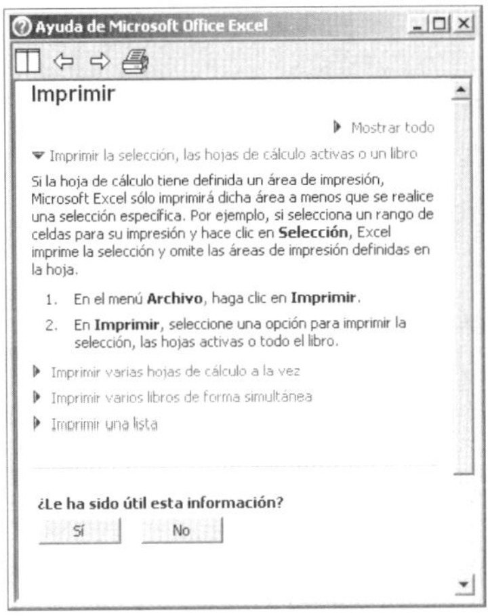

Figura 2.18. Ventana de Ayuda de Microsoft Office Excel.

Veamos los elementos que contiene y que permiten trabajar con ella:

- Mosaico Automático : Modifica automáticamente el tamaño de la ventana de Ayuda y de la ventana de Excel, para presentarlas como un mosaico ocupando toda la pantalla del monitor.
- Quitar mosaico : Ambas ventanas, la de la aplicación y la ventana de Ayuda, recuperan el tamaño que tenían antes de ejecutar el mosaico automático.
- Atrás : Muestra la ventana anterior.
- Adelante : Muestra la ventana siguiente.
- Imprimir : Imprime la información que se muestra en la ventana de Ayuda.

Tenga en cuenta que la mayoría de las veces no encontrará el tema buscado al primer intento, por tanto, no se desanime y continúe intentándolo. Algunos de los temas mostrados contienen vínculos a otros temas, si le interesan haga clic en ellos cuando el cursor se transforme en una mano .

Salir de Excel

Cuando termine de trabajar con Excel deberá salir de la aplicación. Antes de hacerlo, deberá guardar sus trabajos para que no se pierdan, en próximos capítulos explicaremos cómo hacerlo. Ahora veamos cómo salir de Excel, para ello:

- Ejecute el comando Archivo>Salir.
- Haga clic en el botón Cerrar en la parte derecha de la barra de título.
- Haga clic en el comando Cerrar del menú del botón Control a la izquierda de la barra de título.
- Pulse la combinación de teclas **Control-F4**.

Resumen

Ya conoce todos los elementos del entorno de Excel y sabe cómo utilizarlos, también sabe desplazarse por la zona de trabajo libremente, domina el manejo de los menús y barras de herramientas y, en último caso, sabe cómo encontrar la ayuda que pueda necesitar. En el capítulo siguiente estudiaremos los libros de trabajo y las hojas de cálculo y cómo trabajar con ellos.

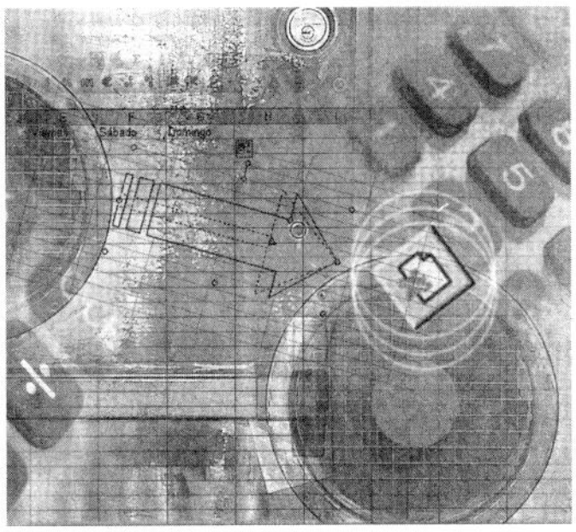

Capítulo 3

Libros y hojas de trabajo

En este capítulo aprenderá a:

- Crear un libro de trabajo nuevo.
- Crear un libro de trabajo desde una plantilla.
- Abrir un libro de trabajo existente.
- Buscar un libro de trabajo dentro de Excel.
- Guardar y cerrar un libro de trabajo.
- Trabajar con ventanas y moverse entre libros abiertos.
- Administrar las hojas de trabajo. Seleccionar y desplazarse.
- Mover, copiar, insertar, renombrar y borrar hojas de trabajo.
- Colorear las fichas de las hojas de trabajo.
- Cambiar el tamaño de visualización en pantalla.

Cuando trabaja con Excel, uno de los aspectos más importantes es saber diferenciar los niveles en que pueden agruparse los datos, ya estudiados en el primer capítulo. Estos niveles son:

- Libro de trabajo: Todos los archivos creados en Excel son libros de trabajo. Estos libros pueden incluir una o más hojas de trabajo que generalmente están relacionadas por sus datos. En ocasiones nos referimos a los libros de trabajo como documentos.
- Hoja de trabajo: También llamada hoja de cálculo, incluye la totalidad de las celdas organizadas en filas y columnas. Un libro consta de varias hojas, de las cuáles sólo una será la hoja activa en un instante concreto.
- Fila: Secuencia de celdas organizadas horizontalmente.
- Columna: Secuencia de celdas organizadas verticalmente.
- Celda: Intersección entre una fila y una columna, unidad básica de información donde se introducen los datos.

Nota:

Un documento es un archivo en el que se almacena información. Los archivos se guardan en las unidades de almacenamiento de que dispone su sistema.

Abrir los libros de trabajo

Crear un libro de trabajo nuevo

Cuando ejecuta un programa, automáticamente se abre un libro de trabajo en blanco donde introducir y estructurar sus datos pero, además, puede crear un libro nuevo cada vez que lo desee. Puede crear un libro nuevo desde cero o basándose en una plantilla del programa que, posteriormente, adaptará a sus necesidades.

Crear un libro nuevo desde cero

Teniendo el programa activo, puede abrir un documento en blanco, haciendo clic en el botón Nuevo  de la barra de herramientas. La figura 3.1 muestra ese botón. Los libros de trabajo nuevos se abren siempre teniendo A1 como celda activa.

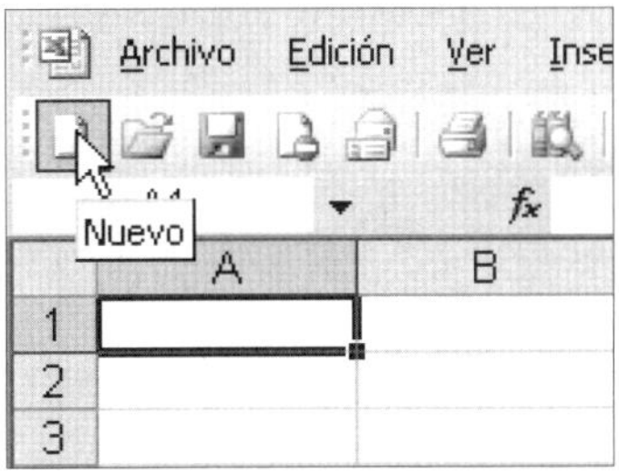

Figura 3.1. El botón Nuevo de la barra de herramientas.

También puede abrir un libro en blanco ejecutando el comando Archivo>Nuevo que muestra la figura 3.2. En la zona derecha de la pantalla se activa el panel de tareas Nuevo libro, que aparece en la figura 3.3, seleccione Libro en blanco. Observe cómo se abre un nuevo libro de trabajo.

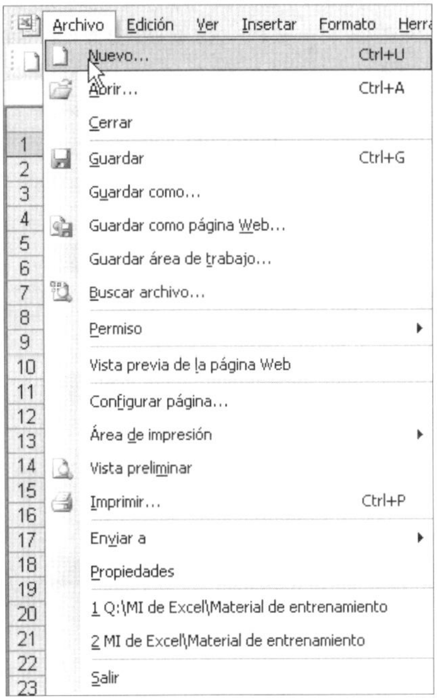

Figura 3.2. Comando Archivo>Nuevo.

Los nombres por defecto de los libros de trabajo nuevos son Libro1, Libro2 y así sucesivamente. Si sale o vuelve a ejecutar Excel, el número de los libros vuelve a comenzar desde 1.

Figura 3.3. Panel Nuevo libro.

Crear un libro nuevo desde una plantilla

Puede crear un libro nuevo a partir de una de las plantillas que ofrece el programa. Las plantillas significan un considerable ahorro de tiempo porque contienen formatos, fórmulas y funciones necesarios en gran parte de los documentos de gestión que usan tradicionalmente las empresas: informes sobre el estado de las cuentas, hojas de balance, presupuestos, facturas, órdenes de compras y muchos otros.

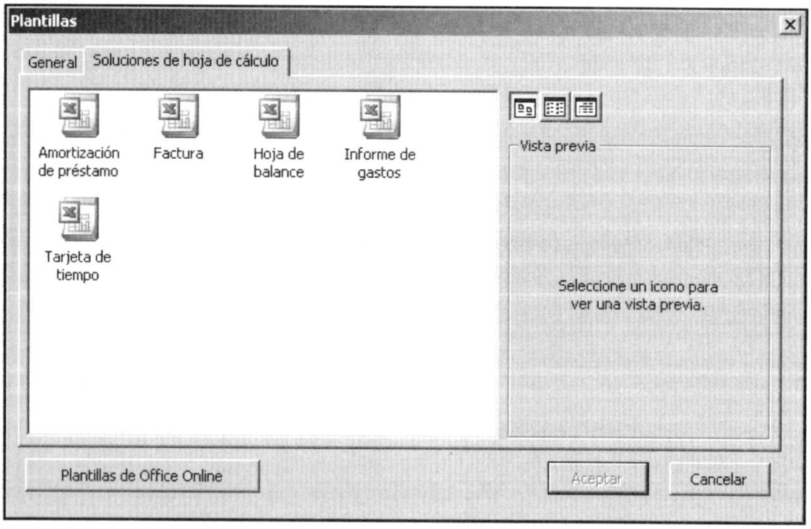

Figura 3.4. Cuadro de diálogo Plantillas.

Para abrir una plantilla de Excel, siga los pasos iniciales para la creación de un libro nuevo estudiados anteriormente. Observe que, en el panel Nuevo Libro de la figura 3.3, existe una zona dedicada a las Plantillas que permite buscar Plantillas en Office Online, En mi PC y En mis sitios Web.

Si selecciona En mi PC..., se activa el cuadro de diálogo Plantillas que muestra la figura 3.4. Haga clic en la ficha Soluciones de hoja de cálculo y observe las plantillas que ofrece el programa. Coloque el cursor sobre el archivo Factura y haga doble clic en él para abrirlo, Excel abre la plantilla seleccionada para que trabaje a partir de ella. El resultado se muestra en la figura 3.5. Pruebe a introducir sus propios datos y a crear su propia factura a partir de la plantilla.

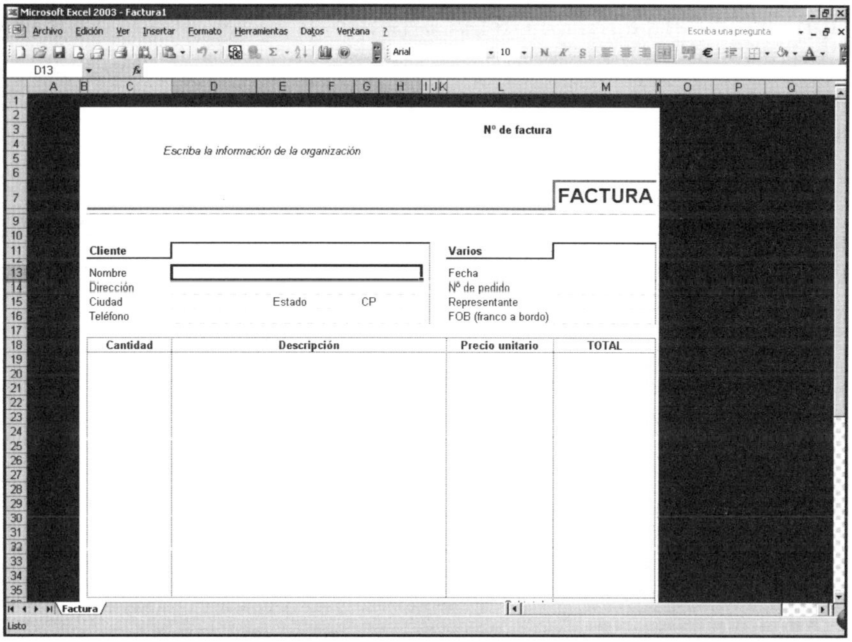

Figura 3.5. Plantilla para hacer una factura.

A través de la opción Plantillas en Office Online, se accede a una página Web donde Microsoft tiene ubicadas las plantillas de Office. Allí encontrará una amplia variedad de plantillas muy profesionales para descargar en su ordenador.

Cada plantilla aparece con el icono de la aplicación para la que ha sido creada.

Advertencia:

Para tener acceso a las plantillas de la Web, es obligatorio tener una conexión a Internet.

La opción En mis sitios Web... se utiliza para buscar en la Web plantillas adicionales.

Abrir un libro de trabajo existente

Para trabajar con cualquier documento es imprescindible que esté abierto. La forma más común de abrir un documento existente, es haciendo doble clic en el icono del propio documento. Se ejecutará automáticamente la aplicación para abrirlo. Una vez dentro de Excel, puede abrir un documento ejecutando Archivo>Abrir.... Se activa el cuadro de diálogo Abrir, que permite localizar un documento para abrirlo. Este cuadro se muestra en la figura 3.6.

Truco:

El botón Abrir  *de la barra de herramientas que muestra la figura 3.7 también activa el cuadro de diálogo* Abrir.

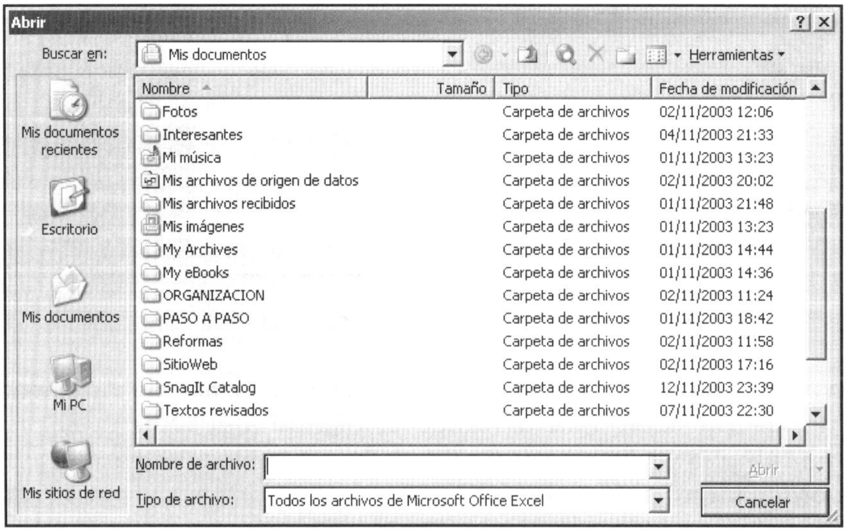

Figura 3.6. Cuadro de diálogo Abrir.

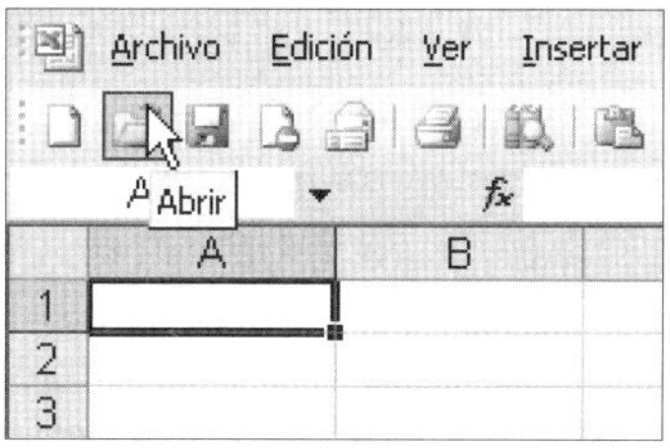

Figura 3.7. Botón Abrir en la barra de herramientas.

Buscar un documento desde el cuadro de diálogo Abrir

Muchos de los documentos creados en Excel se necesitan posteriormente. Si no acostumbra a mantener una organización por tareas o fechas de sus archivos, el programa ofrece excelentes herramientas de búsqueda.

El cuadro de diálogo Abrir, mediante el botón **Herramientas**, accede al comando Buscar que se muestra en la figura 3.8. Este comando activa el cuadro de diálogo Búsqueda de archivos, que puede ver en la figura 3.9, con el que puede localizar fácilmente cualquier documento. Seleccione la ficha Básica e introduzca en el cuadro Buscar texto: una cadena de texto, a continuación, haga clic en el botón **Ir**. El cuadro Resultados le muestra todos los archivos que contienen dicha cadena, lo mismo en el nombre del archivo que en su contenido.

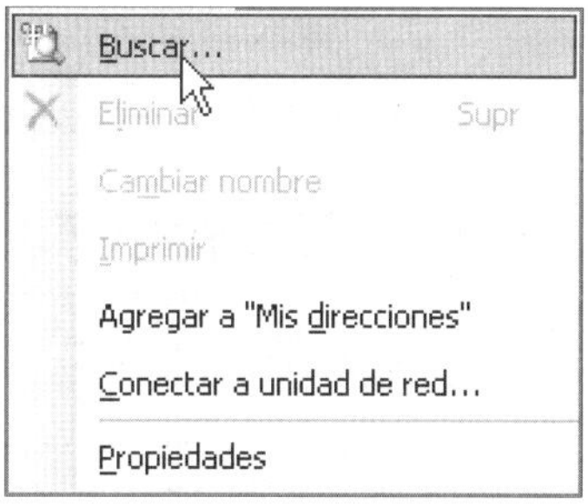

Figura 3.8. Comando Buscar.

La sección Opciones de búsqueda adicionales permite definir dónde buscar y qué tipo de archivo. La figura 3.10 muestra el libro de trabajo Pagos, localizado con el comando Buscar.

La ficha Avanzada activa la búsqueda avanzada a través de criterios de búsqueda establecidos. Puede crear estos criterios en los cuadros Propiedad y Condición con sendas listas desplegables, y luego, definir un Valor para cada criterio. También puede combinarlos usando los condicionales **"Y"** y **"O"**. Todos los criterios incorporados aparecen en el cuadro inferior. También aquí puede depurarlos según su ubicación y tipo de archivo. Cuando tenga definida la búsqueda, haga clic en el botón **Ir**. En la figura 3.11 se muestra el cuadro para la búsqueda avanzada de archivos.

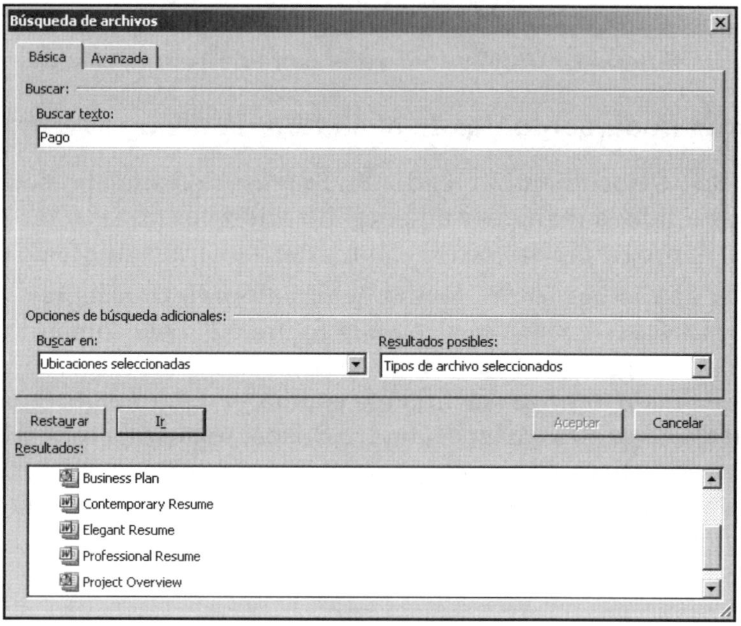

Figura 3.9. Cuadro de diálogo Búsqueda de archivos.

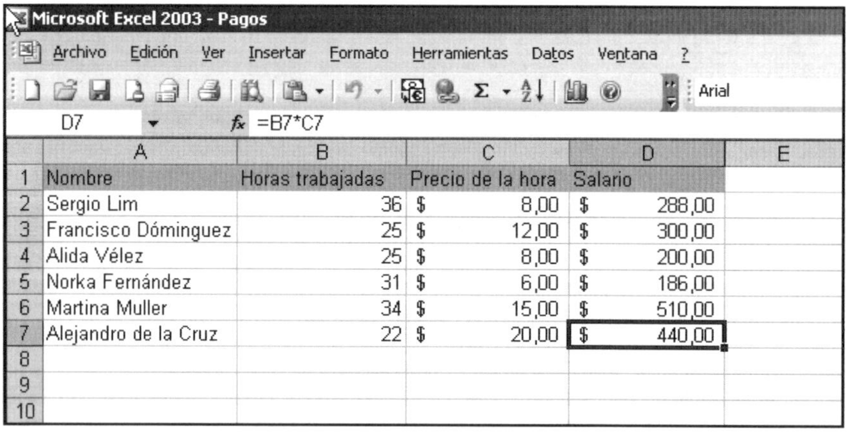

Figura 3.10. Libro de trabajo Pagos.

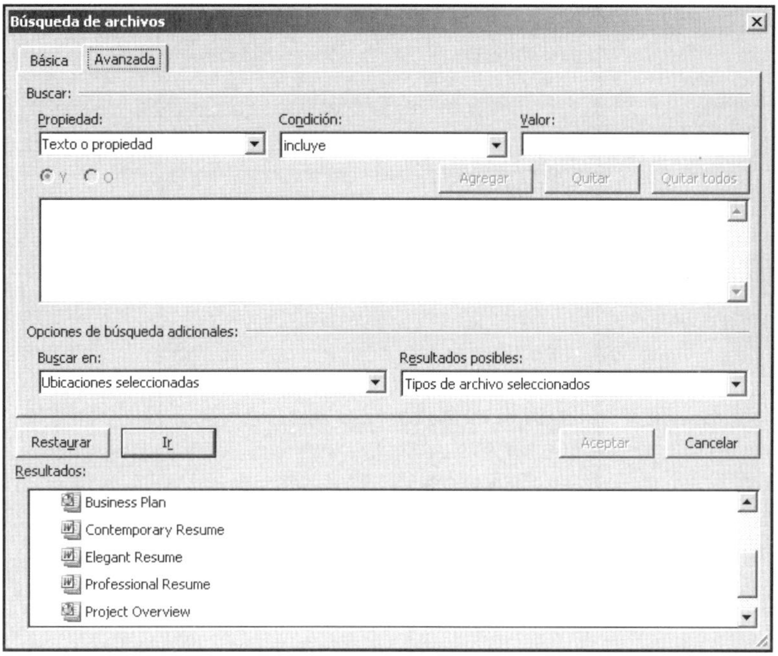

Figura 3.11. Búsqueda avanzada.

Buscar un documento utilizando el panel Búsqueda básica de archivos

Otra forma de buscar un documento es utilizando el panel Búsqueda básica de archivos:

1. Ejecute Archivo>Buscar archivo... como se muestra en la figura 3.12 para activar el panel Búsqueda básica de archivos.
2. Dentro del panel, en el cuadro Buscar texto, escriba el nombre o parte del nombre del archivo que desea buscar.
3. Haga clic en el botón **Ir**. Excel le ofrece un listado de todos los archivos que contienen, en su nombre o en su contenido, esa cadena de caracteres.
4. Haga doble clic en el archivo que desea abrir para trabajar.

También puede depurar esta búsqueda utilizando la sección del panel Opciones de búsqueda adicionales.

Puede seleccionar el sitio donde quiere buscar y el tipo de archivo.

Las figuras 3.14 y 3.15 muestran estas posibilidades.

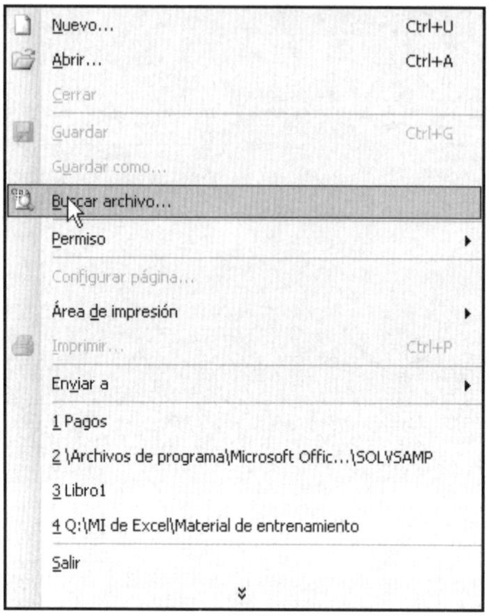

Figura 3.12. Comando Archivo>Buscar archivo...

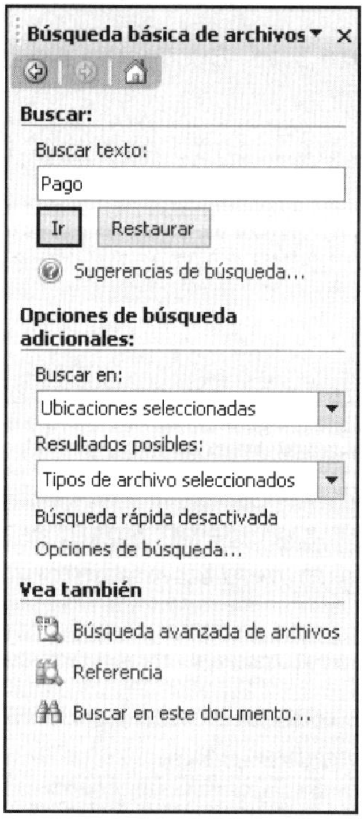

Figura 3.13. Panel Búsqueda básica de archivos.

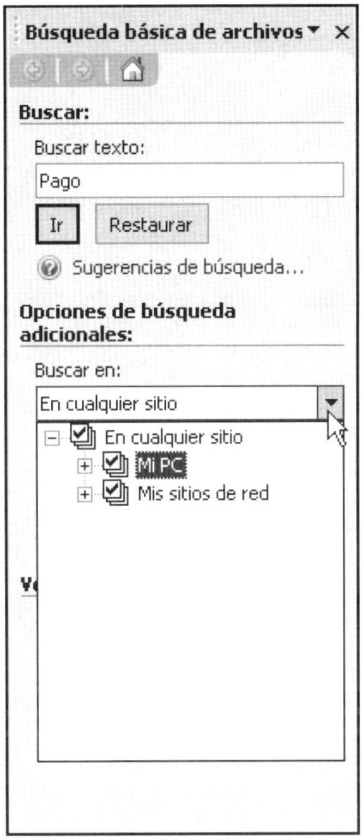

Figura 3.14. Para definir el sitio utilice la opción Buscar en.

En ambos casos, la selección se realiza haciendo clic en la flecha hacia abajo que activa las listas desplegables. Cada opción tiene su casilla de verificación donde activar la selección.

En este panel también puede realizar búsquedas avanzadas:

1. Haga clic en Búsqueda avanzada de archivos. Se activa el panel Búsqueda avanzada de archivos que muestra la figura 3.16.
2. En el cuadro Propiedad seleccione los criterios de búsqueda, por ejemplo la **Fecha de creación** o el **Nombre del archivo** e introduzca una condición.
3. En el cuadro Valor, escriba la información que desea que cumpla el archivo con relación a los criterios y condiciones establecidas.
4. El botón **Agregar** le permite ir adicionando criterios.
5. Haga clic en el botón **Ir** para localizar el o los archivos según los criterios establecidos.

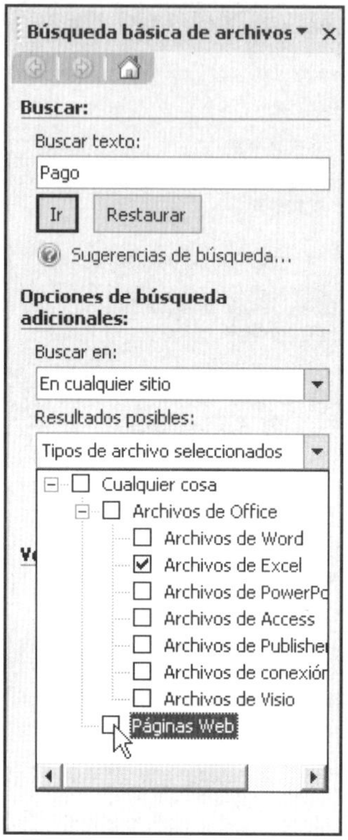

Figura 3.15. Para seleccionar un tipo de archivo determinado, utilice la opción Resultados posibles.

6. Aparecerá un listado con los archivos que cumplen este criterio. Haga doble clic en el archivo que desea abrir.

Guardar un libro de trabajo

En todos los programas, uno de los aspectos más importantes es la correcta conservación de los documentos. Es esencial controlar cómo funciona el proceso de guardar documentos. Cuando introduce o modifica datos en su libro de trabajo, estos cambios se almacenan temporalmente en la memoria del ordenador y, hasta que no guarda esos cambios, no se actualizan en el disco.

Los documentos se almacenan normalmente en las unidades locales del ordenador y, ocasionalmente, en ordenadores remotos conectados en red.

Figura 3.16. Panel Búsqueda avanzada de archivos.

No obstante, si antes de guardar un documento ocurriese un corte de electricidad o se apagase accidentalmente el ordenador, los libros abiertos podrían resultar dañados.

En ese caso, cuando intente abrir nuevamente esos documentos, Excel activará automáticamente el modo de recuperación y mostrará el panel de tareas Recuperación de documentos en la parte izquierda de la pantalla, que muestra el icono del libro, su nombre, si es original o recuperado e información sobre el momento en que fue guardado por última vez.

Seleccione la versión con la que desee trabajar y haga clic en el triángulo invertido, que aparece a su derecha, para elegir la opción que quiera utilizar. Puede revisar la información de la reparación y del archivo para determinar qué hacer con él. Elija la opción Guardar como para guardar el archivo o Cerrar para descartarlo.

Advertencia:

Para prevenir accidentes indeseables, guarde los documentos siempre que realice modificaciones.

Puede salvar un documento tantas veces como lo desee y puede salvarlo con otro nombre, manteniendo de esta forma múltiples versiones de un mismo libro.

Para guardar un documento ejecute el comando Guardar del menú Archivo. Si es la primera vez que guarda el documento, se activa el cuadro de diálogo Guardar como. En el cuadro de texto Nombre de archivo:, escriba el nombre del documento y en el cuadro Guardar en:, seleccione el lugar donde quiere guardar el documento. Luego haga clic en el botón Guardar. Excel asigna el nombre Libro1 de forma predeterminada.

Una vez nombrado y guardado un documento, el programa asume que sea siempre en la misma carpeta y con el mismo nombre, por tanto basta con ejecutar el comando Guardar, para que el programa almacene el documento directamente.

El botón Guardar de la barra de herramientas, que muestra la figura 3.17, es la forma más rápida de guardar un documento.

Si desea guardar el documento con un nombre diferente, ejecute el comando Guardar como del menú Archivo, se activa el cuadro de diálogo Guardar como, escriba el nombre del documento y haga clic en el botón Guardar. El programa guarda el libro de trabajo en el disco asignándole el nombre especificado. El nombre del documento aparece en la barra de títulos de Excel.

Nota:

Utilice nombres que sean representativos de su contenido a la hora de guardar sus documentos.

Figura 3.17. Botón Guardar.

El cuadro de diálogo Guardar como

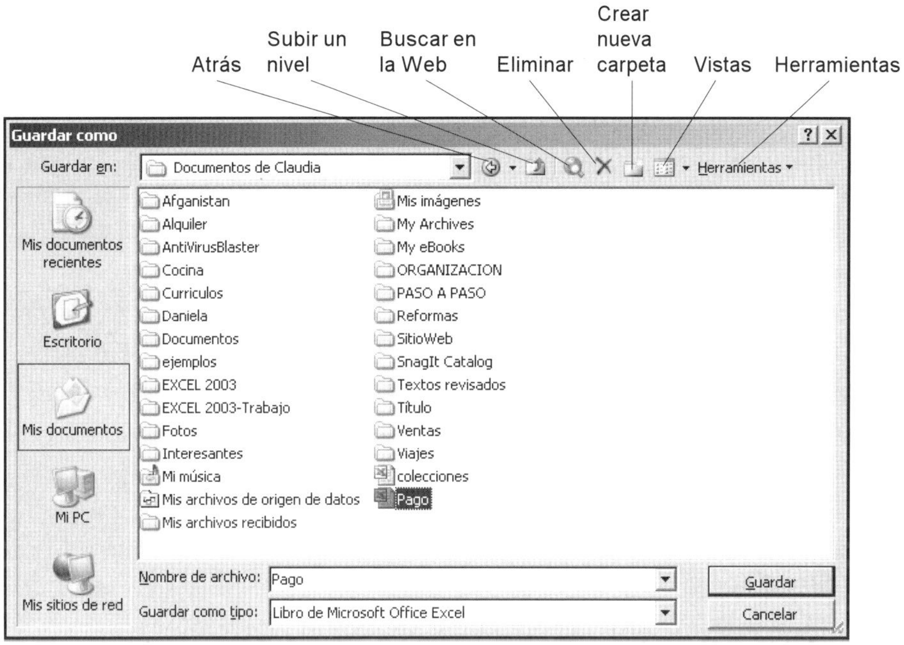

Figura 3.18. El cuadro de diálogo Guardar como.

Para manipular los documentos de forma efectiva, es muy importante conocer las posibilidades que brinda el cuadro de diálogo Guardar como.

En la zona izquierda del cuadro observe la barra de Navegación, que permite acceder con facilidad a las carpetas de uso más frecuente. De arriba hacia abajo aparecen las siguientes localizaciones: Mis documentos recientes, Escritorio, Mis Documentos, Mi PC y Mi sitios de red. Para acceder rápidamente a cualquiera de estas localizaciones, basta con hacer clic en el botón que las representa.

En la parte superior del cuadro aparece el cuadro Guardar en, donde debe seleccionar en una lista desplegable dónde ubicar el archivo.

Haga clic en el nombre de la unidad o carpeta donde desea guardar el documento. La primera vez, Excel ofrece por omisión la carpeta Mis Documentos.

En la zona principal del cuadro aparece una lista de archivos y carpetas correspondientes a la ubicación en curso.

- El botón Atrás : Muestra la lista de archivos y carpetas visualizados anteriormente.
- El botón Subir un nivel : Muestra el contenido de la carpeta donde está ubicada la carpeta en curso. Por ejemplo, si la carpeta Mis documentos se encuentra en la unidad C: y está visualizando el contenido de la carpeta Mis documentos, el botón Subir un nivel le mostrará el contenido de la unidad C:.
- El botón Buscar en la Web : Muestra una pantalla que le ayudará a bajarse un sitio Web determinado.
- El botón Eliminar : Borra la carpeta o archivo seleccionado, trasladándolo a la Papelera de reciclaje.
- El botón Crear nueva carpeta : Permite crear una nueva carpeta en la unidad o carpeta en curso.
- El botón Vistas : Permite modificar el modo de visualizar la lista de archivos y carpetas. La flecha hacia abajo despliega una lista con todas las posibilidades.

El botón **Herramientas** brinda opciones realizables sobre el elemento en curso como pueden ser Eliminar, Cambiar nombre, Imprimir o Agregar a Mis direcciones.

La figura 3.19 muestra las opciones del botón **Herramientas**.

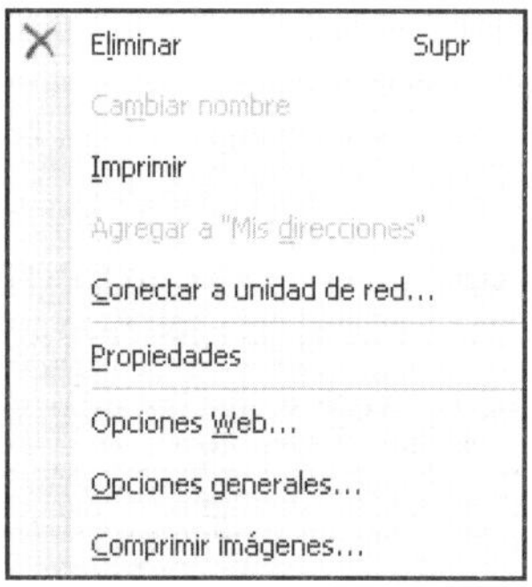

Figura 3.19. Las opciones del botón Herramientas.

En la zona inferior está el cuadro de texto Nombre de archivo:, donde debe introducir el nombre del archivo.

Justo debajo está el cuadro Guardar como tipo, que le brinda varias opciones para salvar el documento: un libro de Excel, una página Web o una plantilla.

Por último, el botón Guardar guarda el libro de trabajo con el nombre introducido y en la carpeta seleccionada, mientras el botón **Cancelar** cerraría el cuadro de diálogo sin realizar operaciones.

Cerrar un libro de trabajo

Haga clic en el botón Cerrar ventana, que se encuentra en la zona superior derecha del documento y que se muestra en la figura 3.20.

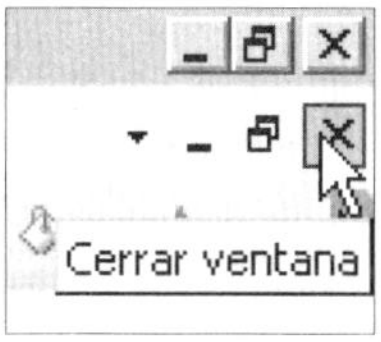

Figura 3.20. Botón Cerrar ventana.

Si ha realizado cambios en el libro, el programa le propone guardar el documento valiéndose del mensaje que se muestra en la figura 3.21. Haga clic en **Sí**, si desea guardar los cambios, en caso contrario, haga clic en **No**. En ambos casos Excel cierra el libro.

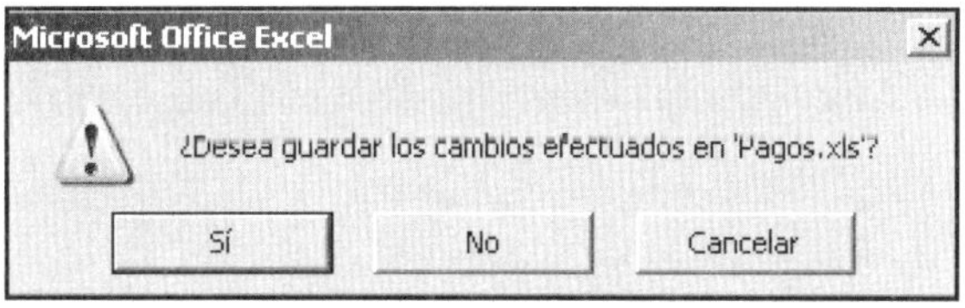

Figura 3.21. El programa propone guardar los cambios antes de salir.

Las ventanas en Excel

Como el resto de las aplicaciones de Office, Excel permite trabajar con múltiples ventanas simultáneamente. Puede ver varios documentos en pantalla y redimensionar sus medidas de acuerdo con las necesidades. Esto permite no sólo comparar sus documentos, sino trabajar con más de un libro al mismo tiempo. Si pulsa el botón Restaurar ventana que muestra la figura 3.22, el documento deja de ocupar toda la pantalla. Esta peculiaridad ofrece la posibilidad de trabajar con varios documentos a la vez. Diferentes libros de trabajo de Excel pueden estar solapados o distribuidos en el espacio disponible a su propia conveniencia.

Figura 3.22. El botón Restaurar ventana.

Truco:

Si quiere volver a trabajar viendo un solo libro, haga doble clic en la barra de título de este libro.

Para organizar el área de trabajo y poder visualizar varios libros a la vez:

1. Seleccione Ventana>Organizar..., como se muestra en la figura 3.23.

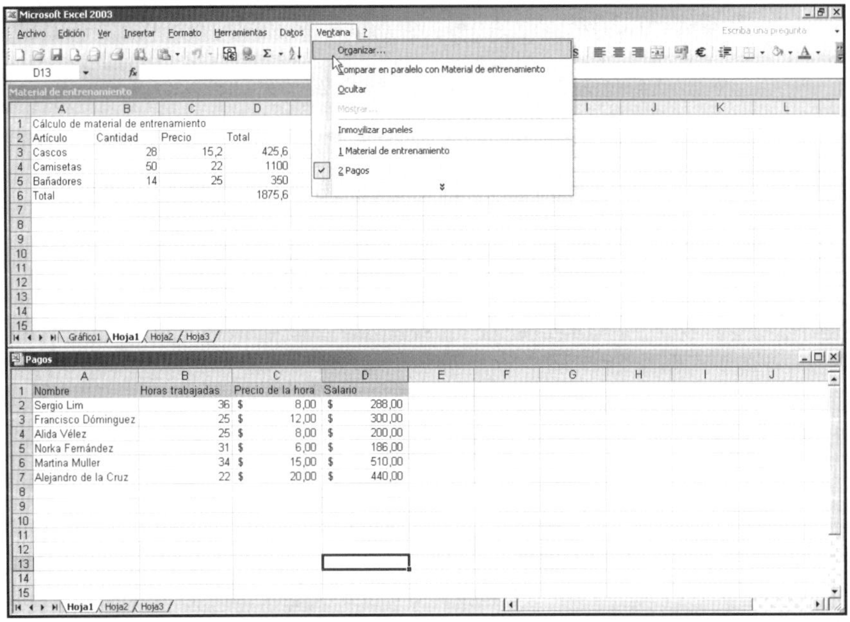

Figura 3.23. Ventanas organizadas en forma horizontal y comando Ventana>Organizar...

2. Seleccione la opción que desee en el cuadro de diálogo Organizar ventanas que se muestra en la figura 3.24.

Figura 3.24. Cuadro de diálogo Organizar ventanas.

El libro que ve con la barra de título oscurecida es el libro de trabajo activo. La celda activa se encuentra en este libro.

Moverse entre diferentes libros de trabajo

Puede tener abiertos varios libros de trabajo al mismo tiempo y moverse entre ellos. Para cada libro de trabajo abierto, la barra de tareas del ordenador, en la zona inferior de la pantalla, muestra una pestaña como las de la figura 3.25.

Observe que hay una para el libro Pagos y otra para el libro Material de entrenamiento. Basta hacer clic en la pestaña correspondiente al libro con el que desea trabajar para convertir ese libro en activo y ubicarse en él.

Figura 3.25. En la barra de tareas existe una pestaña para cada libro abierto.

Nota:

Utilice la barra de tareas para moverse rápidamente entre diferentes aplicaciones.

Mediante el menú Ventana también puede seleccionar un libro para convertirlo en activo, como muestra la figura 3.26.

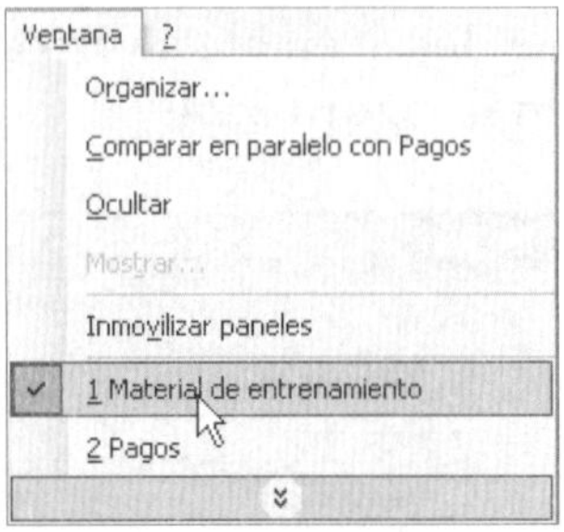

Figura 3.26. Seleccione un libro como activo desde el menú Ventana.

Truco:

Un método rápido para moverse de un libro a otro consiste en pulsar la combinación de teclas ***Control-F6****. Si tiene más de una aplicación abierta simultáneamente, utilice la combinación* ***Alt-Tab*** *para moverse a través de todas las ventanas abiertas en su ordenador.*

Administrar hojas de trabajo

Como explicamos al comienzo del libro, cuando crea un libro de trabajo, éste se presenta con tres hojas de trabajo llamadas Hoja1, Hoja2 y Hoja3. Cada una de estas hojas tiene su ficha correspondiente en la zona inferior de la pantalla. Para moverse por estas hojas, basta hacer clic en la ficha correspondiente. Excel permite agrupar, insertar, borrar y realizar otras manipulaciones con las hojas de trabajo que estudiará en lo que resta del capítulo.

Seleccionar las hojas de trabajo

Los criterios de selección más importantes son los siguientes:

- Para seleccionar una hoja de trabajo debe hacer clic en su ficha.
- Para seleccionar hojas de trabajo consecutivas, haga clic en la primera de las fichas y manteniendo pulsada la tecla **Mayús**, haga clic en la última.
- Para seleccionar más de una hoja de trabajo no consecutiva, haga clic sobre sus fichas manteniendo pulsada la tecla **Control**.
- Para seleccionar todas las hojas de trabajo de un libro, haga clic con el botón derecho en cualquiera de las fichas y escoja la opción Seleccionar todas las hojas como muestra la figura 3.27.

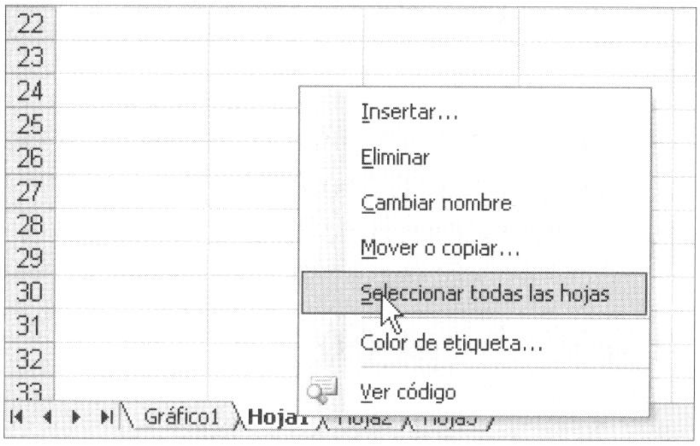

Figura 3.27. Las fichas de las hojas y el menú emergente. Opción Seleccionar todas las hojas.

Desplazarse por las hojas de trabajo

De la misma forma que puede tener varios libros de trabajo abiertos al mismo tiempo y desplazarse por ellos, puede hacerlo por las hojas de trabajo de un libro. Los criterios de desplazamiento por las hojas de trabajo son los siguientes:

- Para desplazarse de una hoja a otra, puede usar los botones de desplazamiento que se encuentran en el extremo inferior izquierdo de la hoja y que aparecen en la figura 3.28. Estos botones se usan, principalmente, cuando no se visualiza la totalidad de las fichas correspondientes a las hojas de trabajo.

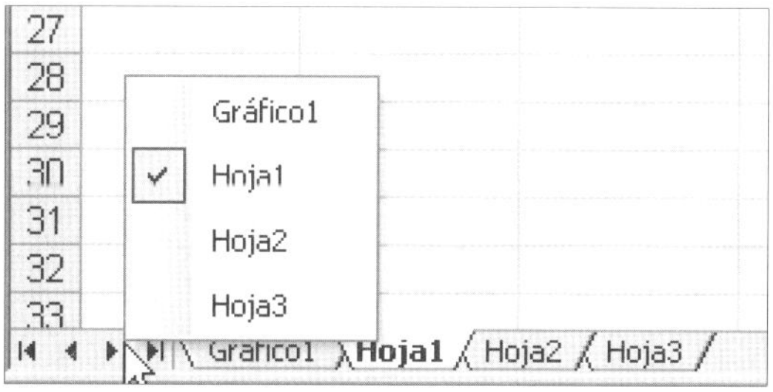

Figura 3.28. Menú emergente de los botones de desplazamiento.

- Presione **Control-AvPag** o **Control-RePag** para desplazarse de una hoja de trabajo a otra.
- Si hace clic con el botón derecho del ratón en cualquiera de los botones de desplazamiento, se muestra un menú emergente como el de la

figura 3.28 con todas las hojas del libro, seleccione en cuál desea ubicarse.

Los dos botones del centro se usan para moverse a la ficha anterior o a la posterior. El botón extremo izquierdo es para moverse a la primera ficha del libro y el botón extremo derecho a la última.

Añadir una nueva hoja de trabajo

En ocasiones deberá insertar una nueva hoja de trabajo. En las últimas versiones de Excel, cada libro de trabajo podía contener hasta 256 hojas de trabajo. Esta versión permite superar ese número. Para insertar una hoja de trabajo siga los pasos siguientes:

1. Haga clic en la ficha delante de la cual quiere realizar la inserción.
2. Ejecute el comando **Insertar>Hoja de cálculo** como muestra la figura 3.29.

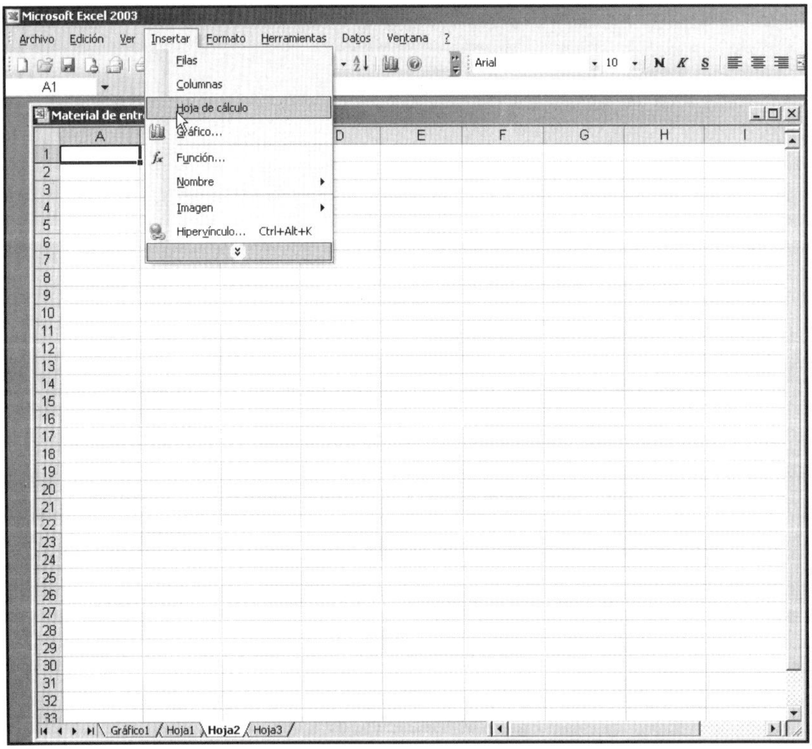

Figura 3.29. Comando Insertar>Hoja de cálculo para añadir una nueva hoja.

La figura 3.30 muestra la nueva Hoja 4 a la izquierda de Hoja 2.

Figura 3.30. Se inserta una nueva Hoja 4.

Otro método para lograr idéntico resultado:

1. Haga clic con el botón derecho del ratón en la ficha delante de la cual desea realizar la inserción. La hoja correspondiente a esa ficha se convierte en hoja activa.
2. Seleccione la opción Insertar del menú emergente. Se activa el cuadro de diálogo Insertar mostrando un icono para cada tipo de objeto.
3. Seleccione Hoja de cálculo.
4. Haga clic en el botón **Aceptar**.

La nueva hoja aparece a la izquierda de la hoja activa, convirtiéndose en nueva hoja de trabajo activa.

Mover y copiar una hoja de trabajo

Después de añadir una nueva hoja de trabajo, puede que desee moverla de lugar. Para mover una hoja de trabajo, sólo debe arrastrarla con el ratón y soltarla en el lugar deseado.

Puede duplicar una hoja cuando la arrastra. Pulse la tecla **Control** mientras arrastra la ficha. Obtendrá un duplicado de la hoja conservándose la original en su lugar; en la hoja gráfica que acompaña al puntero del ratón mientras lo arrastra, aparece un pequeño símbolo de suma.

Mover y copiar una hoja entre libros diferentes

Para mover o copiar una hoja de trabajo de un libro a otro, ambos libros deben estar abiertos y seguir los siguientes pasos:

1. Haga clic en la ficha de la hoja que desea copiar o mover, por ejemplo en el Libro Pagos, la Hoja 1.
2. Ejecute Edición>Mover o copiar hoja... como muestra la figura 3.31. Se activa el cuadro de diálogo Mover o Copiar que se muestra en la figura 3.32.
3. En el cuadro de lista Al libro: seleccione el libro de destino: Material de entrenamiento. En caso de no seleccionar ningún libro, Excel asume que la operación se realizará a una localización diferente del mismo libro.

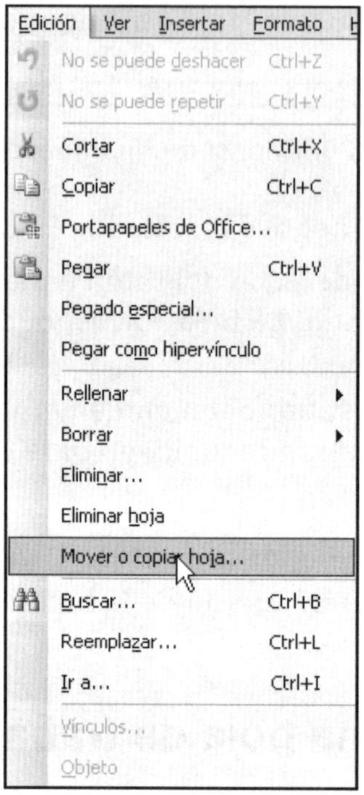

Figura 3.31. Comando Edición>Mover o copiar hoja...

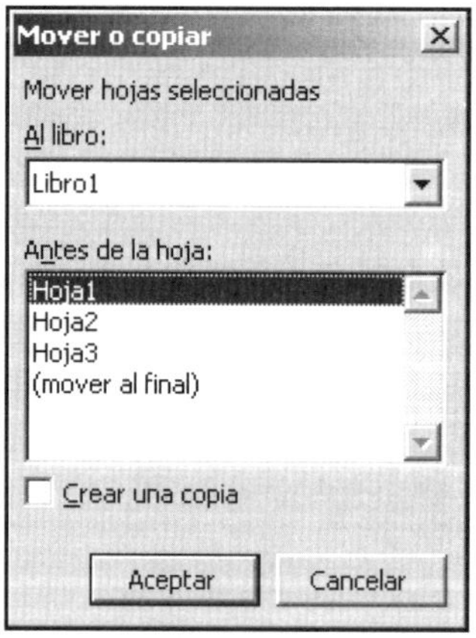

Figura 3.32. Cuadro de diálogo Mover o copiar.

4. En el cuadro de lista Antes de la hoja: haga clic en el nombre de la hoja de trabajo delante de la cual desea insertarla, por ejemplo Hoja 2.

5. Si desea hacer una copia en lugar de mover la hoja, marque la casilla de verificación Crear una copia.
6. Haga clic en **Aceptar**.

Excel copia la hoja en la nueva localización como muestra la figura 3.33. Observe que la ficha toma el nombre de Hoja 1 (2).

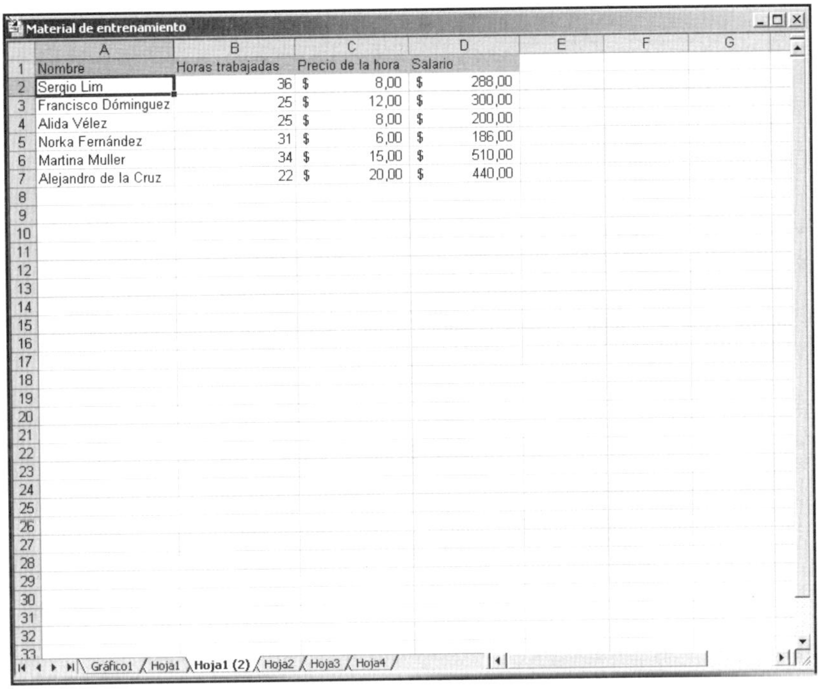

Figura 3.33. La nueva ficha insertada.

Eliminar una hoja de trabajo

Borrar una hoja de trabajo es fácil, pero debe hacerlo con mucha precaución. Para eliminar una hoja de trabajo:

1. Seleccione la ficha y haga clic con el botón derecho del ratón.
2. Seleccione la opción Eliminar en el menú emergente.

También con la hoja seleccionada, puede ejecutar el comando Editar>Eliminar hoja. Si no ha introducido datos, ésta desaparecerá automáticamente. En caso de que exista algún dato dentro de la hoja, aunque fuese un simple carácter en una celda, Excel preguntará si desea eliminarlo antes de continuar con el cuadro de confirmación que muestra la figura 3.34. Si quiere eliminar una hoja aunque contenga datos, pulse el botón Eliminar.

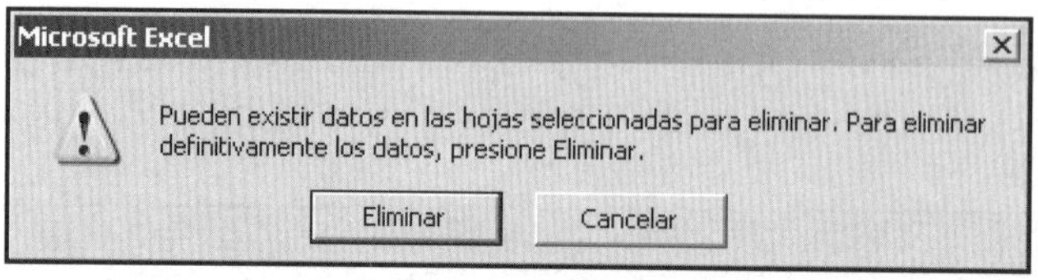

Figura 3.34. Cuadro de confirmación de los datos a eliminar.

Renombrar las fichas de las hojas de trabajo

Es conveniente poner nombres ilustrativos de su contenido a las fichas de las hojas de trabajo. Para renombrar una ficha:

1. Haga doble clic en la ficha Hoja 3 y verá que el nombre se sombrea, como muestra la figura 3.35.

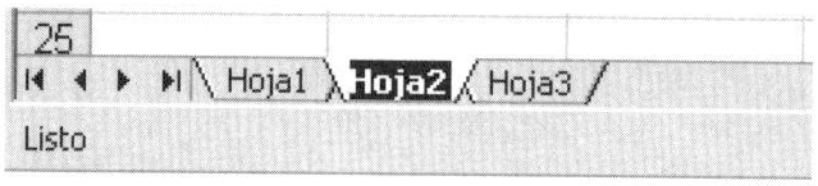

Figura 3.35. Renombrar una ficha.

2. Escriba el nuevo nombre: Resultado y pulse **Intro**. También puede hacer clic dentro de la propia ficha cuando termine de escribir el nombre, confirmando que éste se ha escrito correctamente.

Es recomendable introducir nombres cortos para las fichas. En ocasiones tendrá más fichas de las que pueden ubicarse dentro del espacio asignado para ellas. Mientras más largos sean los nombres, más rápido se agotará este espacio. En esos casos tendrá que usar los botones de desplazamiento para moverse entre fichas que no se encuentran visibles.

Agrupar y desagrupar fichas de hojas de trabajo

Si su libro contiene dos o más hojas con contenido y formato comunes, puede agruparlas antes de introducir los datos o de aplicar los formatos. No es necesario que las hojas agrupadas sean exactamente iguales, ni que todos los datos se encuentren en el mismo lugar. Un buen ejemplo es agrupar todas aquellas hojas que tengan los mismos rótulos para filas y columnas.

Agrupando las fichas puede introducir contenido común una sola vez. Cuando introduce contenido en una de las hojas, aparecerá exactamente igual en el resto de las hojas del grupo. Para agrupar las fichas, presione la tecla **Control** y, manteniéndola presionada, haga clic en todas las fichas que desee incluir en el grupo.

Truco:

Si las fichas son consecutivas, pulse la tecla ***Mayús*** *y seleccione la primera y la última ficha, se seleccionarán automáticamente todas las fichas intermedias que quiera agrupar.*

Cuando las fichas están agrupadas, las entradas de valores y textos, introducción de fórmulas, aplicación de formatos y variación de la dimensión de filas y columnas, entre otras, se hacen una sola vez, lo que significa un ahorro de tiempo. Agrupe las celdas cuando esté seguro de que su contenido y formato serán comunes. Este proceso debe tener una planificación previa, que considere en qué momento agrupar o desagrupar las fichas de las hojas de trabajo de un libro.

Para desagrupar un grupo de fichas, solo tendrá que hacer clic con el botón derecho del ratón en una de ellas. Se activará un menú emergente como el que muestra la figura 3.36. En este caso seleccione la opción Desagrupar hojas.

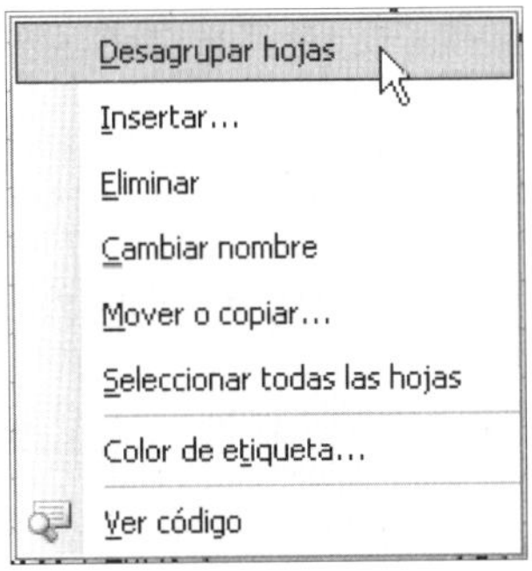

Figura 3.36. Opción Desagrupar hojas.

Cuando se rompe el grupo, cada hoja retorna a su estado independiente y las operaciones que realice con los datos de una hoja no afectarán al resto.

Cambiar el color de las fichas

Cuanto más trabaje con Excel, más necesitará tener bien organizadas sus hojas de trabajo y sus datos. Si quiere asignarle una particularidad a sus fichas, puede hacerlo aplicándoles color. Inicialmente, todas las fichas presentan un color gris y para cambiarle el color debe hacer lo siguiente:

1. Haga clic con el botón derecho del ratón en la ficha que desea colorear y seleccione la opción Color de etiqueta....
2. Se activa el cuadro de diálogo Formato de color de etiqueta.
3. Haga clic en el color que desea.
4. Haga clic en el botón **Aceptar**. La ficha queda coloreada.

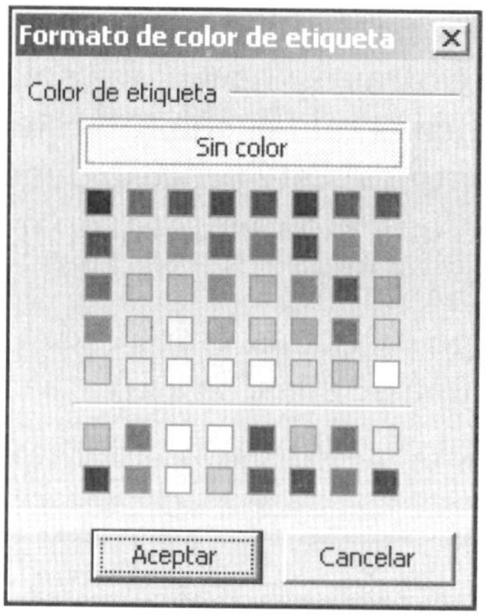

Figura 3.37. Cuadro Formato de color de etiqueta.

Cambiar el tamaño de visualización en pantalla

La operación de cambiar el tamaño de visualización en pantalla se llama Zoom.

Puede cambiar la forma de visualizar los datos en pantalla. Hacerlos más grandes para que sean más visibles o más pequeños, muy útil cuando tiene varias hojas abiertas simultáneamente en pantalla.

En ambos casos, esto se logra cambiando el porcentaje del Zoom en la barra de herramientas Estándar que muestra la figura 3.38.

Haga clic en la flecha hacia abajo del Zoom y seleccione un porcentaje. También puede escribir directamente en el cuadro el porcentaje que desee.

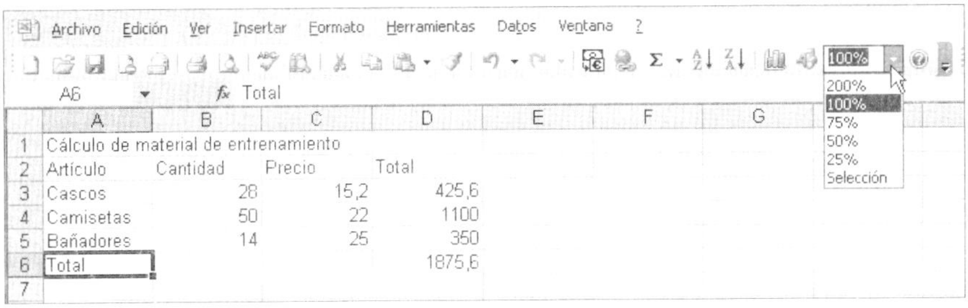

Figura 3.38. El botón Zoom en la barra de herramientas.

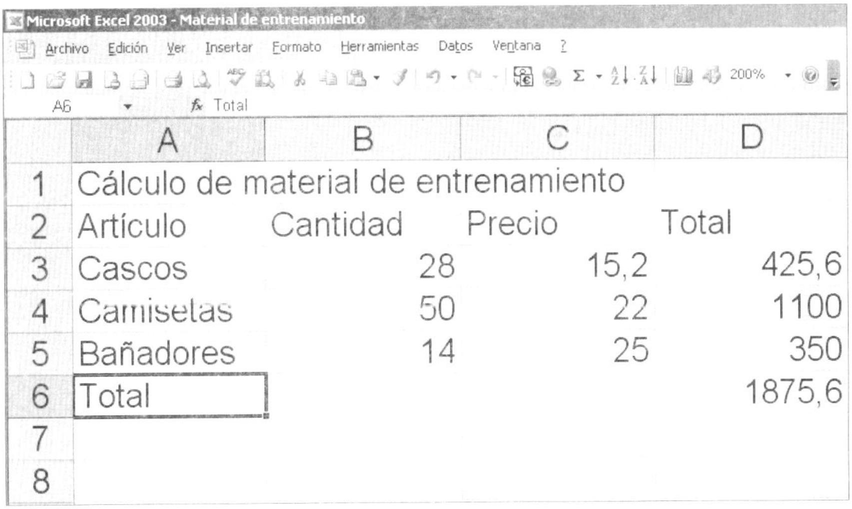

Figura 3.39. Zoom aplicado al 200 por cien.

Resumen

Una vez terminado este capítulo deberá tener claras las estructuras de trabajo de Excel y, fundamentalmente, el importante concepto de que un libro de trabajo es un archivo que puede contener múltiples hojas de trabajo. Saber crear y guardar los libros de trabajo y manipular como desee sus hojas, le permitirá desenvolverse perfectamente cuando, en próximos capítulos, aprenda a introducir datos y a aplicarles formatos, fórmulas y funciones.

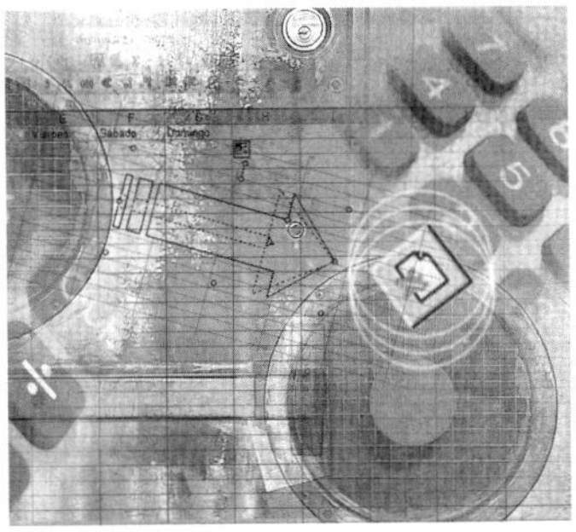

Capítulo 4

Entrada y edición de datos

En este capítulo aprenderá a:

- Desplazarse de una celda a otra.
- Introducir textos.
- Comprender la función Autocompletar.
- Introducir valores o números.
- Autorrellenar.
- Crear Listas personalizadas.
- Utilizar el comando Rellenar.
- Editar, reemplazar y borrar el contenido de una celda.

Introducción

Ya conoce los elementos más importantes que forman la interfaz de Excel y cómo moverse entre libros y hojas de trabajo. En este capítulo aprenderá a desplazarse entre las celdas de una hoja y a introducir y editar sus datos. Controlar bien estos procesos le permitirá realizar luego todo tipo de cálculos automatizados, tomando como base el conjunto de sus datos.

La hoja de cálculo permite introducir una gran diversidad de datos. Es una tarea sencilla y para ello deberá tener siempre una celda activa. Una vez introducidos los datos, podrá organizarlos, moverlos y calcularlos a su antojo. Estudiará cómo desplazarse por una hoja y los recursos con que cuenta el programa para una introducción y organización eficientes.

Desplazarse de una celda a otra

Antes de introducir los datos, debe conocer todas las posibilidades que ofrece el programa para moverse de una celda a otra. La forma más común de desplazarse entre celdas es utilizando el ratón, haciendo clic en la celda deseada.

Pero no siempre el método más usual es siempre el más efectivo. Cuando la celda a la que quiere moverse se encuentra fuera de pantalla, debe utilizar algunas teclas simples o combinaciones de teclas para alcanzar más rapidez.

Desplazarse utilizando teclas y combinaciones de teclas

Las teclas y combinaciones de teclas para desplazarse por las celdas de una hoja son las siguientes:

- **Teclas de cursor**: Desplazan en la dirección de la flecha a partir de la celda activa.
- **Intro**: Desplaza una celda hacia abajo, aceptando la entrada.
- **Tab**: Desplaza una celda a la derecha.
- **Mayús-Tab**: Desplaza una celda a la izquierda.

- **Control-Flecha**: Desplazamiento rápido a la próxima entrada de una fila o columna. En caso que no encuentre entradas, desplaza al extremo de la fila o columna.
- **Inicio**: Desplaza a la primera celda de la fila.
- **Control-Inicio**: Desplaza a la celda A1.
- **Control-Fin**: Desplaza a la entrada extrema inferior derecha.
- **Mayús-Flecha**: Selecciona celda en la dirección de la flecha a partir de la celda activa.
- **Control-Mayús-Flecha**: Selecciona todas las celdas incluidas entre la celda activada y la próxima entrada en la dirección de la flecha, ambas celdas incluidas.
- **Av Pag**: Desplaza una pantalla hacia abajo.
- **Re Pag**: Desplaza una pantalla hacia arriba.
- **Alt-Av Pag**: Desplaza una pantalla a la derecha.
- **Alt-Re Pag**: Desplaza una pantalla a la izquierda.

Nota:

Una pantalla muestra sólo una pequeña cantidad de las celdas de una hoja. Pruebe todas las teclas y combinaciones de teclas que ofrece el programa para desplazarse.

Desplazarse con las barras de desplazamiento

Si quiere moverse a una celda fuera de pantalla, puede utilizar las "barras de desplazamiento horizontal y vertical". La barra vertical permite moverse arriba y abajo y la horizontal, a la derecha y a la izquierda.

Si hace clic una vez en las "flechas de desplazamiento" de las barras, la hoja se moverá una celda en el sentido de la flecha. Si mantiene pulsada la flecha, la hoja se mueve continuamente en el sentido de la flecha. También puede mover con el cursor la "caja de desplazamiento" en la dirección deseada.

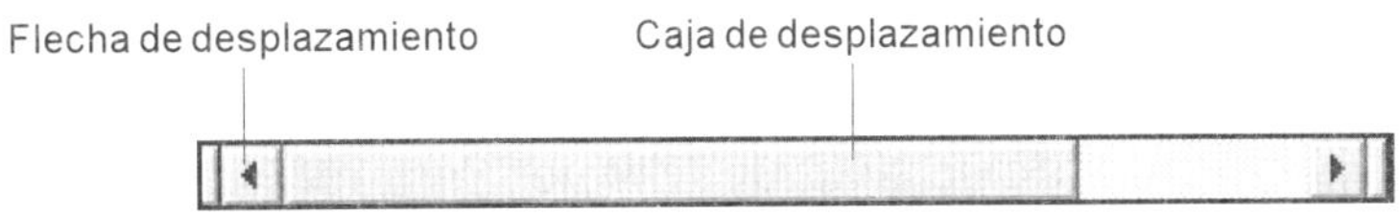

Figura 4.1. Barra de desplazamiento horizontal.

Desplazarse a una celda determinada

Para realizar desplazamientos a una celda determinada use el comando Ir a...:

1. Abra el menú Edición y seleccione el comando Ir a....
2. Se activa el cuadro de diálogo Ir a que muestra la figura 4.2.

Figura 4.2. Cuadro de diálogo Ir a.

3. En el campo **Referencia:** escriba la referencia de la celda a la que desea moverse. Ejemplo: **CC50**.
4. Haga clic en el botón **Aceptar**. El programa se mueve a la celda especificada.

Truco:

*La combinación de teclas **Control-G** abre rápidamente el cuadro de diálogo* Ir a.

Introducción de datos

Una de las funciones más importantes de una hoja de cálculo es la introducción de datos. Antes de comenzar a introducir datos, planifique mentalmente el aspecto final de su hoja de trabajo. Para introducir datos en una celda ésta debe estar activa. El cuadro que está alrededor de la celda activa se llama selector de celda.

Para introducir datos:

1. Haga clic en la celda donde desea introducir el dato convirtiéndola en celda activa, por ejemplo **C2**.
2. Escriba algún texto, por ejemplo: **Ventas 1**. La entrada aparece también en la "barra de edición", como muestra la figura 4.3.

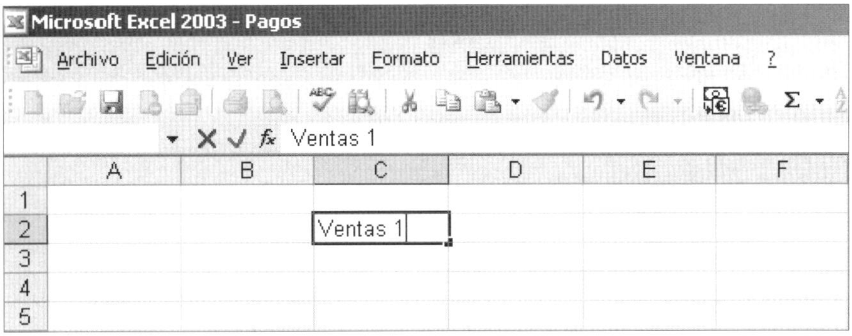

Figura 4.3. Entrada de datos.

3. Cuando termine la entrada pulse **Intro**. El selector de celda activa pasa a la celda inmediata inferior.

Truco:

*Si comete un error durante la introducción de los datos, utilice la tecla **Retroceso** para corregirlo.*

Cuando introduce datos, el resultado se visualiza tanto en la celda activa como en la Barra de edición. En ella también se encuentran los botones **Cancelar**, que cancela la introducción, **Introducir** que valida el dato, e **Insertar función** que permite hacer modificaciones tanto en fórmulas como en funciones. La figura 4.4 muestra los botones de la Barra de edición.

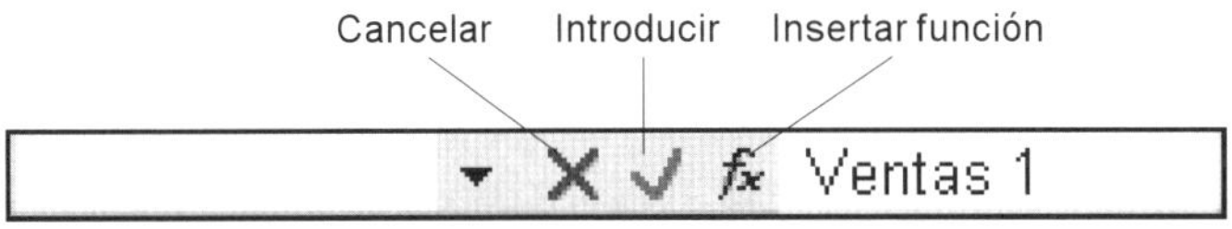

Figura 4.4. Los botones de la Barra de edición o barra de fórmulas.

Nota:

Para cancelar una entrada, antes de aceptarla presione la tecla ***Esc*** *o haga clic en el botón* ***Cancelar*** *de la* Barra de edición.

Datos que pueden introducirse en la hoja de cálculo

Los datos pueden ser textos, números o una combinación de ambos. Lo más común en una hoja de trabajo, es utilizar los textos como títulos encabezando filas y columnas y encontrar números, pequeñas cadenas de textos y fórmulas en el resto de las celdas.

Tipos de datos que puede introducir:

- Textos: Los textos son usados generalmente como títulos o encabezamientos. Incluye cualquier cadena de caracteres no tratada como número.
- Valores (números): Entradas numéricas. Los valores son números a los que pueden aplicársele formatos.
- Fechas: Números o textos que especifican un día determinado del año.
- Tiempo: Entrada numérica que especifica una determinada hora del día.
- Valores Booléanos: Dos posibilidades: verdadero o falso.
- Fórmulas: Resultado de una operación matemática. Excel muestra el resultado en la celda que contiene la formula.
- Funciones: Fórmulas abreviadas que realizan complejas ecuaciones de manera sencilla.

Introducción de textos

Los textos son cadenas de caracteres alfanuméricos (letras, números, símbolos) utilizados fundamentalmente para los rótulos de las hojas de trabajo. En ocasiones, se usan para esclarecer el significado de los valores de datos numéricos, fórmulas y funciones.

Cuando se introduce un texto, con una longitud mayor que el ancho predeterminado de celda y las celdas de la derecha en la fila están en blanco, dicho texto se muestra completamente como muestra la figura 4.5. Aunque visualmente el texto abarque otras celdas, el contenido pertenece sólo a la celda donde lo ha introducido. Si la celda de la derecha estuviese ocupada, Excel trunca el texto sin mostrarlo por completo. En ambos casos el contenido de la celda es el mismo.

Nota:

Excel hace un análisis de todas las entradas y, todo lo que no reconoce como un valor, lo considera como texto.

Advertencia:

Si durante la introducción de datos comete un error, no pulse las ***teclas del cursor****, ya que validarán la entrada, activando la celda inmediata en el sentido de la tecla pulsada. Para retroceder utilice siempre la tecla* ***Retroceso****.*

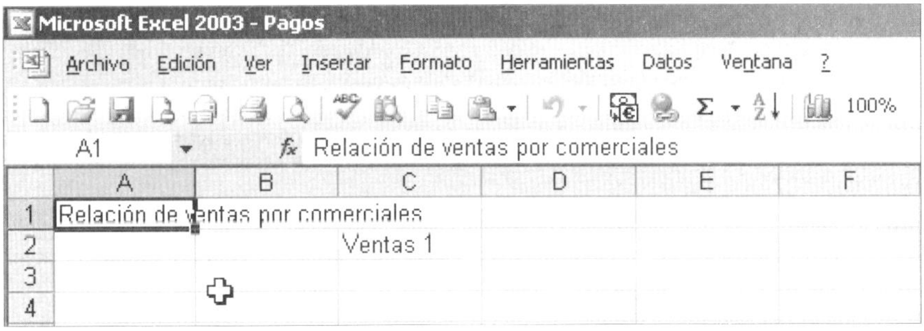

Figura 4.5. Introducción de texto con longitud mayor que el ancho de celda.

Cuando el texto tiene una longitud mayor que el ancho de la celda, se puede optar por cualquiera de las siguientes opciones: aumentar el ancho de la columna, utilizar una fuente más pequeña, o después de seleccionada la celda, ejecutar los comandos Formato>Celdas..., a continuación, seleccionar la ficha Alineación del cuadro de diálogo Formato de celdas, que muestra la figura 4.6.

En la sección Control de texto seleccione la casilla de algunas de las opciones: Ajustar textos, Reducir hasta ajustar, o Combinar celdas.

Las entradas de texto siempre quedan alineadas a la izquierda de la celda. Para variar esta alineación, son muy eficaces los botones existentes para tal fin en la barra de herramientas Formato, que muestra la figura 4.8.

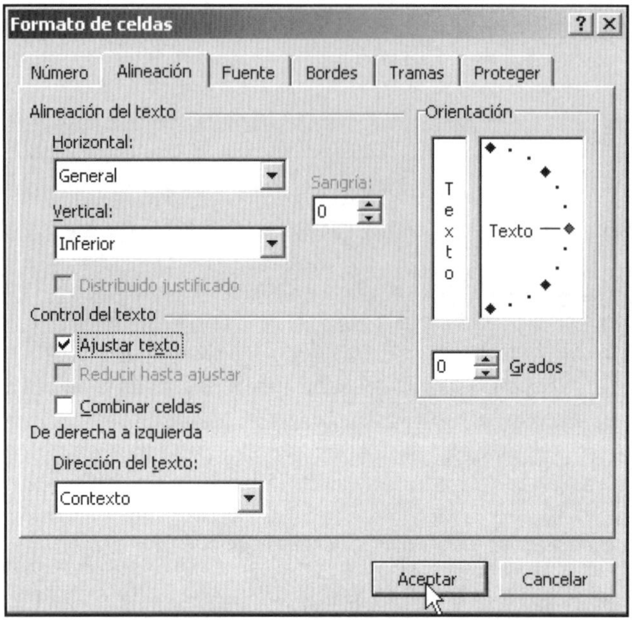

Figura 4.6. Cuadro de diálogo Formato de celdas.

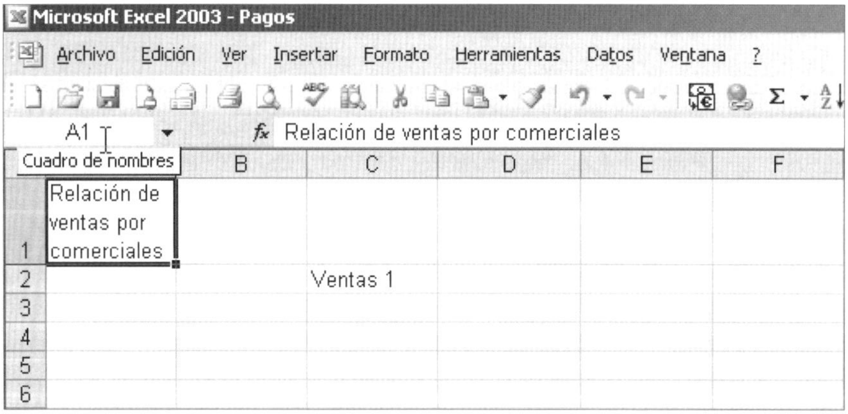

Figura 4.7. Resultado de aplicar la opción Ajustar textos.

Truco:

Puede forzar a Excel a que considere la entrada de un valor como un texto, colocando un apóstrofe (') delante de la entrada. Por ejemplo ***'949435****.*

Figura 4.8. Botones de alineación.

Función Autocompletar

En algunas ocasiones, necesitará llenar una celda con una cadena de texto exactamente igual a otra introducida anteriormente. Para ahorrarle tiempo, el programa intenta inferir esas cadenas.

Cuando realiza entradas de texto en una columna, Excel verifica todas las entradas efectuadas en esa columna anteriormente y, si detecta alguna cadena similar, la función Autocompletar propone introducirla automáticamente pulsando la tecla **Intro**. Si la propuesta no es la correcta, continúe introduciendo su entrada.

Realice el siguiente ejemplo:

1. Entre diferentes nombres en la columna **B**, entre **B4** y **B7**.
2. Sitúese en la celda **B8** e introduzca la primera letra de alguno de los nombres introducidos anteriormente. Excel le ofrece el nombre completo, como muestra la figura 4.9.
3. Pulse **Intro** para concluir la entrada.

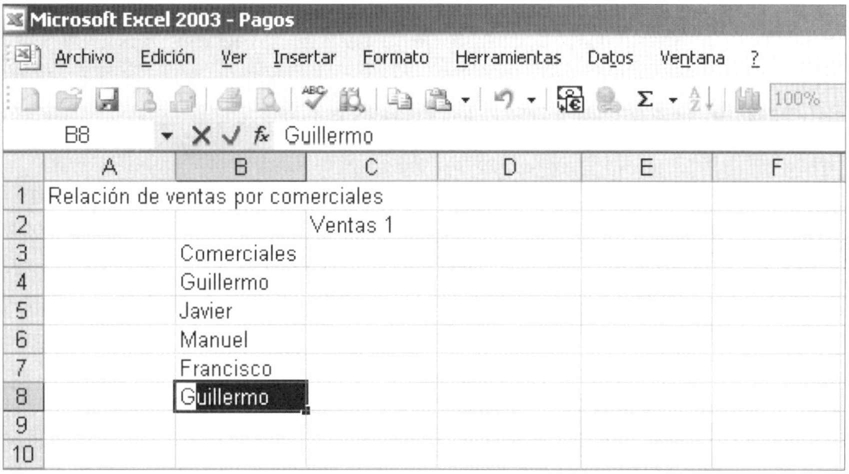

Figura 4.9. Autocompletar.

Cuando introduce una letra que tiene más de una posibilidad de Autocompletar, Excel no ofrece la cadena automáticamente hasta tanto no encuentre una cadena de texto con posibilidad única. La opción **Elegir de la lista desplegable...** del botón derecho del ratón, que muestra la figura 4.10, ofrece una lista con todas las entradas hechas anteriormente en la columna para elegir la deseada.

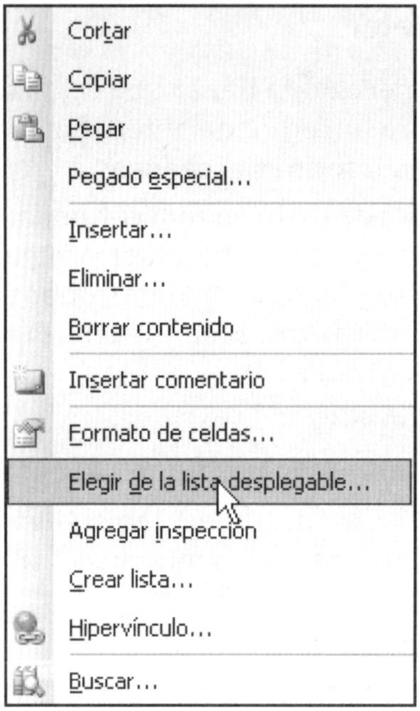

Figura 4.10. Elegir de la lista desplegable.

Introducir valores o números

Los valores representan siempre una magnitud determinada: ventas, pesos, estadísticas e incluso fechas y horas. Para introducir un valor en una celda active la celda, escriba el valor y pulse **Intro**.

Los valores numéricos pueden contener algunos caracteres especiales de texto. Es el caso de los signos más (+) o menos (-), para indicar que el valor es positivo o negativo; la coma (,) como separador decimal y los paréntesis (), si desea agruparlos. Los espacios no están permitidos. Cuando un valor está acompañado de cualquier otro carácter diferente a los mencionados, el programa lo trata como texto, lo que imposibilita realizar operaciones de fórmulas con él.

Los valores numéricos se alinean a la derecha de la celda de forma predeterminada, a menos que desee hacerlo de otra forma, utilizando los botones de alineación de la barra de herramientas Formato o aplicándole formatos a la celda.

Advertencia:

Un aspecto a tener en cuenta cuando introduce valores numéricos, es cuidar que no estén acompañados de caracteres como por ejemplo ***Km/h****, evitando que el programa interprete valores como textos. Esto puede solucionarlo introduciendo los símbolos de texto relativos a las unidades, en una celda adyacente o en el título de la fila o columna.*

En el capítulo dedicado a Formatos, estudiará cómo lograr que los números aparezcan acompañados de una unidad monetaria u otros tipos de símbolos.

Cuando introduce datos, cada vez que pulsa **Intro** se activa la celda inmediata inferior a la celda donde se encuentra, pero esta característica es configurable, ya que puede variar el sentido de este movimiento con el comando Opciones... del menú Herramientas, que activa el cuadro de diálogo Opciones que muestra la figura 4.11.

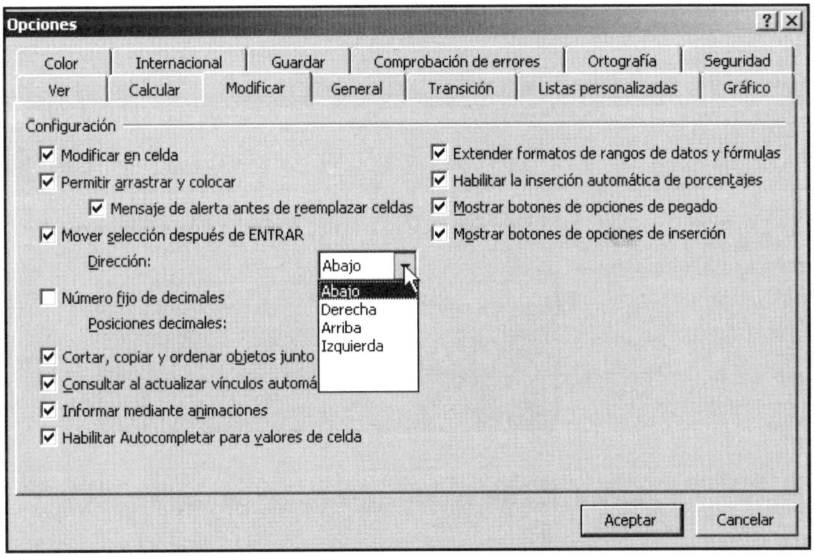

Figura 4.11. Cuadro de diálogo Opciones.

Entre las fichas disponibles para opciones de personalización se encuentra Modificar; la opción Mover selección después de ENTRAR permite variar el sentido de desplazamiento de la celda activa, desplegando la lista Dirección y seleccionando la dirección deseada.

Advertencia:

Las opciones que seleccione en este cuadro de diálogo, afectarán a todos los documentos de Excel.

Introducir datos en un rango de celda

Si desea introducir los datos moviéndose exclusivamente en un rango de celdas, es decir, que al finalizar la entrada en una celda el cursor se mueva a la siguiente, sólo dentro del rango seleccionado, debe seleccionar el rango y pulsar **Intro**. Con las teclas **Tab**, **Mayús-Intro** y **Mayús-Tab**, podrá moverse a la derecha, hacia arriba y a la izquierda respectivamente dentro del rango. Las teclas del cursor desactivan la entrada de datos dentro del rango.

Seleccione el rango de celda **C3:F8**:

- El método elemental: Sitúese en la celda **C3** y, mientras mantiene pulsado el botón derecho del ratón, arrastre el cursor hasta **F8** y suelte.
- Otra forma: Active la celda **C3** y, manteniendo pulsada la tecla **Mayús**, desplácese hasta **F8** con las teclas del cursor. En ambos casos el resultado será como el que muestra la figura 4.12.

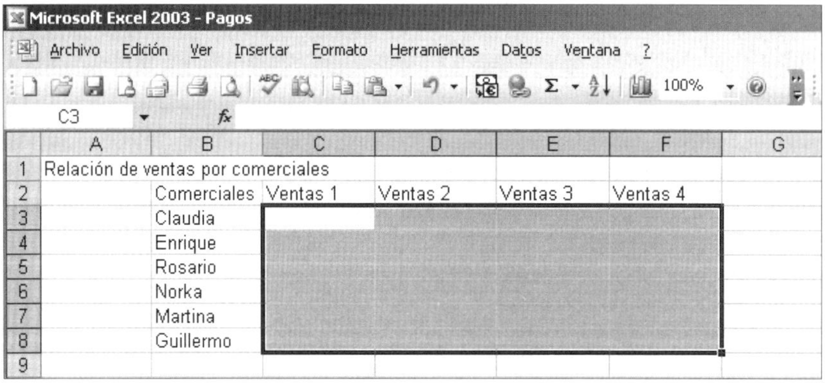

Figura 4.12. Seleccionar un rango de celda.

Una vez seleccionado el rango, introduzca los valores numéricos. Sólo debe ir tecleando los valores y pulsando **Intro**. La celda activa se moverá automáticamente dentro del rango en dependencia de la dirección seleccionada y, al llegar a la última celda, saltará nuevamente a la primera.

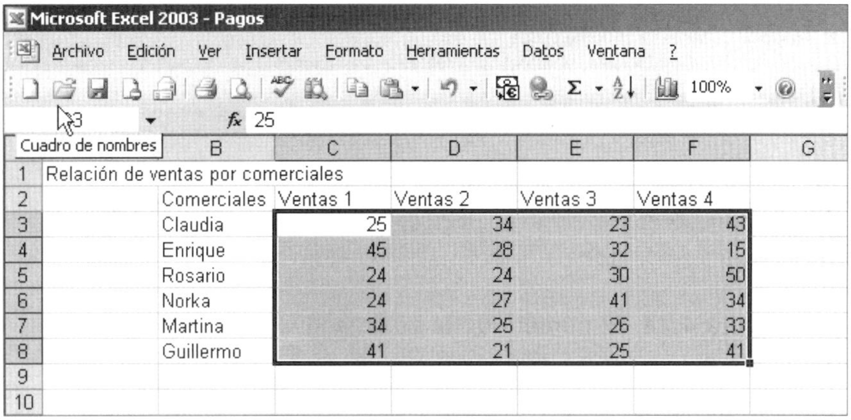

Figura 4.13. Valores introducidos en un rango de celdas.

Truco:

Si quiere introducir un único dato en todas las celdas de un rango, introdúzcalo en la celda superior izquierda y después presione ***Control-Intro****.*

Desbordamiento de datos

Cuando introduce un número mayor que el ancho de la columna, ésta aumentará su ancho automáticamente, ajustándolo a la dimensión del número. Si el número introducido tiene más de 11 dígitos, aparece un número exponencial como muestra la figura 4.14. El valor que aparece después de E+ indica el total de dígitos del número de la celda.

Puede cambiar el ancho de la columna rápidamente situando el cursor en el borde del nombre de la columna y arrastrándolo hasta alcanzar el ancho deseado. Esta técnica se muestra en la figura 4.15.

Nota:

Independientemente del valor introducido y de la capacidad de la celda para mostrar la entrada, todo se visualizará íntegramente en la barra de fórmulas.

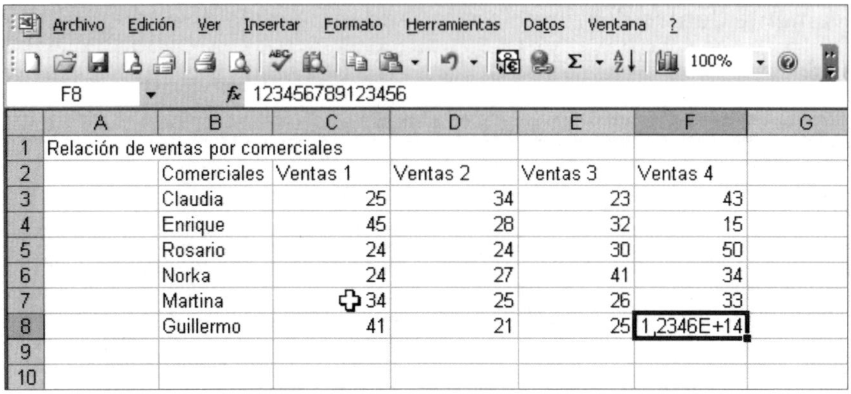

Figura 4.14. El número de la celda activa tiene 14 dígitos.

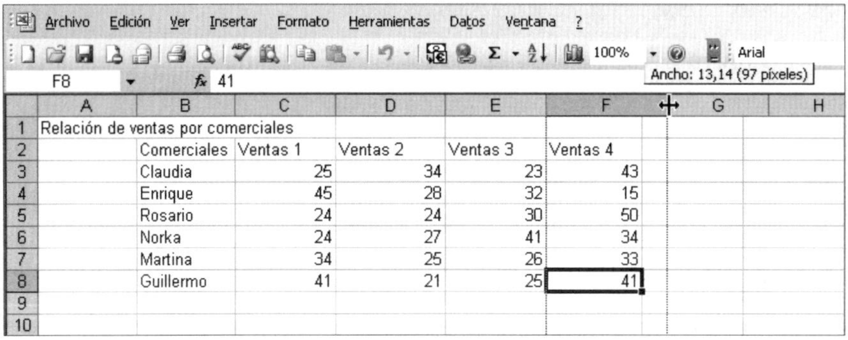

Figura 4.15. Aumentar rápidamente el ancho de la columna.

Truco:

*Si quiere introducir una fracción, deje un espacio entre el número y la fracción. Por ejemplo, si introduce **4 ¼**, en la celda aparecerá la fracción y en la barra de fórmulas **4,25**.*

Introducir Horas y Fechas

Excel considera las fechas y horas como valores, pero en este caso se requieren caracteres determinados. Es conveniente que confirme, observando la **Barra de edición**, que el programa ha interpretado el valor como una fecha o una hora y no como un texto. Como la fecha y la hora tienen el mismo tratamiento que los valores, es posible hacer cálculos con ellas, como por ejemplo el tiempo transcurrido entre una fecha y otra.

Advertencia:

Cuando Excel detecta un formato de fecha y hora incorrecto, considera las entradas como texto.

La forma en que el programa establece el formato predeterminado de fechas y horas, depende de la Configuración regional fijada en el Panel de Control de Windows.

Nota:

Si desea introducir en una celda la fecha en curso pulse ***Control-Mayús-;*** *(punto y coma) y la hora actual con* ***Control-Mayús-,*** *(coma), respectivamente.*

Herramientas para agilizar la introducción

Excel posee una serie de mecanismos de gran utilidad para agilizar el proceso de introducción de datos. A partir del dato de una celda puede llenar otras celdas. Basta con introducir un dato y ordenar a Excel que complete el resto.

Autorrellenar

Esta herramienta permite introducir una secuencia de datos de manera instantánea en un rango de celdas. Coloque el cursor sobre el Controlador de relleno de una celda y arrastre el ratón sobre el rango de celdas que intenta rellenar. El Controlador de relleno, que muestra la figura 4.16, es un pequeño cuadrado oscuro, que aparece en la esquina inferior derecha de la celda activa y que adopta forma de cruz cuando el cursor se coloca sobre él.

Nota:

Es posible rellenar series con la secuencia de meses del año, o con una secuencia de incrementos de cifras.

Comerciales	Ventas 1	Ventas 2
Claudia	25	34
Enrique	45	28

Figura 4.16. Controlador de relleno.

Autorrellenar es una variante inteligente de los conocidos comandos Copiar y Pegar. Cuando ejecuta Autorrellenar, el programa es capaz de identificar y repetir secuencias.

Para usar el controlador de relleno siga los pasos del siguiente ejemplo:

1. Seleccione la celda **C3** y coloque el cursor sobre el Controlador de relleno. Observe que el cursor cambia de forma.
2. Arrastre el ratón hasta la celda **F3** y suéltelo.
3. Excel rellena todas las celdas con el valor de la celda original, como muestra la figura 4.17.

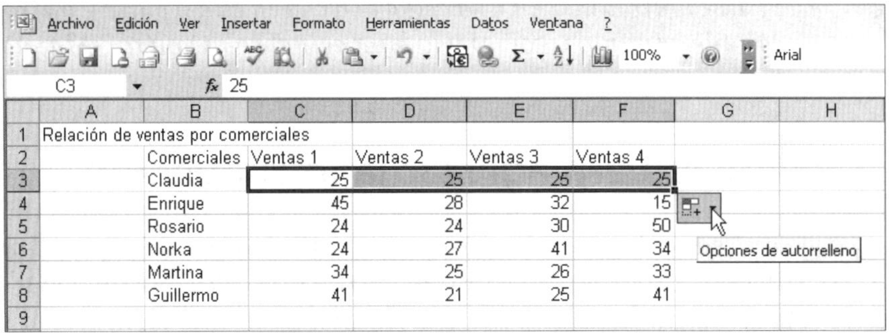

Figura 4.17. Autorrellenar.

En el proceso de autorrelleno es posible activar la ficha inteligente Opciones de autorrelleno, que aparece en el extremo derecho del rango y que despliega una lista de opciones que permiten decidir el tipo de autorrelleno de datos que desea hacer, como muestra la figura 4.18.

Esta ficha inteligente permite corregir el comportamiento del autorrelleno. Puede seleccionar entre las opciones:

- Copiar celdas: Copia el contenido del valor original en el resto de las celdas del rango.
- Rellenar serie: Hace un relleno secuencial.
- Rellenar formatos sólo: Sólo copia los formatos.
- Rellenar sin formato: Realiza la copia sin respetar formatos.

Autorrellenar es sumamente útil a la hora de introducir secuencias para enumerar datos y funciona también con listas decrecientes, fechas, días de la semana y horas. Funciona muy eficazmente a partir de una celda original y otra consecutiva. Recomendamos experimentar con las diferentes posibilidades que ofrece este comando.

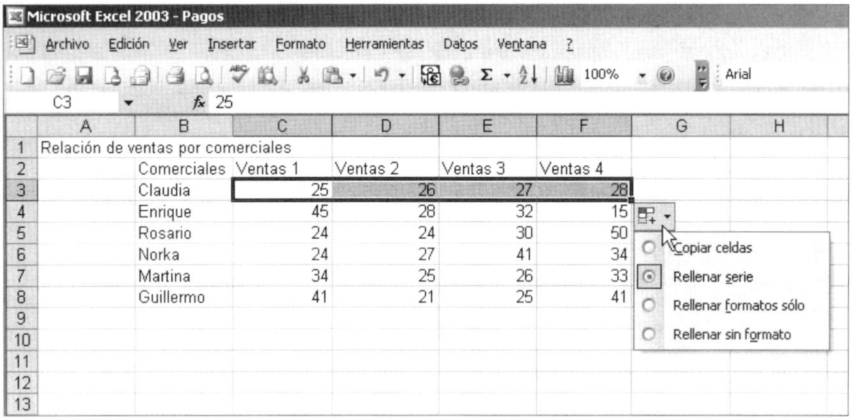

Figura 4.18. Ficha inteligente: Opciones de autorrelleno.

Nota:

Siempre que existe un número detrás de un texto, Excel genera una secuencia.

Listas personalizadas

La creación de "listas personalizadas" está relacionada con la función Autorrellenar.

Excel posee algunas listas por defecto, es el caso de los días de la semana y de los meses, pero también ofrece la posibilidad de crear su propia lista.

Completar un autorrelleno a partir de una lista existente:

1. Introduzca en una celda el nombre de un mes.
2. Arrastre el controlador de relleno.
3. Suelte en la celda deseada.
4. En las celdas contiguas aparece el nombre del resto de los meses, como muestra la figura 4.19.

Nota:

Puede ahorrarse el trabajo de escribir todos los meses del año o todos los días de la semana. No tiene por qué empezar por el primer día de la semana, ni por el primer mes del año, puede comenzar por cualquiera.

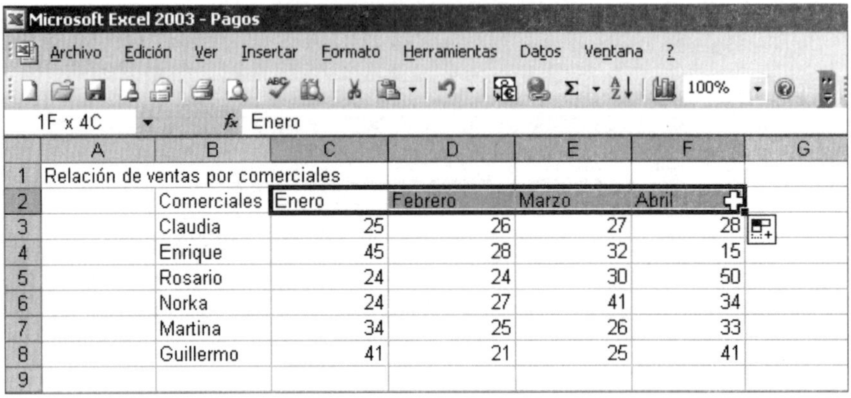

Figura 4.19. Lista personalizada de meses.

Puede crear su propia lista ejecutando el menú Herramientas>Opciones... que activa el cuadro de diálogo Opciones y, haciendo clic en la ficha Listas Personalizadas, que muestra la figura 4.20.

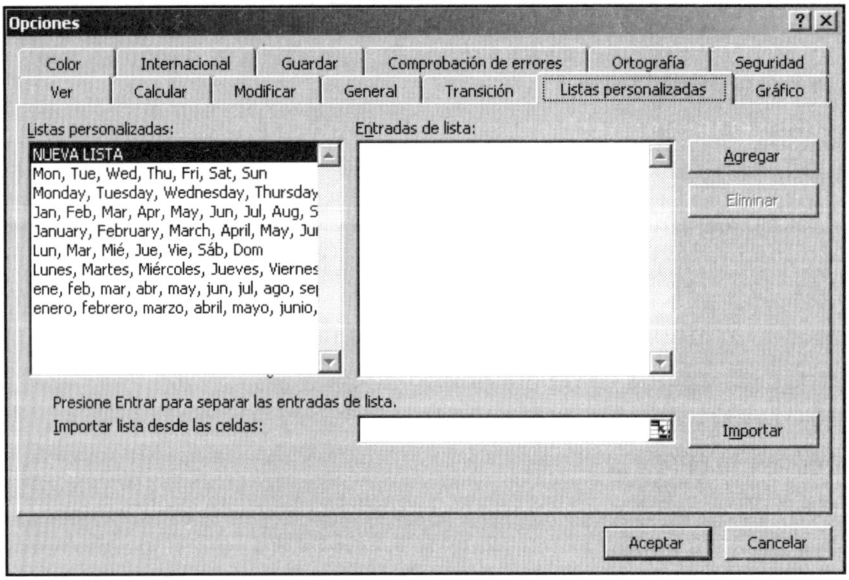

Figura 4.20. Cuadro de diálogo Opciones y ficha listas personalizadas.

Vamos a crear una lista personalizada con los cuatro productos esenciales de una empresa. Siga los pasos siguientes:

1. Active la ficha Listas Personalizadas en el cuadro de diálogo Opciones.

2. En el cuadro Listas personalizadas: seleccione NUEVA LISTA.
3. En el cuadro Entradas de lista: introduzca los elementos de la nueva lista, separados por comas: **cascos, zapatillas, camisetas, bañadores**.
4. Haga clic en el botón **Agregar**. Se añade una nueva línea como muestra la figura 4.21.
5. Haga clic en el botón **Aceptar**.

A partir de este momento, donde quiera que escriba el nombre de un producto, podrá escribir el resto rellenando.

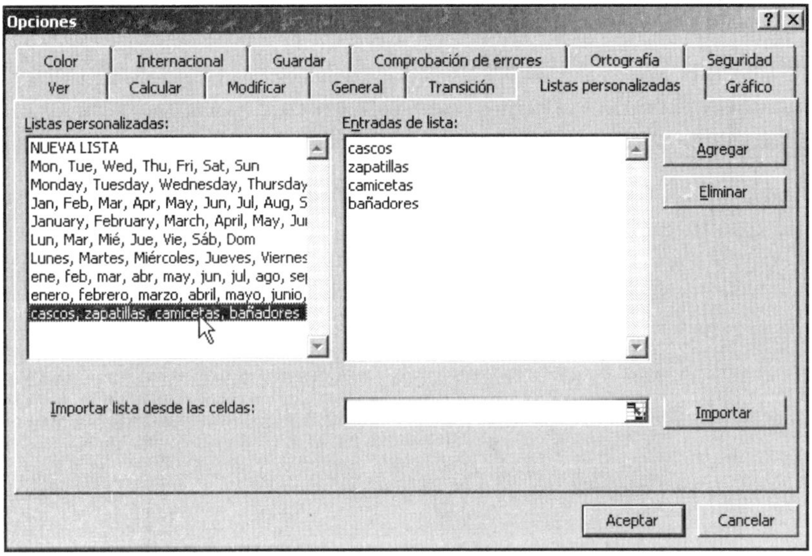

Figura 4.21. Introducir nueva Lista Personalizada.

También puede importar una secuencia que se encuentra en una hoja de cálculo y convertirla en una lista personalizada. Seleccione un rango de datos, compruebe que el orden es el deseado y haga clic en el botón **Importar** de la ficha Listas personalizadas; obtendrá la nueva lista a partir de la secuencia de celdas de la hoja de cálculo.

Advertencia:

Las listas personalizadas sólo aceptan secuencias de texto, si desea hacer una lista personalizada compuesta por números debe introducirlos con formato de texto. No es posible modificar las listas personalizadas predeterminadas de la aplicación.

Comando Rellenar

El comando Rellenar del menú Edición permite rellenar un rango seleccionado, con valores o fechas. El comando Rellenar activa un submenú con las opciones Hacia abajo, Hacia arriba, Hacia la derecha y Hacia la izquierda.

Rellenar series

Una "serie de datos" es una sucesión de elementos con progresión natural. El "valor inicial" de una serie es el valor de su primera celda y el "incremento", la cantidad en que crece o decrece este valor.

Rellenar usando series de datos:

1. Seleccione la celda **C4** convirtiéndola en celda activa.
2. Seleccione el rango **B4:F4**.
3. Ejecute Edición>Rellenar>Series..., que activa el cuadro de diálogo Serie que muestra la figura 4.22.

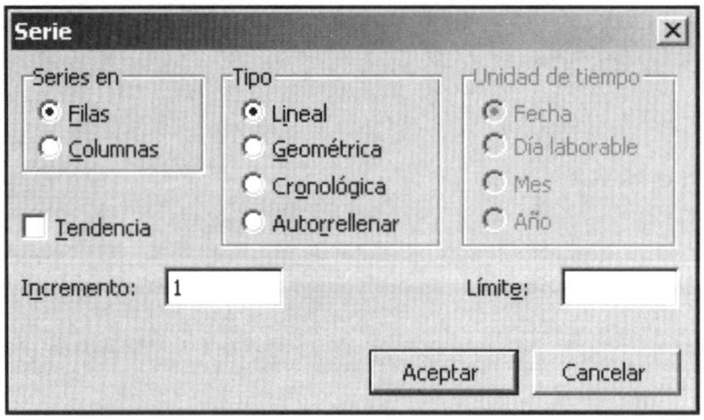

Figura 4.22. Cuadro de diálogo Serie.

4. En la sección Series en, marque la casilla Filas y en la sección Tipo, marque la casilla Lineal e introduzca **2** en el Incremento. El resultado se muestra en la figura 4.23.

El cuadro de diálogo Serie, que aparece en la figura 4.22, permite rellenar series por filas o columnas y establecer los siguientes criterios por Tipo de relleno:

- Lineal: Suma y resta el incremento.
- Geométrica: Multiplica por el incremento.
- Cronológica: Incremento por fechas, activa las opciones Unidad de tiempo: Fecha, Día laborable, Mes, Año.

- Autorrellenar: Con las reglas de Autorrellenar Excel detecta una secuencia y rellena las restantes celdas.

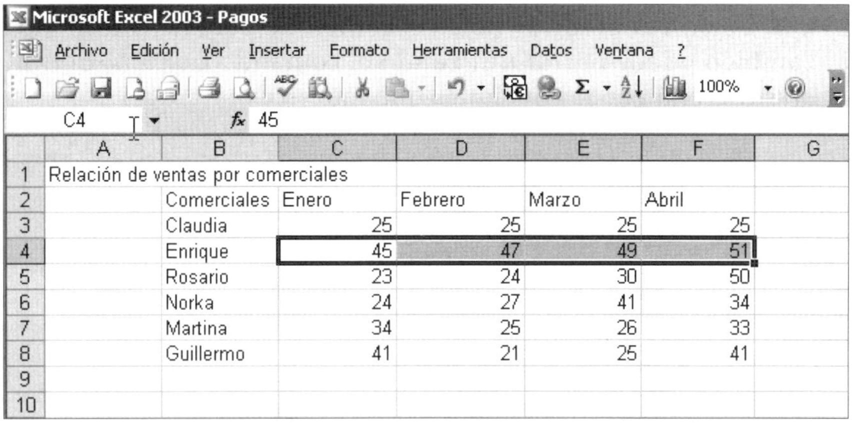

Figura 4.23. Rellenar una serie de datos con incremento lineal.

También puede establecer un Límite acotando el valor máximo del rango a rellenar y una Tendencia, válida para series geométricas y lineales, que reemplaza los valores del rango por la tendencia de incremento que el propio Excel calcula.

Edición de datos

Después de realizar una entrada puede que desee remplazarla. Para esto haga clic en la celda, escriba la nueva entrada y pulse **Intro** o **Tab**. También puede editar una entrada. Hágalo utilizando la barra de fórmulas. Una vez activada la celda, haga clic en el contenido que aparece en la barra y realice las modificaciones. Utilice los botones de la barra de edición para validar o cancelar la información.

También puede editar un dato siguiendo los pasos siguientes:

1. Haga clic en la celda que contiene la entrada o active la celda que desea modificar y pulse **F2**.
2. En ambos casos accede al modo de edición. Use las teclas del cursor para moverse por la entrada y realice la modificación que desee. Puede valerse de las teclas **Supr** y **Retroceso**.
3. Pulse **Intro** para validar la entrada.

Borrar el contenido de una celda

Para borrar el contenido de una celda basta con activarla y presionar la tecla **Supr**. Con esta operación borra el contenido pero no el formato de la celda. También puede borrar utilizando el comando Edición>Borrar, que activa un submenú con las opciones que muestra la figura 4.24.

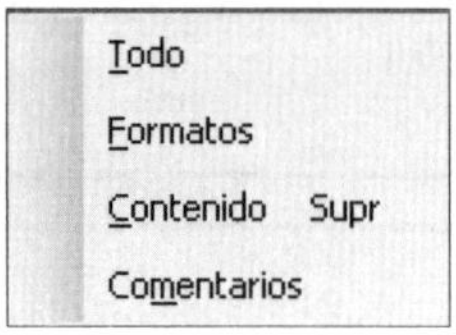

Figura 4.24. Submenú que activa el comando Edición>Borrar.

Estas opciones realizan las siguientes funciones:

- Todo: Borra el dato y su formato.
- Formatos: Borra sólo el formato.
- Contenido Supr: Borra sólo el dato.
- Comentarios: Borra sólo los comentarios.

Resumen

Ahora ya puede introducir y editar distintos tipos de datos. Utilizando algunas herramientas del programa, esa entrada puede hacerse más rápidamente, con un considerable ahorro de tiempo. El uso de estos mecanismos es de gran importancia, sobre todo cuando es necesario trabajar con gran cantidad de datos, como es usual en la mayoría de hojas de cálculo.

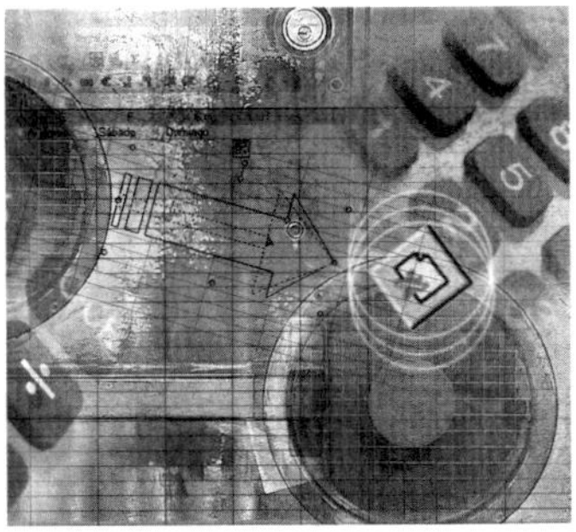

Capítulo 5

Trabajos con celdas y rangos

En este capítulo aprenderá a:

- Seleccionar celdas y rangos.
- Seleccionar filas, columnas y hojas completas.
- Insertar comentarios.
- Nombrar celdas y rangos de celda.
- Copiar y mover datos.
- Trabajar con el portapapeles de Office.
- Comprender el pegado especial.
- Usar las fichas inteligentes.
- Borrar datos.

Introducción

Todas las operaciones que se hacen en Excel implican a una celda o a un grupo de celdas. Las operaciones más comunes son: seleccionar, copiar, mover y borrar.

Seleccionar

El proceso de selección es una de las tareas más sencillas pero más importantes del programa. En Excel es posible seleccionar celdas, rangos, filas, columnas y hojas completas.

Seleccionar celdas y rangos de celdas

Tanto las celdas como los rangos de celdas se definen por su referencia: en las celdas la letra de la columna y el número de la fila y en los rangos de celdas, las celdas superior izquierda e inferior derecha separadas por dos puntos (:). Cuando selecciona una celda, ésta se convierte en celda activa. Un recuadro negro la bordea indicando que está seleccionada.

Figura 5.1. Cuadro de diálogo Ir a.

Cuando selecciona un rango de celdas, éste aparece completamente sombreado exceptuando la celda activa que conserva el color normal. Este sombreo no dificulta que pueda ver los datos que se encuentran en el interior de cada celda del rango. Para seleccionar un rango de celdas, utilice alguno de los mecanismos vistos anteriormente o esta nueva alternativa:

1. Ejecute el comando Edición>Ir a....
2. En el cuadro de diálogo Ir a que muestra la figura 5.1, introduzca manualmente en la sección Referencia el rango que desea seleccionar, por ejemplo **C3:F8**.
3. Haga clic en **Aceptar**. El resultado se ve en la figura 5.2.

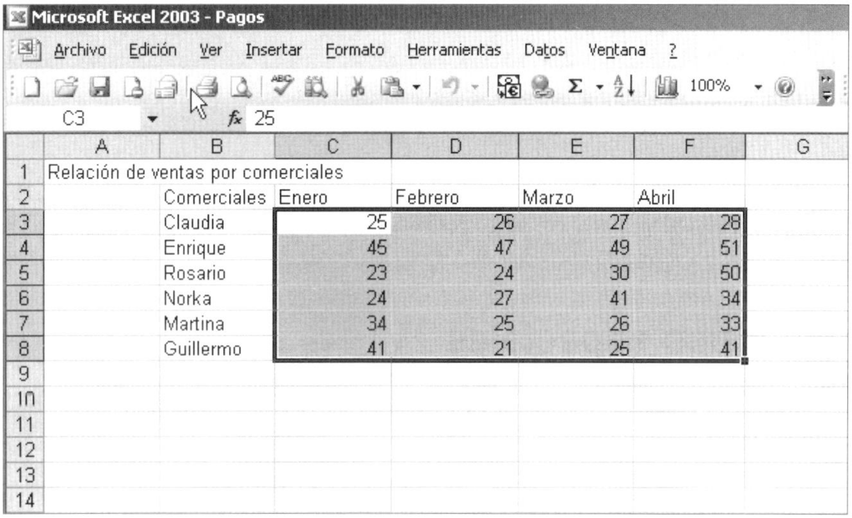

Figura 5.2. Rango de celda seleccionado.

Nota:

Si desea aplicarle un mismo formato a un grupo de celdas, la forma más rápida de conseguirlo es seleccionando todo el rango.

Seleccionar rangos múltiples

En ocasiones es necesario seleccionar celdas o rangos no continuos. Para lograrlo:

1. Seleccione el rango **C3:F3**.
2. Pulse la tecla **Control** y, sin soltarla, seleccione los rangos **C5:D6** y **F6:F8**. El resultado lo muestra la figura 5.3.

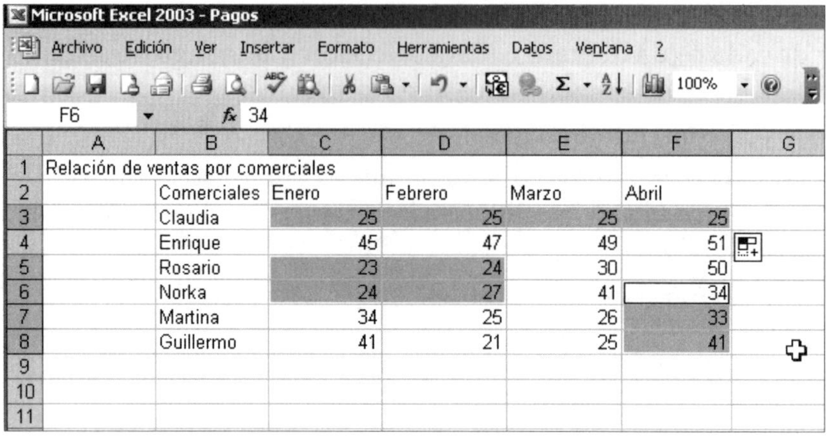

Figura 5.3. Selección de rangos múltiples.

El comando Edición>Ir a... también permite seleccionar rangos múltiples. Introduzca todos los rangos que desee en la sección Referencia separados por un punto y coma.

Selecciones especiales

En el cuadro de diálogo Ir a se encuentra el botón **Especial...**, con el que puede seleccionar determinadas celdas según sus características. El cuadro de diálogo Ir a especial y todas sus opciones se presenta en la figura 5.4.

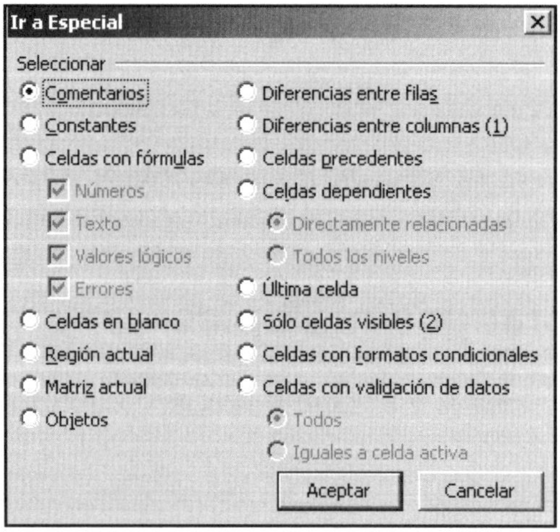

Figura 5.4. Cuadro de diálogo Ir a Especial.

Entre todas las opciones destacamos:

- Celdas con fórmulas: Selecciona las celdas que contienen fórmulas.
- Comentarios: Selecciona los comentarios de la hoja activa. Los comentarios serán objeto de estudio en este capítulo.
- Celdas en blanco: Selecciona todas las celdas en blanco.
- Objetos: Selecciona todos los objetos gráficos.

Seleccionar filas y columnas

Para seleccionar una fila o una columna, debe hacer clic sobre la etiqueta de la fila o de la columna que desea seleccionar. Se sombrearán totalmente.

Puede seleccionar un grupo de filas o columnas consecutivas arrastrando el cursor por las etiquetas de las filas o de las columnas. Para seleccionar filas o columnas no contiguas, haga clic en las filas o en las columnas deseadas, manteniendo pulsada la tecla **Control**. El resultado se muestra en la figura 5.5.

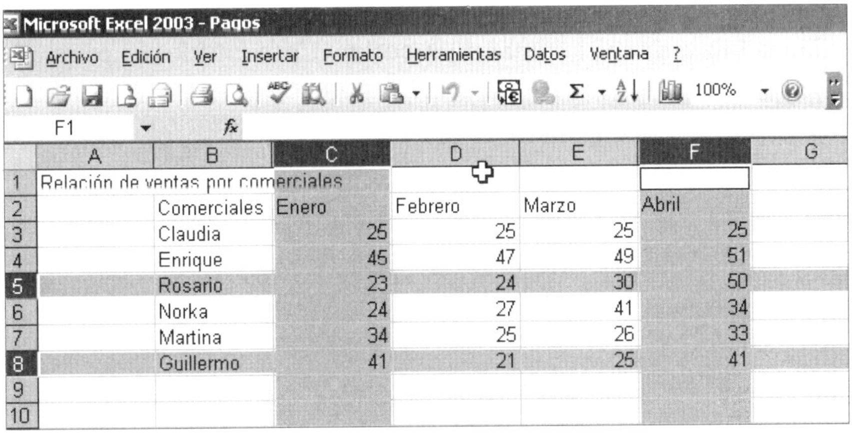

Figura 5.5. Seleccionar columnas y filas no contiguas.

Truco:

Las combinaciones ***Control-Barra espaciadora*** *y* ***Mayús-Barra espaciadora*** *seleccionan la columna y la fila donde se encuentra la celda activa.*

Seleccionar toda la hoja de trabajo

Si desea seleccionar toda la hoja, haga clic en el cuadro vacío que se encuentra en la esquina superior izquierda de la hoja, justo a partir de donde comienzan las etiquetas de columnas y filas. Cualquier operación que realice afectará a todas las celdas de la hoja.

Nota:

Si desea deshacer cualquiera de las selecciones realizadas anteriormente, haga clic con el ratón sobre cualquier celda o pulse las teclas de movimiento del cursor.

Insertar Comentarios

Excel permite adicionar una nota a una celda. Esta nota puede ser muy útil para ofrecer más información sobre el contenido, lo mismo para uso propio que para todo un grupo de trabajo. Cuando una celda tiene vinculado un comentario, aparece con un indicador en forma de un pequeño triángulo rojo en la esquina superior derecha. Para vincular un comentario a una celda, utilice el comando Insertar>Comentario después de activar la celda.

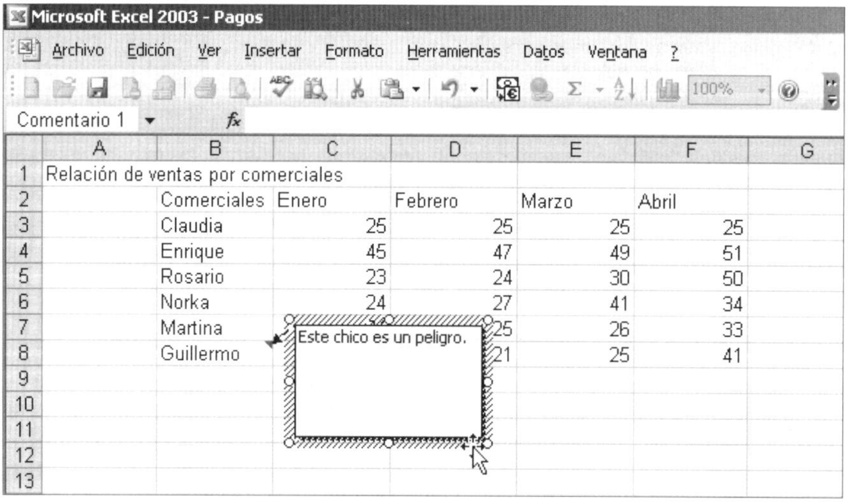

Figura 5.6. Introducir un Comentario.

Ejemplo de cómo asociar un comentario a una celda:

1. Active la celda **B8**.
2. Ejecute Insertar>Comentario. Aparece un cuadro para escribir con una flecha que apunta hacia la celda activa. Este cuadro viene con nombre del usuario, aunque permite introducir otro nombre y escribir lo que desee.
3. Después de escribir el comentario pulse **Intro**. El resultado se muestra en la figura 5.6.

Cada vez que el cursor pasa por una celda con un comentario asociado, Excel muestra el contenido del comentario. Si desea editar o eliminar un comentario, debe activar la celda y hacer clic con el botón derecho del ratón, las opciones Modificar comentario y Eliminar comentario realizan estas funciones y se muestran en la figura 5.7.

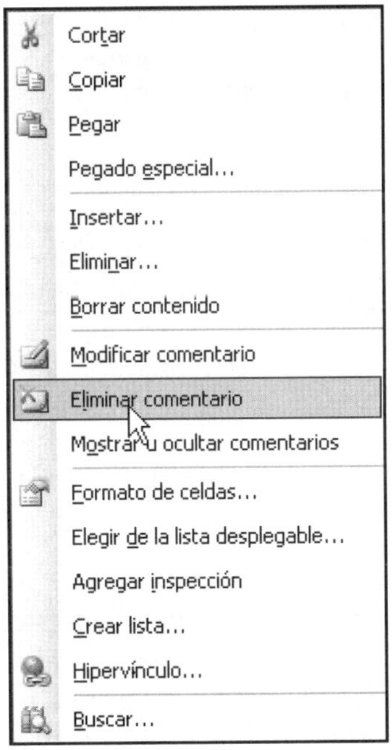

Figura 5.7. Opciones para modificar o eliminar un comentario.

La ficha Ver del cuadro de diálogo Opciones, del menú Herramientas, tiene una sección para controlar el indicador de comentarios. Las opciones son:

- Ninguno: No se visualiza el comentario ni el indicador.

- Sólo indicador de comentario: Visualiza sólo el indicador.
- Indicador y comentario: Visualiza ambos donde quiera que se encuentre el cursor.

En la figura 5.8 se muestran esas opciones.

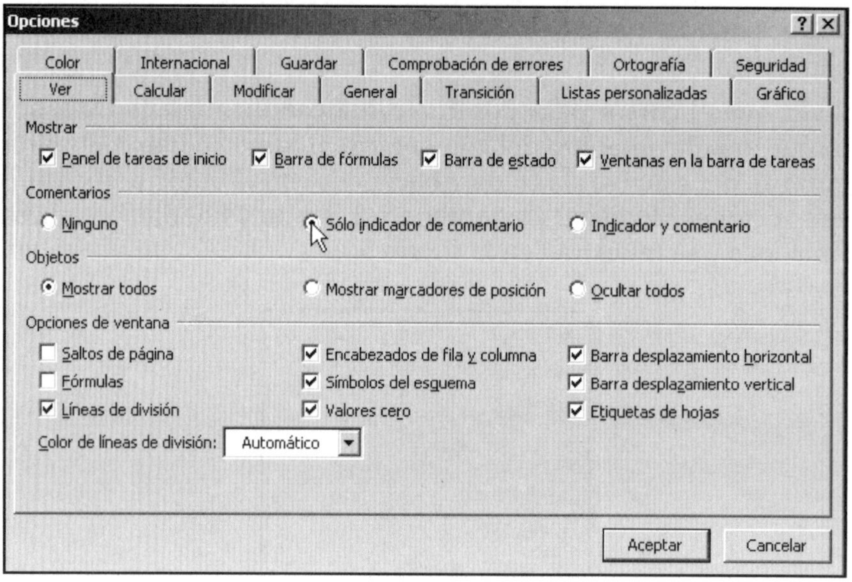

Figura 5.8. Ficha Ver del cuadro de diálogo Opciones.

Nombrar celdas y rango de celdas

Para trabajar con celdas y rangos de celdas es útil darles un nombre. El «cuadro de nombres» se utiliza para introducir nombres a celdas y rangos de celdas. Por ejemplo, si tiene un rango de celdas llamado **Ventas**, que abarca todas las celdas donde se encuentran las ventas de sus comerciales, la función **=SUM(Ventas)** le reportará el total vendido. Dedicaremos un capítulo para estudiar las funciones.

Para nombrar un rango de celdas:

1. Seleccione el rango que quiere nombrar.
2. En el cuadro de nombres, a la izquierda de la barra de fórmulas que muestra la figura 5.9, escriba el nombre que desee.
3. Pulse **Intro**.

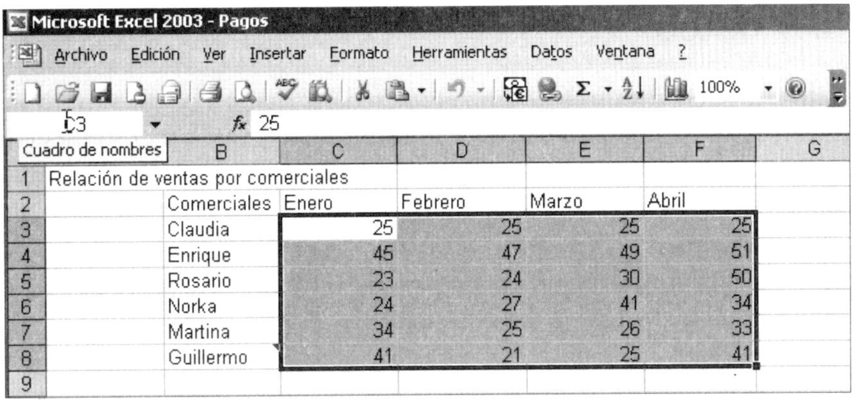

Figura 5.9. Cuadro de nombres para introducir nombres a una celda o rango.

Advertencia:

Intente usar nombres no muy largos y representativos de los datos.

Copiar y mover datos

A veces necesita duplicar información o cambiar los datos de posición. Excel posee varios modos de copiar o mover celdas y rangos de celdas. El método a utilizar dependerá de la preferencia del usuario y del resultado que se quiera obtener.

Aunque explicaremos los métodos más comunes, preste especial atención al uso del portapapeles, un eficaz espacio común de intercambio de datos que, si se sabe utilizar, ahorrará mucho tiempo en el proceso de copiar y mover datos, lo mismo dentro de Excel que desde cualquiera de las aplicaciones de Office.

Nota:

Cuando se realiza una operación de copiar o mover, todos los datos y formatos de la celda de origen pueden trasmitirse a la celda de destino. Cuando copia datos, la información se duplica y cuando mueve o corta, lo que hace es cambiar de posición sus datos.

Copiar datos

Los datos pueden copiarse de una celda a otra, de una celda a un rango de celdas (en este caso, los datos de la celda fuente se copian en todas las celdas del rango de destino), o de un rango a otro, para lo cual ambos rangos deben tener el mismo tamaño.

Siempre que utilice el comando Copiar se hace una copia del dato en el portapapeles, tanto de Windows como de Office, excepto cuando utiliza el método de arrastrar y soltar el ratón.

Copiar arrastrando el ratón

Copiar arrastrando el ratón es el método más común de copiar datos:

1. Seleccione un rango de celda, por ejemplo, **B3:F8**.
2. Mueva el cursor a cualquiera de los bordes del rango.
3. Cuando el cursor adquiera forma de flecha, presione la tecla **Control**. Aparecerá un pequeño símbolo de suma.
4. Arrastre el rango a la localización deseada manteniendo presionada la tecla **Control**.

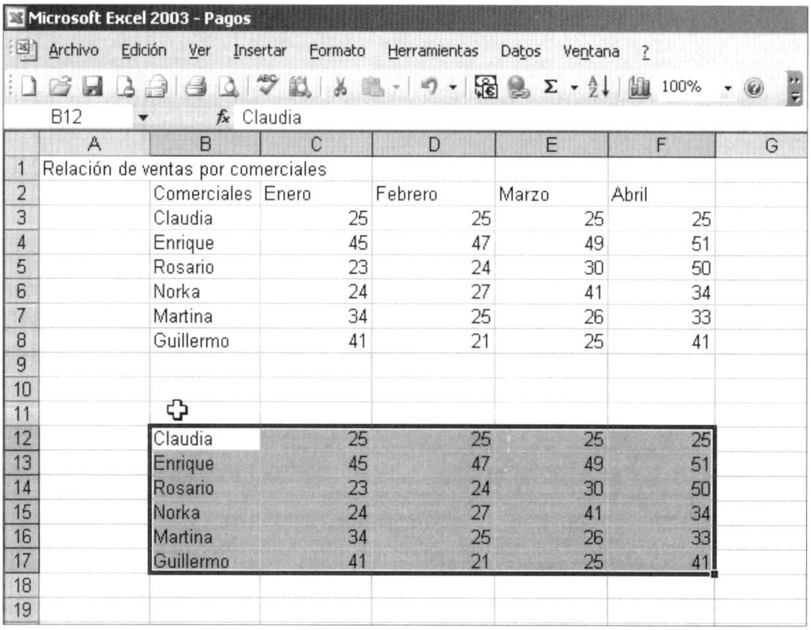

Figura 5.10. Copiar por el método de arrastrar y soltar.

5. Suelte el ratón. Obtendrá una copia del rango de celdas seleccionado, tal como muestra la figura 5.10.

Advertencia:

La opción de arrastrar y soltar puede activarse o desactivarse en la casilla Permitir arrastrar y colocar *de la ficha* Modificar, *del menú* Herramientas>Opciones.

Copiar usando el menú contextual

Otra forma muy cómoda de copiar y pegar es usar el menú contextual:

1. Active la celda o el rango de la celda que desea copiar.
2. Pulse el botón derecho del ratón. Se activa el menú contextual.
3. Seleccione la opción Copiar.
4. Active la celda superior izquierda del rango donde va a pegar.
5. Pulse nuevamente el botón derecho y elija la opción Pegar. El menú contextual se muestra en la figura 5.11.

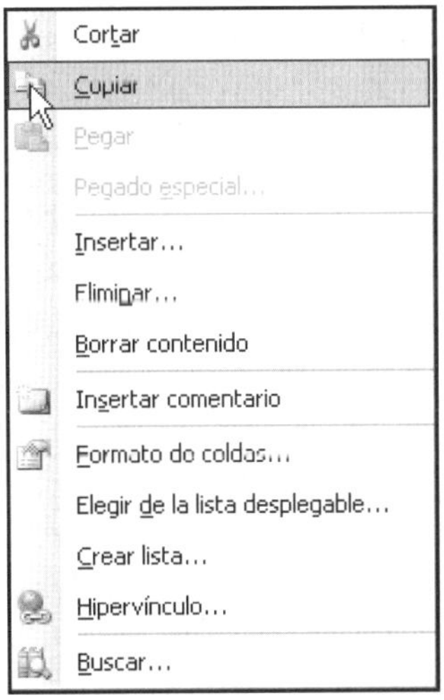

Figura 5.11. Menú contextual con los comandos Copiar y Pegar.

Otras formas de copiar

Otras formas sencillas y muy utilizadas de copiar consisten en utilizar los comandos del menú Edición>Copiar (**Control-C**) y Edición>Pegar (**Con-**

trol-V), o los botones Copiar y Pegar de la barra de herramientas Estándar.

Mover datos

Esta opción se usa para cambiar la posición de los datos en la hoja de cálculo. El comando Mover siempre está relacionado con el comando Cortar. Las técnicas para mover datos son muy parecidas a las técnicas de copiar.

Mover los datos arrastrando el ratón

1. Seleccione un rango de celda.
2. Mueva el cursor hasta uno de los bordes del rango seleccionado.
3. El cursor toma forma de flecha, arrastre el rango a la nueva localización.
4. Suelte el ratón, los datos quedan en la posición deseada.

Otras formas para mover los datos

Para mover datos también puede utilizar el menú contextual, que se activa con el botón derecho del ratón, los comandos Edición>Cortar (**Control-X**) y Edición>Pegar (**Control-V**) y los botones Cortar y Pegar de la barra de herramientas Estándar. En todos los casos la diferencia con el comando Copiar consiste en el uso de la opción Cortar.

Advertencia:

Cuando utiliza estas opciones, sólo se pega la última información que se encuentra en el portapapeles.

El portapapeles de Office

Una herramientas muy útil es el portapapeles extendido, que almacena hasta 24 elementos diferentes, incluidos elementos de otras aplicaciones de Office y de otras aplicaciones. Estos elementos puede usarlos o borrarlos según su conveniencia.

Los elementos que contiene el portapapeles se almacenan temporalmente en un área de la memoria del ordenador. Cuando se envían datos al portapapeles, aparece automáticamente el panel de tareas Portapapeles que muestra la figura 5.12. Esta opción se puede activar o desactivar mediante el botón **Opciones** del propio panel, como muestra la figura 5.13.

Nota:

Puede pegar desde un texto de Word hasta un gráfico de Photoshop.

Figura 5.12. El portapapeles de Office.

El comando Edición>Portapapeles de Office... también activa el panel Portapapeles. Todos los elementos que se encuentran en el portapapeles aparecen representados con una referencia y el icono de la aplicación de origen.

Si coloca el cursor sobre cualquiera de estas referencias, aparece una flecha hacia abajo que despliega las opciones de Pegar o Eliminar el elemento.

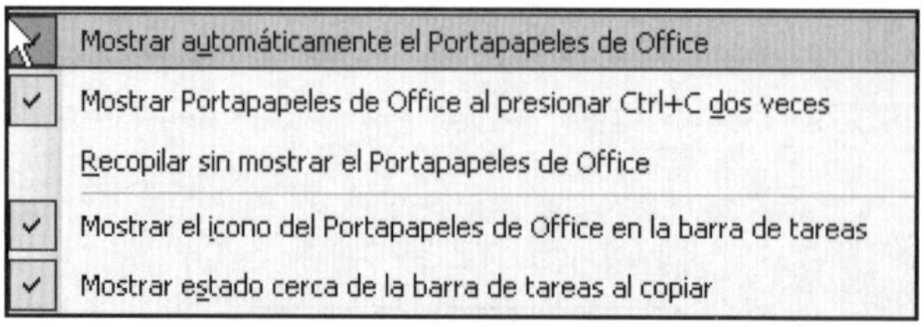

Figura 5.13. Opciones del portapapeles de Office.

Para pegar un elemento, active la celda donde desea pegarlo, luego coloque el cursor sobre el elemento y seleccione la opción Pegar.

Si quiere limpiar el portapapeles, borre todos los elementos haciendo clic en el botón **Borrar Todo** situado en la zona superior derecha del panel.

Truco:

*Esta técnica ahorra mucho tiempo, cuando se necesita reunir información separada de una o más aplicaciones para luego pegarla en un documento. El botón **Pegar todo**, también situado en la parte superior del panel, permite pegar todos los elementos incluidos en el panel.*

Opciones del panel de tareas del Portapapeles de Office

El portapapeles de Office tiene en su parte inferior el botón **Opciones**, que activa la lista de opciones que muestra la figura 5.13.

Cuando se activa el portapapeles aparece un pequeño icono en la barra de tareas de Windows, en el extremo inferior derecho de la pantalla.

La figura 5.14 muestra este icono, que envía un mensaje de elemento recopilado cada vez que incorpora un nuevo elemento al portapapeles.

Haciendo doble clic en este icono se muestra el portapapeles.

Figura 5.14. Icono del portapapeles en la barra de tareas de Windows.

Pegado especial

El pegado especial es otra opción para manipular los datos y completar información. Permite seleccionar sólo algunas o todas las características de la celda que se copia. Por ejemplo, puede pegar sólo el formato de las celdas, los comentarios, o realizar operaciones con los valores de origen y de destino. La opción de Pegado especial... se encuentra en el menú Edición. Para usarla debe haber copiado antes una celda o un rango de celdas. Cuando ejecuta Edición>Pegado especial..., se activa el cuadro de diálogo Pegado especial que muestra la figura 5.15. Este cuadro permite seleccionar qué componentes de la celda de origen se pegarán en la celda de destino.

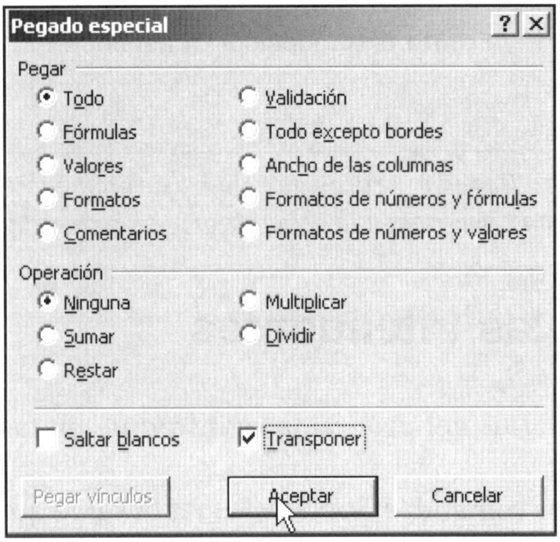

Figura 5.15. Cuadro de diálogo Pegado especial.

La opción Transponer, del cuadro de diálogo Pegado especial, intercambia filas y columnas.

1. Seleccione el rango **B2:F8**.
2. Ejecute Edición>Copiar.
3. Active la celda **B11**, a partir de la cual colocará los datos transpuestos.
4. Ejecute Edición>Pegado Especial....
5. En el cuadro de diálogo Pegado especial active la casilla Transponer.
6. Haga clic en el botón **Aceptar**. El resultado se muestra en la figura 5.16.

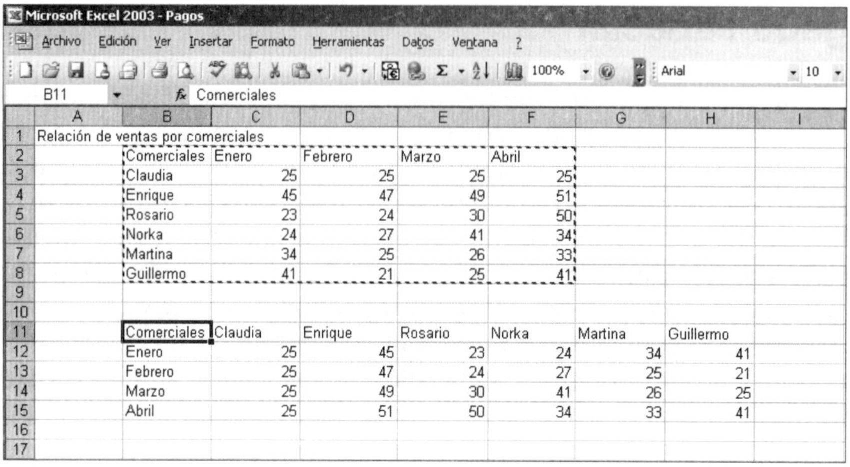

Figura 5.16. Opción Transponer.

Nota:

*El botón **Pegar vínculos** del cuadro de diálogo* Pegado especial *crea una referencia a la celda de origen en la celda de destino.*

Las etiquetas inteligentes

En la versión anterior del programa se introdujeron las etiquetas inteligentes.

Cuando utiliza los comandos Copiar y Pegar observe que, en la zona inferior del cuadro que delimita los datos, aparece un pequeño icono como el que muestra la figura 5.17.

Es lo que llamamos etiqueta inteligente porque, si hace clic en ella, despliega una lista de opciones que permiten seleccionar el comportamiento de un determinado comando.

En el caso del comando Pegar, la etiqueta inteligente permite seleccionar entre las opciones Mantener formato de origen, Coincidir con formato de destino, Formatos de números y valores, Mantener ancho de las columnas de origen, Sólo formato y Vincular celdas, que en todos los casos expresan claramente sus respectivas funciones.

Las etiquetas inteligentes lo ayudarán en otras opciones del programa, como en las de relleno de celdas, estudiadas en el capítulo anterior.

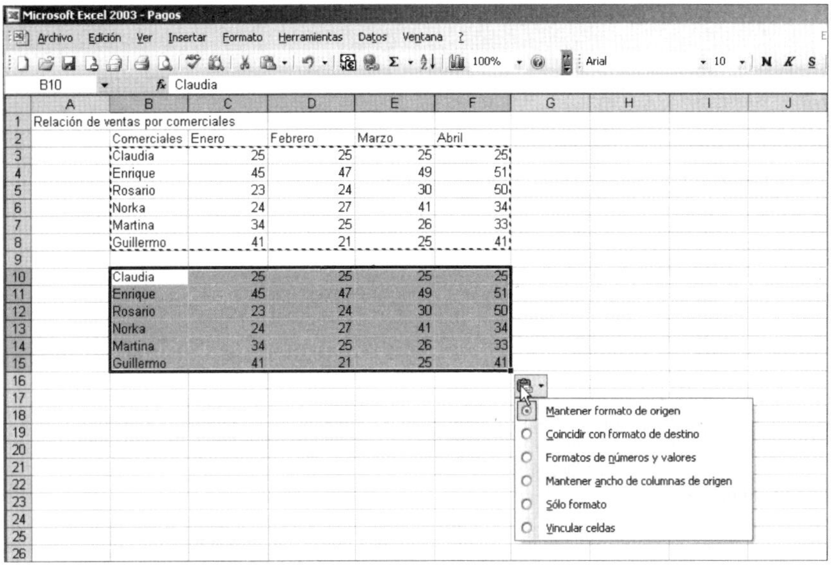

Figura 5.17. Etiqueta inteligente para definir el comportamiento de la opción Pegar.

Borrar datos

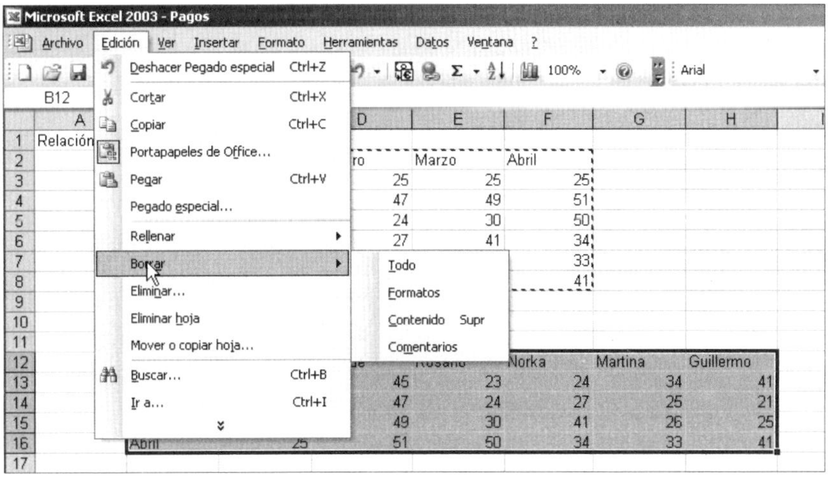

Figura 5.18. Opciones del comando Borrar.

Existen dos herramientas para borrar datos, una es borrar los datos, formatos o comentarios que puede contener una celda o rango.

La otra consiste en utilizar el comando Eliminar que se estudiará más adelante.

Para borrar datos:

1. Seleccione una celda o rango de celdas.
2. Ejecute Edición>Borrar. Se activa un cuadro de diálogo como el de la figura 5.18.
3. Seleccione la opción que desee.

Si desea borrar contenidos, formatos y comentarios, seleccione Todo.

Para borrar rápidamente el contenido de una celda selecciónela y haga clic en la tecla **Supr**.

Resumen

Las operaciones con rangos y celdas son fundamentales en Excel, sus múltiples posibilidades se ajustan a la necesidad real de organizar y optimizar su trabajo. Si es capaz de introducir sus datos, copiarlos y moverlos y de hacer un uso eficaz del magnífico portapapeles de Office, ya controla la base de esta útil aplicación y está preparado para empeños mayores.

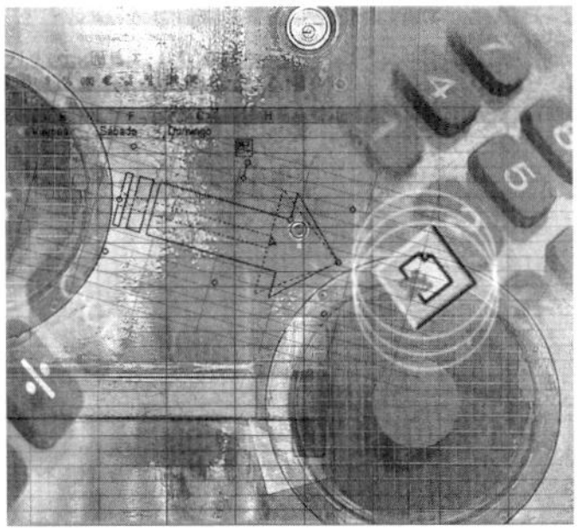

Capítulo 6

Cómo adaptar el entorno de trabajo

En este capítulo aprenderá a:

- Ajustar el ancho de las columnas.
- Ajustar el alto de las filas.
- Insertar filas y columnas.
- Insertar celdas.
- Eliminar celdas, filas y columnas.
- Cambiar la fuente estándar.
- Modificar los colores disponibles.
- Modificar el fondo de la hoja.
- Trabajar con los comandos Deshacer, Ordenar y Buscar y Reemplazar.
- Realizar revisiones ortográficas.
- Dividir la ventana de trabajo.
- Inmovilizar y movilizar paneles.
- Comparar en paralelo.

Introducción

A lo largo de este capítulo explicaremos las técnicas necesarias para controlar filas, columnas y otras opciones adicionales para adaptar las condiciones de la hoja de cálculo. Gracias a ellas podrá mejorar considerablemente su forma de trabajo en el entorno de Excel.

Tamaño de filas y columnas

Si desea mejorar el aspecto de una hoja de cálculo, puede modificar el ancho de las columnas o la altura de las filas. La altura de las filas se ajusta, automáticamente, al mayor tamaño de fuente que haya introducido en una de las celdas de la fila, por lo que rara vez tendrá que modificar la altura de una fila para que se adapte al tamaño de fuente, a menos que haya establecido una altura de fila con anterioridad. En cambio, el ancho de las columnas aumenta automáticamente cuando se introduce un valor numérico grande, pero si, posteriormente, reduce el tamaño de fuente o introduce un valor más pequeño, el ancho de la columna no se contrae automáticamente.

Modificar el ancho de las columnas

Para modificar el ancho de las columnas puede elegir cualquiera de las siguientes opciones:

- Activar una celda que contenga una entrada y seleccionar Formato>Columna>Autoajustar a la selección.
- Colocar el cursor entre dos etiquetas de columna y, cuando se convierta en una flecha doble ↔, mantener presionado el botón izquierdo y arrastrar hasta llevar el ancho de la columna hasta donde se desee, como se aprecia en la figura 6.1.
- Activar una celda determinada, seleccionar Formato>Columna>Ancho y escribir el ancho.
- Activar una celda que contenga una entrada y ejecutar Formato>Columna>Autoajustar a la selección.
- Situar el cursor a la derecha de la etiqueta de columna y hacer doble clic cuando se convierta en una flecha doble ↔.

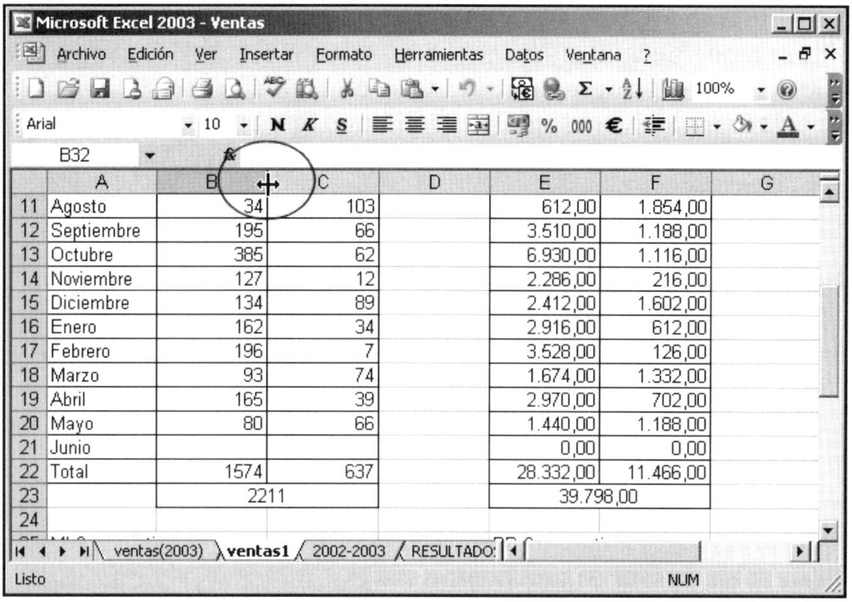

Figura 6.1. Ajustar el ancho de columna.

- Activar una columna situando el cursor sobre la etiqueta, hacer clic con el botón derecho, elegir Ancho de columna en el menú emergente y escribir un ancho de columna.

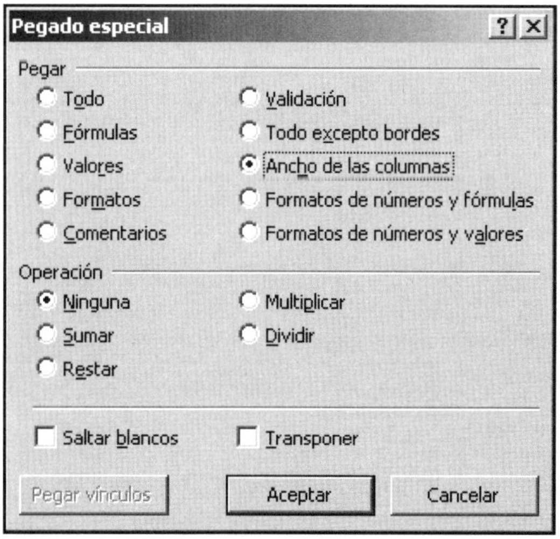

Figura 6.2. Cuadro de diálogo Pegado especial.

- Por último, para aplicar a una columna el ancho de otra, seleccione la columna que tiene al ancho deseado, ejecute Edición>Copiar y seleccione la columna que desea ajustar. A continuación ejecute Edición>Pegado especial para activar el cuadro de diálogo Pegado especial. En este cuadro de diálogo que se muestra en la figura 6.2 active Ancho de columna y haga clic en **Aceptar**.

Modificar el alto de las filas

Para ajustar la altura de la fila elija cualquiera de las siguientes opciones:

- Activar una celda que contenga una entrada y seleccionar Formato> Fila>Autoajustar.
- Colocar el cursor entre dos etiquetas de fila y, cuando se convierta en una flecha doble, arrastrar el cursor mientras pulsa el botón izquierdo, hasta llevar el alto de la fila hasta donde se desee.
- Situar el cursor debajo de la etiqueta de fila y hacer doble clic cuando se convierta en una flecha doble.
- Activar una celda determinada, seleccionar Formato>Fila>Alto y escribir un valor.

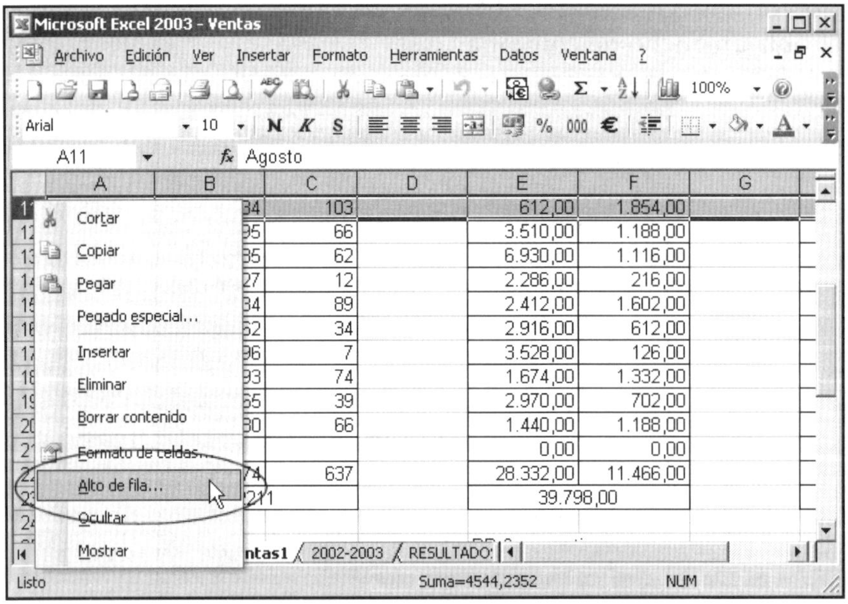

Figura 6.3. Ajustar el alto de fila con el menú contextual.

- Activar una fila situando el cursor sobre la etiqueta, hacer clic con el botón derecho, elegir **Alto de fila** en el menú emergente y escribir un alto de fila, como aparece en la figura 6.3.

Insertar filas y columnas

Muchas veces, después de haber introducido datos en una hoja de cálculo, necesita insertar filas y columnas de datos que faltan.

Para ello Excel suministra las herramientas necesarias para insertar esas filas y columnas justo en el sitio deseado.

Insertar columnas

Para insertar columnas:

1. Seleccione una columna (haciendo clic en su etiqueta) o una celda de esa columna.

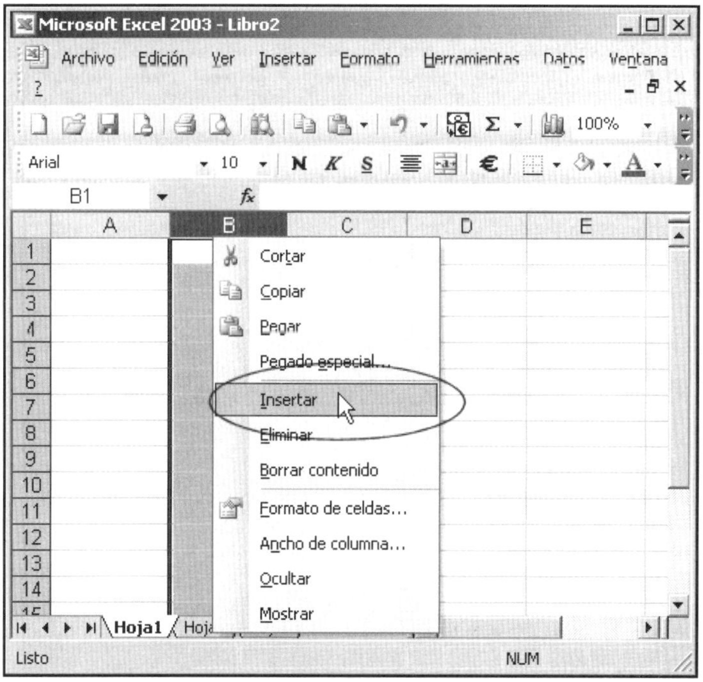

Figura 6.4. Insertar columnas con el menú contextual.

2. Ejecute Insertar>Columnas, Excel inserta la nueva columna a la izquierda de la seleccionada, adaptando automáticamente el nombre de las columnas.

Para insertar varias columnas de una sola vez, seleccione tantas columnas como desee insertar y, a continuación, ejecute Insertar>Columnas. Se insertarán tantas columnas como haya seleccionado, justo a la izquierda de la primera.

Truco:

Para insertar rápidamente una columna, haga clic con el botón derecho del ratón en la etiqueta de columna y seleccione Insertar columna *en el menú contextual, como se aprecia en la figura 6.4.*

Insertar filas

Al insertar filas recuerde que las nuevas filas se insertarán justo encima de la fila seleccionada. Veamos qué hacer para insertar una fila:

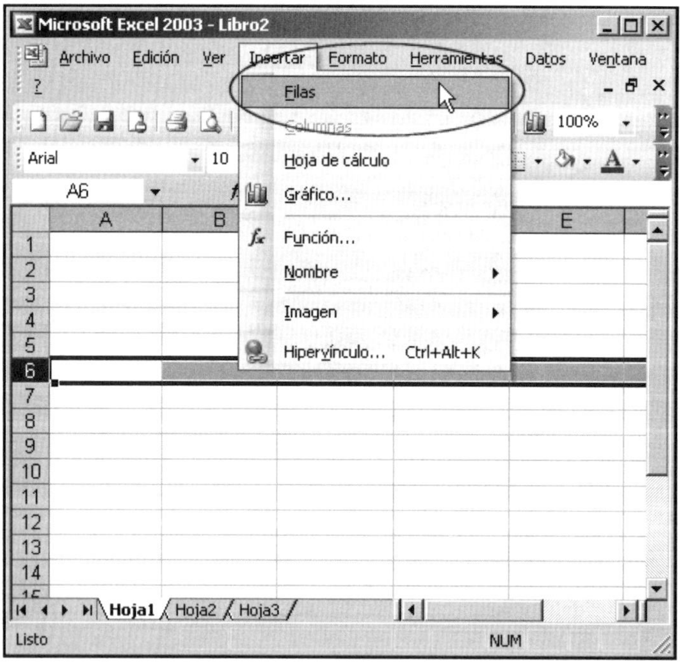

Figura 6.5. Insertar una fila.

1. Seleccione una fila haciendo clic en su etiqueta o en una celda de esa fila.
2. Ejecute Insertar>Filas, como se muestra en la figura 6.5. Excel insertará la nueva fila encima de la seleccionada, adaptando automáticamente el nombre de las etiquetas de fila.

Para insertar varias filas de una sola vez, seleccione tantas filas como desee insertar y, a continuación, ejecute Insertar>Filas, se insertarán tantas filas como haya seleccionado, justo encima de ellas.

Truco:

Para insertar rápidamente una fila, haga clic con el botón derecho del ratón en la etiqueta de fila y seleccione Insertar fila *en el menú contextual.*

Insertar celdas

Si desea insertar una o varias celdas en blanco dentro de un área de datos, Excel desplazará las celdas adyacentes hacia abajo y a la derecha. Para ello:

1. Seleccione una celda o un rango, tenga en cuenta que Excel insertará tantas celdas como haya seleccionado.
2. Ejecute Insertar>Celdas para activar el cuadro de diálogo Insertar celdas que se muestra en la figura 6.6.

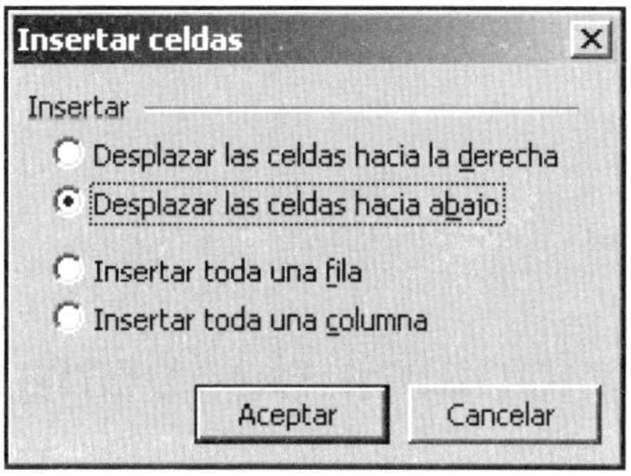

Figura 6.6. Cuadro de diálogo Insertar celdas.

3. Seleccione la opción que desee.
4. Haga clic en **Aceptar**.

Eliminar filas y columnas

Ya sabe cómo eliminar el contenido de filas y columnas, pero al eliminar sólo el contenido se mantiene la fila o la columna vacía. Para eliminar totalmente las filas o las columnas:

1. Seleccione la etiqueta de la fila o la columna que desea eliminar, también puede seleccionar varias filas o varias columnas.
2. Ejecute Edición>Eliminar.

Truco:

También puede hacer clic con el botón derecho del ratón en la etiqueta de la fila o la columna que desea eliminar y seleccionar Eliminar *en el menú contextual.*

Eliminar celdas

También puede eliminar celdas del mismo modo que ha hecho con filas y columnas, para ello:

1. Seleccione la celda que desea eliminar.
2. Ejecute Edición>Eliminar para activar el cuadro de diálogo Eliminar celdas.
3. Seleccione la opción deseada entre las siguientes:
   - Desplazar celdas hacia la izquierda.
   - Desplazar celdas hacia arriba.
   - Toda la fila.
   - Toda la columna.
4. Haga clic en **Aceptar**.

Opciones adicionales de formato

Existen algunas opciones adicionales de formato, como cambiar la fuente estándar, ocultar los ceros, modificar las líneas de división y otras, que están disponibles mediante Herramientas>Opciones, en el cuadro de diálogo Opciones. También se puede modificar el fondo de la hoja de trabajo, insertar comentarios, etc.

Cambiar la fuente estándar

Para modificar la fuente predeterminada, acceda a la ficha General del cuadro de diálogo Opciones y seleccione otra fuente u otro tamaño en la lista desplegable que se aprecia en la figura 6.7. La nueva fuente estará disponible la próxima vez que se inicie Excel y será la fuente estándar que se aplicará a los nuevos libros de trabajo que se creen a partir de ese momento; los anteriores conservarán la que tenían definida anteriormente.

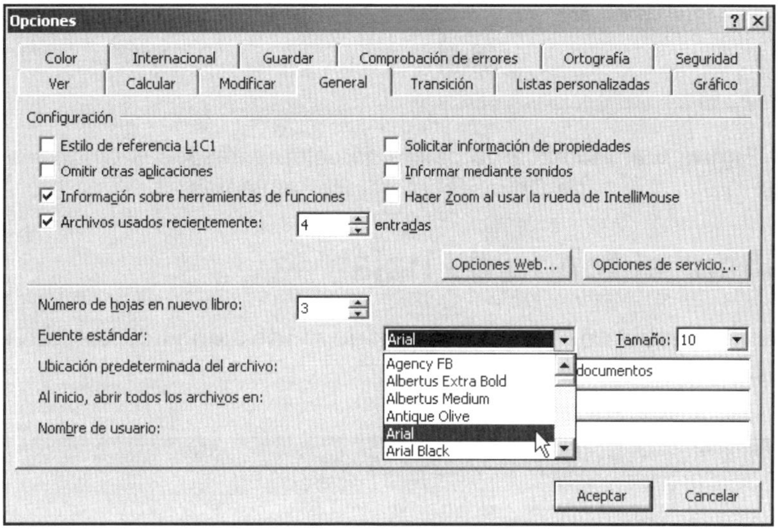

Figura 6.7. Modificar la fuente predeterminada.

Modificar los colores disponibles

Los colores disponibles en la paleta de colores se pueden modificar para conseguir aquellos colores que le resulten más atractivos. Para ello seleccione el comando Herramientas>Opciones>Color que permite establecer una paleta de colores personalizada, como se observa en la figura 6.8.

La mejor forma de hacerlo consiste en seleccionar un color que no vaya a utilizar y modificarlo, haciendo clic en el botón Modificar color. A continuación seleccione un nuevo color y acepte los cambios. Si desea volver a los colores predeterminados, presione el botón Restablecer.

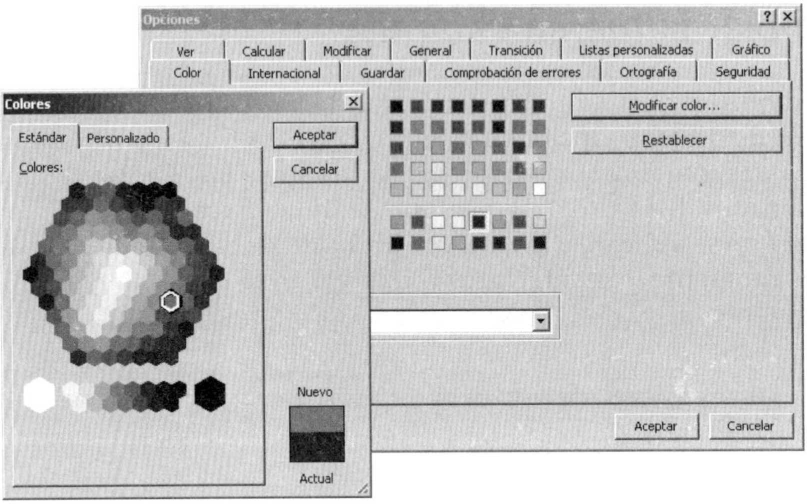

Figura 6.8. Modificar la paleta de colores desde las Opciones de Color del menú Herramientas.

Modificar el fondo de hoja

También es posible añadir una imagen de fondo a una hoja de cálculo como se muestra en la figura 6.9, para ello:

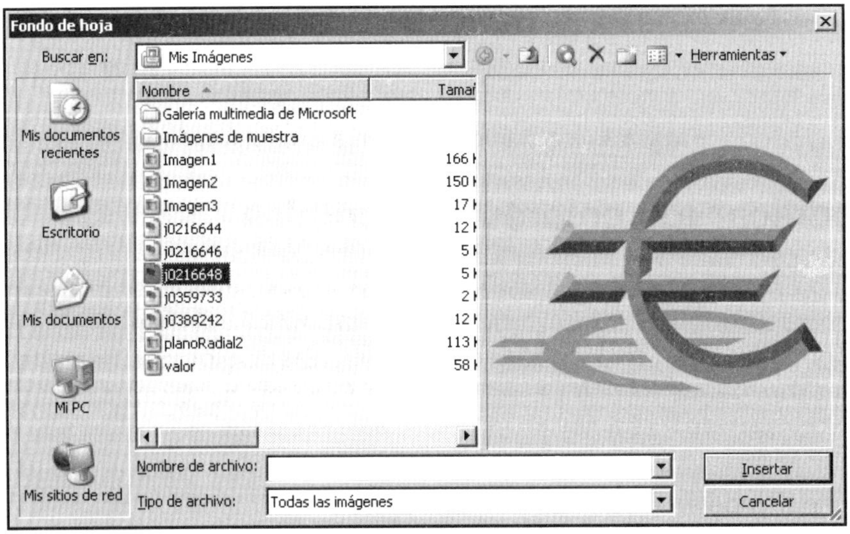

Figura 6.9. Seleccionar una imagen para insertarla como fondo de hoja.

1. Active la hoja de trabajo a la que quiere añadir la imagen de fondo.
2. Seleccione Formato>Hoja>Fondo, que activa el cuadro de diálogo Fondo de hoja.
3. Seleccione un archivo gráfico con extensión BMP, JPEG, GIF, TIF o WMF.
4. Haga clic en **Insertar**.

En la figura 6.10 mostramos el resultado de insertar un fondo de hoja.

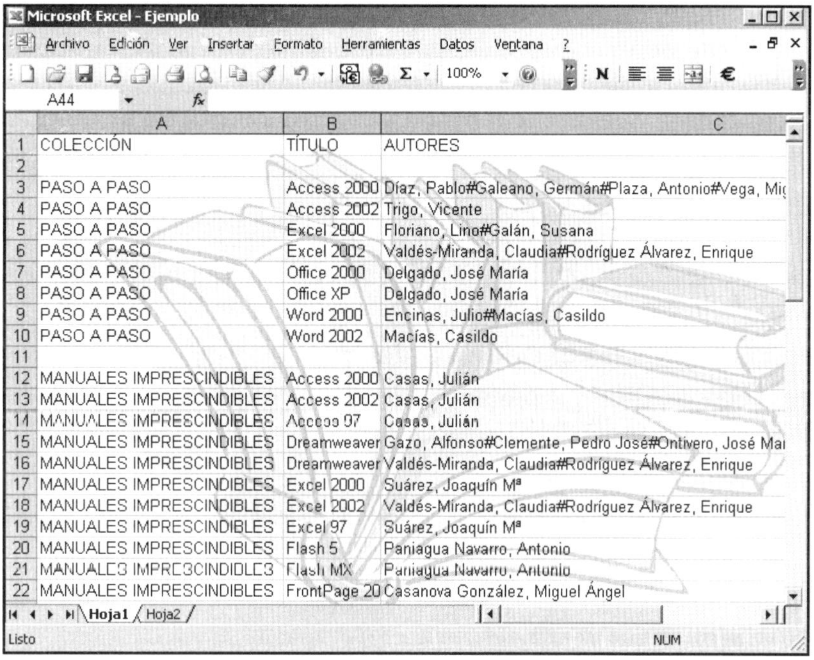

Figura 6.10. Hemos insertado una imagen como fondo de hoja.

Comandos Deshacer, Ordenar y Buscar y Reemplazar

Excel proporciona varias herramientas que, aunque no son propiamente herramientas de cálculo, resultan muy importantes, debido a la operatividad que proporcionan para determinadas tareas, entre ellas encontramos los comandos Deshacer, Ordenar y Buscar y Reemplazar.

Deshacer

Se trata de una función muy útil que permite corregir posibles y, quizá, lamentables errores mientras trabaja. El comando **Edición>Deshacer** anula la última operación realizada. También puede utilizar el botón Deshacer de la barra de herramientas **Estándar** para activar dicha función. El botón consta de dos partes: el botón en sí, que deshace la última operación realizada y un pequeño triángulo, que despliega una lista donde aparecen las últimas 16 operaciones realizadas, proporcionando la posibilidad de deshacer algunas de ellas.

También puede ocurrir que, después de deshacer una acción, decida rehacerla. Excel permite rehacer las últimas acciones anuladas utilizando el botón Rehacer, que se encuentra en la misma barra de herramientas.

Ordenar celdas

A veces es necesario organizar las celdas por su contenido. Para ello Excel suministra la herramienta Ordenar que funciona de la siguiente forma:

1. Seleccione las celdas que desea ordenar.
2. Ejecute **Datos>Ordenar** para activar el cuadro de diálogo **Ordenar** que aparece en la figura 6.11.

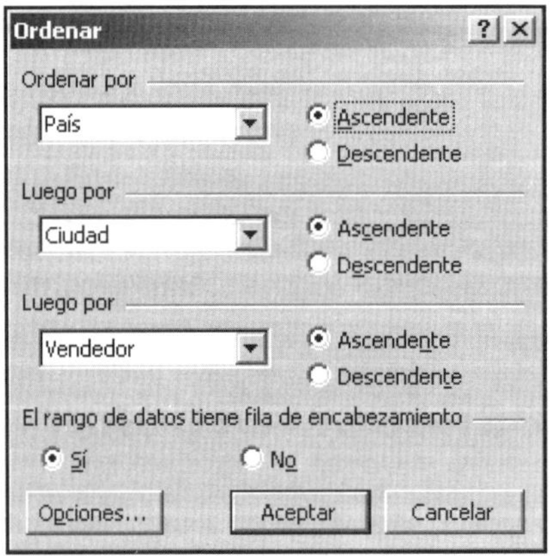

Figura 6.11. Cuadro de diálogo Ordenar.

3. Seleccione el criterio de orden que desea utilizar en las diferentes listas desplegables y las columnas que desea ordenar, hasta un máximo de tres.

4. Indique si existe encabezado en la selección.
5. Haga clic en el botón **Aceptar**.

Nota:

Los botones Orden ascendente y Orden descendente de la barra de herramientas Estándar *también permiten hacer ordenaciones simples de datos.*

Para más detalles sobre esta herramienta, vea el capítulo de bases de datos.

Buscar y reemplazar celdas

Cuando se trabaja en una hoja de cálculo muy extensa, puede ser difícil encontrar una información determinada, entonces resulta muy útil el comando Buscar, que permite realizar esta función. Gracias a esta herramienta es posible localizar cualquier dato dondequiera que se encuentre, ya sea un texto o una fórmula, incluso el nombre de un rango de celdas. En hojas de trabajo pequeñas, realizar una búsqueda no requiere grandes esfuerzos y es posible localizar el objetivo casi a simple vista, pero cuando se acumulan muchos datos en una hoja, esta función adquiere más relevancia.

Buscar una celda

El comando Edición>Buscar activa el cuadro de diálogo Buscar y Reemplazar que se muestra en la figura 6.12.

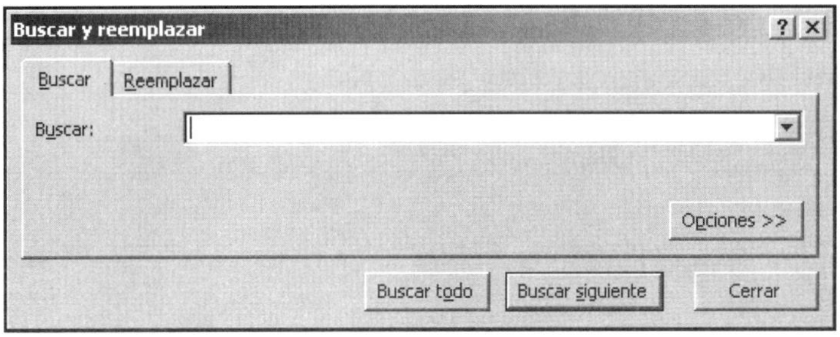

Figura 6.12. Cuadro de diálogo Buscar y reemplazar.

La ficha Buscar de este cuadro de diálogo permite introducir un valor en el cuadro de texto Buscar. Si hace clic en el botón **Buscar siguiente**, Excel rastreará la hoja buscando dicho valor donde quiera que se encuentre, ubicándose en él y así sucesivamente. Si hace clic en el botón **Buscar todo**, obtendrá un listado donde se muestra la ubicación de todas las celdas que cumplen el criterio solicitado, como se puede apreciar en la figura 6.13.

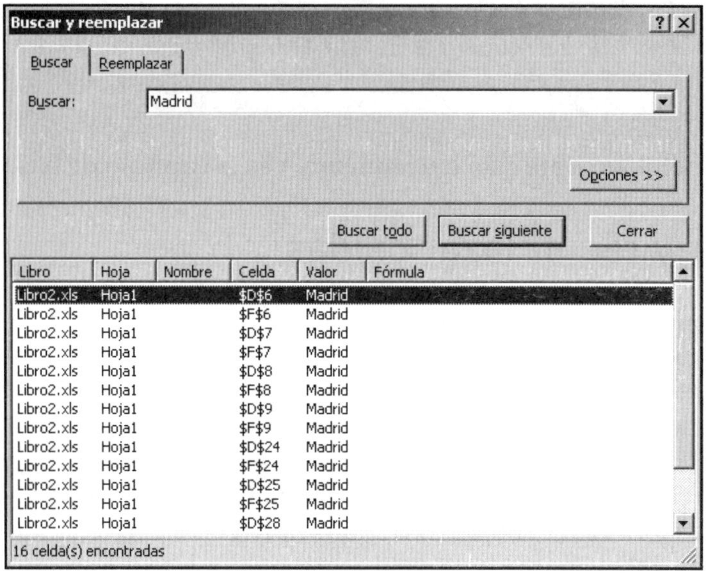

Figura 6.13. Resultado de hacer clic en el botón Buscar todo.

Reemplazar celdas

El cuadro de diálogo Buscar y reemplazar también contiene la ficha Reemplazar, que es de gran utilidad cuando es necesario sustituir algunos datos por otros. Con esta opción puede buscar cadenas de caracteres y reemplazarlas automáticamente por otras.

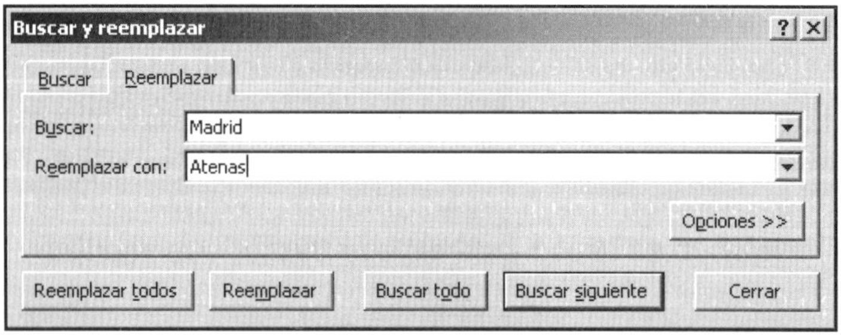

Figura 6.14. Ficha Reemplazar del cuadro de diálogo Buscar y Reemplazar.

Si desea reemplazar todas las celdas que cumplen con un criterio de búsqueda, debe hacer clic en el botón **Reemplazar Todo**.

Opciones del comando Buscar

El cuadro de diálogo Buscar y Reemplazar incluye opciones avanzadas de trabajo que se activan al hacer clic en el botón **Opciones**. En la figura 6.15 mostramos dicho cuadro de diálogo, donde puede elegir, si lo desea, que en la búsqueda coincidan mayúsculas y minúsculas, o que se busque el contenido total de una celda.

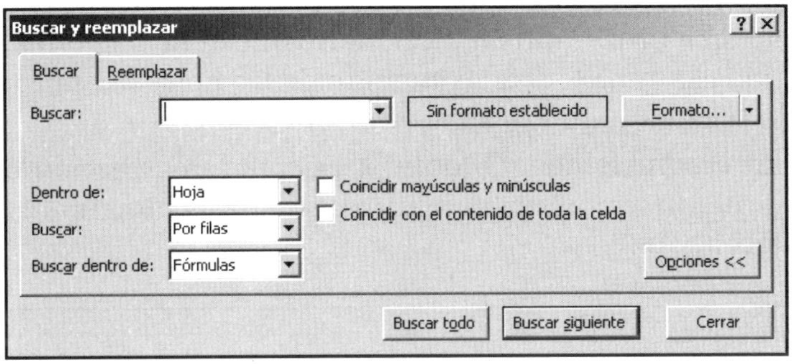

Figura 6.15. Opciones del cuadro de diálogo Buscar.

En este cuadro se pueden configurar las siguientes opciones:

- Dentro de: Define el ámbito de búsqueda, permitiendo elegir entre la hoja activa o todas las hojas del libro.
- Buscar: Define el sentido de la búsqueda, por columnas y hacia arriba, o por filas y hacia la derecha. La búsqueda por columnas generalmente es más rápida.
- Buscar dentro de: Define el componente de la hoja en el que se requiere la búsqueda: fórmulas, valores o comentarios.

Truco:

En la búsqueda puede usar comodines y, si desea eliminar una cadena de texto, puede dejar el cuadro de texto Reemplazar por *en blanco.*

Este cuadro también permite restringir la búsqueda a celdas, con un formato determinado, mediante el botón **Formato**. Si desea reemplazar celdas que tengan un formato específico, haga clic en el botón **Formato** y configure las propiedades de formato que desea buscar. Para que la cadena que reemplazará los valores buscados tenga un nuevo formato, haga clic en el botón **Formato** correspondiente al cuadro Reemplazar con y configure el formato deseado.

Revisión ortográfica

Antes de entregar un trabajo terminado, es muy aconsejable comprobar que no contiene errores ortográficos que puedan afectar su calidad. Excel realiza esta tarea utilizando un diccionario que tiene disponible para ello. La aplicación examina todo el contenido de las hojas del libro de trabajo, analizando si existe algún posible error ortográfico.

El comando Herramientas>Ortografía ejecuta la corrección ortográfica. Una vez ejecutado se muestra el cuadro de diálogo Ortografía que se muestra en la figura 6.16.

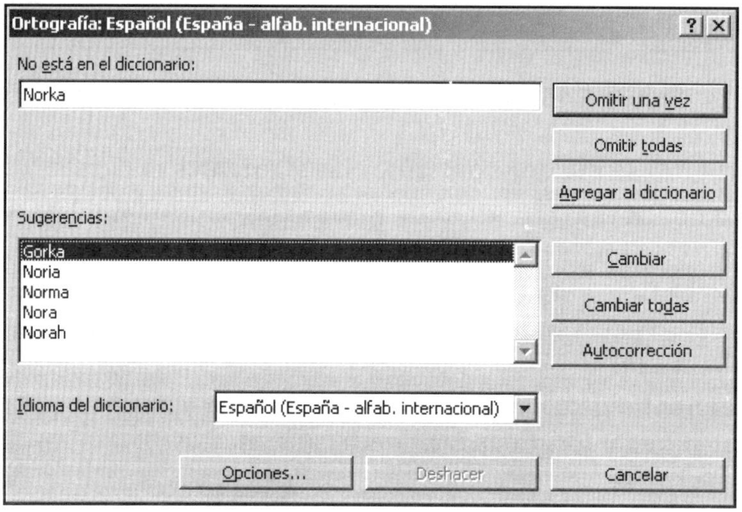

Figura 6.16. El corrector ortográfico.

Cada vez que Excel detecta un error, ofrece varias alternativas para solucionarlo. En ocasiones es conveniente omitir algunas de las sugerencias y, otras veces, sustituir el error resulta lo más aconsejable. Si hace clic en el botón **Autocorrección**, Excel examinará y corregirá automáticamente todas las nuevas entradas.

El menú Ventana

A veces es necesario que varias partes de una misma hoja de cálculo estén visibles al mismo tiempo, o incluso que precise ver simultáneamente varias hojas o varios libros. Excel facilita enormemente esta tarea, pues da la posibilidad de abrir ventanas adicionales. Para ello es necesario ejecutar el comando Ventana>Nueva ventana.

Truco:

Si al crear una nueva ventana, la ventana del libro de trabajo está maximizada, para confirmar la presencia de la nueva ventana, observe la barra de título donde aparece el nombre del libro de trabajo acompañado de la cifra 2, por ejemplo, si el libro abierto era Libro1, *en la barra de título aparecerá* Libro1:2.

El comando Organizar del menú Ventana permite seleccionar la forma de visualizar las ventanas abiertas. Estas opciones se encuentran en el cuadro de diálogo Organizar ventanas que aparece en la figura 6.17.

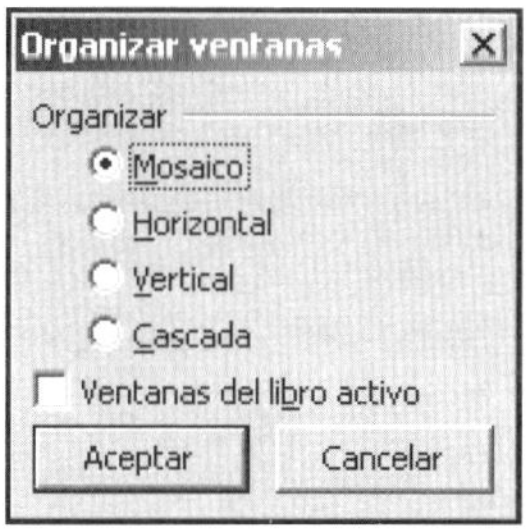

Figura 6.17. Cuadro de diálogo Organizar ventanas.

Cada ventana es independiente de las otras, por tanto, al desplazarse por una ventana, las otras no se mueven.

Dividir la ventana

En nuestra práctica diaria con Excel, hemos encontrado muchos usuarios que pierden minutos preciosos desplazándose, continuamente, con la barra de desplazamiento entre celdas distantes no visibles en una misma ventana, por desconocer el funcionamiento de esta herramienta. Excel permite crear una división temporal de la hoja para ver, simultáneamente, varias áreas de la misma hoja. La división ocurre precisamente en el punto donde se encuentra la celda activa. Puede utilizar el ratón para arrastrar cada panel y redimensionarlo.

Para dividir una ventana haga lo siguiente:

1. Ejecute el comando Ventana>Dividir.

Truco:

Cuando se usa por primera vez el comando División, *la hoja se divide en cuatro zonas, cada una con sus barras de desplazamiento. Si sólo desea utilizar una de las divisiones, haga doble clic en la barra del separador de paneles que quiera eliminar o arrástrela hasta el borde de la ventana.*

Figura 6.18. Dividir ventana.

2. El resultado se aprecia en la figura 6.18. Observe que existen barras de desplazamiento asociadas a cada área, en esta figura se muestra, además, el cursor trasformado de una doble flecha para modificar los bordes de las ventanas.

Para eliminar la división de los paneles ejecute Ventana>Quitar división.

Inmovilizar y movilizar paneles

Los comandos Inmovilizar y Movilizar paneles, del menú Ventana, tienen el mismo objetivo que el comando anterior, con una diferencia: este comando permite elegir qué filas o qué columnas permanecerán siempre visibles, o inmovilizadas, al usar las barras de desplazamiento.

Esta opción es especialmente útil para trabajar con encabezados de fila o columna, que pueden salir del campo visual al desplazarse a una ubicación diferente de la hoja de trabajo.

Para inmovilizar un panel haga lo siguiente:

1. Haga clic en la columna o la fila contigua a la que desea inmovilizar. Por ejemplo, si desea inmovilizar la fila 2 para mantenerla siempre visible, deberá seleccionar la fila 3. También es posible inmovilizar filas y columnas a la vez, seleccionando la celda que se encuentre justo a la derecha de las columnas a inmovilizar y debajo de las filas.
2. Ejecute Ventana>Inmovilizar paneles. Excel inserta líneas más oscuras para indicar las columnas y filas inmovilizadas. Compruebe que la columna y la fila inmovilizadas permanecen visibles mientras se desplaza por la hoja de trabajo.

Una vez inmovilizadas filas o columnas en el menú Ventana se activa el comando Movilizar paneles.

Comparar en paralelo

En esta versión de Excel aparece una nueva opción en el menú Ventana, el comando Comparar en paralelo con, que permite mostrar paralelamente dos libros diferentes o dos hojas de trabajo, o diferentes áreas de una misma hoja. Se trata de una modificación del comando Dividir, que agiliza esta tarea, ya que incorpora una barra de herramientas que incluye dos botones: Desplazamiento sincrónico  y Restablecer posición de la ventana . Veamos cómo usar este comando.

Para poder ejecutarlo es necesario que ambos libros estén abiertos, si se trata de dos hojas del mismo libro, primero deberá ejecutar **Ventana>Nueva ventana** y seleccionar la otra hoja de trabajo con la que desea trabajar. A continuación ejecute **Ventana>Comparar en paralelo con...**. Excel dividirá la ventana en dos partes y activará automáticamente la barra de herramientas **Comparar en paralelo**, como se muestra en la figura 6.19.

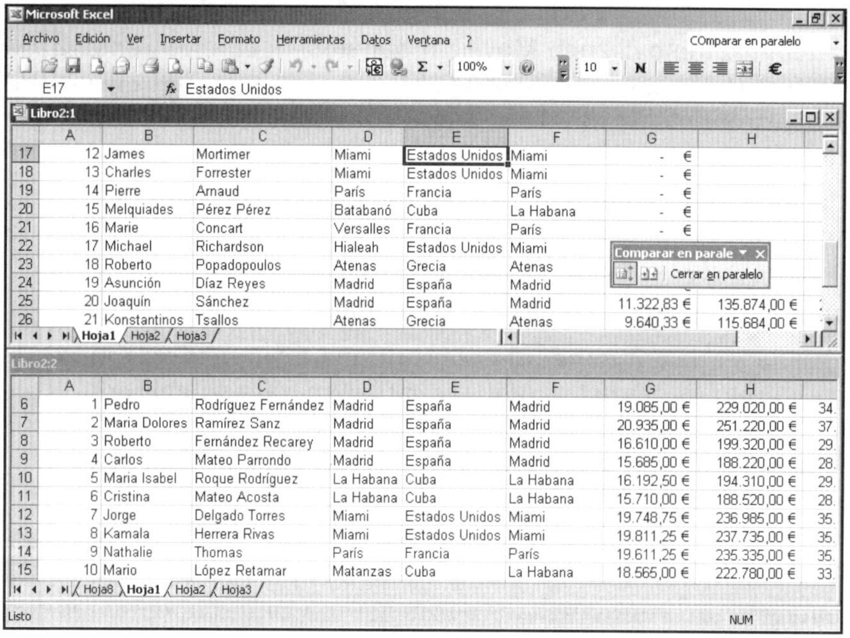

Figura 6.19. Comparar en paralelo.

El botón Desplazamiento sincrónico aparece activado de forma predeterminada, de esa manera, al desplazarse por una ventana, la otra se desplazará simultáneamente.

Para desactivarlo haga clic en este botón y sólo se desplazará la ventana activa. Para volver al desplazamiento en paralelo sólo tiene que hacer clic en este botón nuevamente.

Si desea restablecer las ventanas de los libros a sus posiciones iniciales antes de la comparación, haga clic en el botón Restablecer posición de la ventana .

Por último, si hace clic en **Cerrar en paralelo**, se cerrará la segunda ventana.

Resumen

Las herramientas que ha estudiado en este capítulo le facilitarán enormemente el trabajo en el entorno de Excel, dado que agilizan diferentes maniobras que, en caso contrario, le harían perder mucho tiempo. En el próximo capítulo estudiaremos las fórmulas que, junto a las funciones, constituyen las principales herramientas de trabajo de Excel.

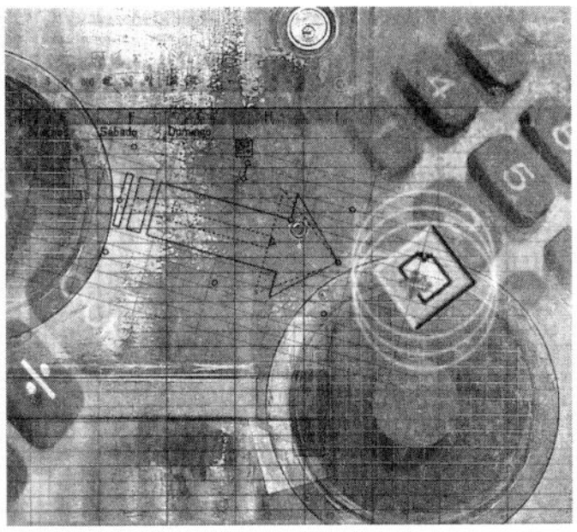

Capítulo 7

Las fórmulas en Excel

En este capítulo aprenderá a:

- Reconocer los elementos fundamentales de las fórmulas.
- Introducir y editar fórmulas.
- Reconocer la precedencia de los operadores en Excel.
- Distinguir los diferentes estilos de referencias.
- Utilizar la herramienta Pegado especial.
- Detectar los errores en las fórmulas con las herramientas que proporciona Excel.

Introducción

Excel tiene un gran potencial para crear fórmulas y trabajar con ellas. Justamente por sus poderosas facultades de cálculo y su excelente forma de manipular nombres y rangos, Excel se ha convertido en la más popular de las hojas de cálculo.

Conceptos generales

En Excel se denomina fórmula a una expresión matemática o de texto que se refiere a otras celdas o a valores constantes. Los elementos fundamentales que componen las fórmulas son:

- Operadores: Símbolos que permiten unir entre sí otros elementos de la fórmula. Pueden ser de varios tipos como veremos más adelante.
- Paréntesis.
- Valores constantes o cadenas de caracteres.
- Referencias de celdas: Incluyen celdas y rangos de celdas con nombres y pueden estar ubicadas en la propia hoja de trabajo, en otra hoja del mismo libro, en otro libro e incluso en otro equipo.
- Funciones: Las dedicaremos un capítulo completo por su complejidad.

Introducir fórmulas

Comencemos por ver cómo crear o introducir una fórmula.

Cuando introducimos un signo igual (=) en una celda vacía, Excel asume que vamos a introducir una fórmula; si en lugar del signo igual (=) escribimos los signos más (+) o menos (-), la aplicación lo interpreta también como una fórmula. También puede utilizar texto en las fórmulas, pero siempre deberá ir entre comillas para diferenciarlo de los nombres de celdas y rangos. Las fórmulas pueden introducirse manualmente o señalando las celdas implicadas.

Existen dos métodos para introducir fórmulas:

- Manualmente.
- Señalando las celdas.

Introducir fórmulas manualmente

Para introducir una fórmula manualmente:

1. Haga clic en la celda donde desea introducir la fórmula.
2. Escriba el signo igual (=).
3. Escriba la fórmula. Más adelante explicamos cómo referirse a las celdas que contienen los valores que desea utilizar.
4. Pulse **Intro**. La celda mostrará el resultado de la fórmula.

A medida que vaya introduciendo la fórmula, ésta aparece simultáneamente en la celda y en la barra de fórmulas. Después de pulsar **Intro**, en la celda aparecerá el resultado, mientras que la barra de fórmulas mostrará la fórmula de la celda activa.

Señalar las celdas

Este es el método más rápido y fácil para introducir fórmulas. Veamos en qué consiste:

1. Active la celda donde va a introducir la fórmula.
2. Escriba el signo igual (=) para indicar que va a introducir una fórmula, observe que en la barra de estado aparece la palabra Introducir.
3. Haga clic en la celda que contiene el primer valor que desea utilizar, observe que, al hacerlo, la barra de estado muestra Señalar, que alrededor de la nueva celda aparece un reborde móvil de color y que, en la barra de fórmulas, aparece la referencia de la celda señalada.
4. Escriba un operador matemático, vuelve a aparecer la palabra Introducir en la barra de estado.
5. Continúe señalando celdas y escribiendo operadores matemáticos hasta completar la fórmula deseada.

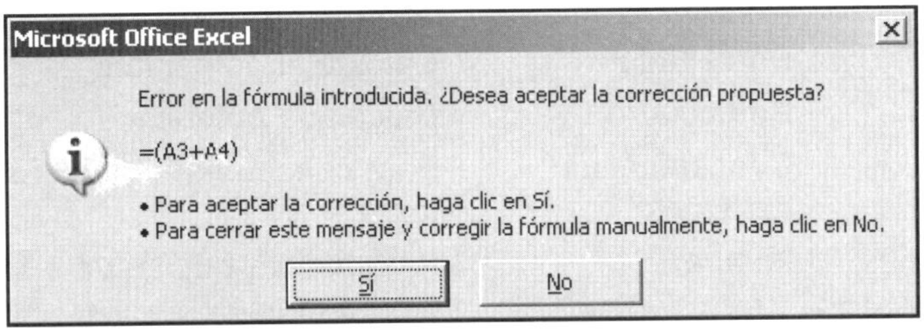

Figura 7.1. Introducir fórmulas.

6. Pulse **Intro** para terminar de introducir la fórmula. Desaparecerán todos los rebordes de color. En la celda activa aparecerá el resultado y, en la barra de fórmulas, aparecerá la fórmula. Observe la figura 7.1.

Truco:

Para conservar el resultado en lugar de la fórmula, pulse ***F9*** *en lugar de* ***Intro****, se almacenará el resultado en vez de la fórmula. Sepa que esto también puede hacerse con una parte de la fórmula. Por ejemplo, si la fórmula tiene una parte formada por valores constantes, seleccione con el ratón sólo la parte que desea modificar antes de pulsar* ***F9****.*

Comprender las fórmulas

Al principio del capítulo relacionamos los elementos que forman parte de una fórmula, veámoslos ahora con detalle:

Operadores

Los operadores son los símbolos que se usan en las fórmulas y constituyen los elementos básicos de las mismas. Además de los operadores habituales, Excel incorpora unos operadores llamados operadores de referencia que detallamos en la tabla 7.1.

Tabla 7.1. Los operadores de Excel.

Operador	Nombre	Qué hace
+	Suma	Suma
-	Resta	Resta
•	Multiplicación	Multiplica
/	División	Divide
%	Porcentaje	Calcula el porcentaje
^	Potencia	Calcula la potencia
&	Concatenación de textos	Para concatenar caracteres de texto
=	Igual a	Para indicar que se va a introducir una fórmula
>	Mayor que	Comparación lógica

Operador	Nombre	Qué hace
<	Menor que	Comparación lógica
>=	Mayor o igual que	Comparación lógica
<=	Menor o igual que	Comparación lógica
<>	Distinto de	Comparación lógica
: (dos puntos)	Operador de referencia Rango	Definen las celdas que se encuentran entre dos referencias, por ejemplo, A1:A3, incluye las celdas A1, A2 y A3.
; (punto y coma)	Operador de referencia Unión	Se usa para indicar la unión entre varios rangos y, de este modo, se pueden combinar en una sola referencia, por ejemplo, A1:A2;C4:C7 se refiere a las celdas A1, A2, C4, C5, C6 y C7.
(espacio)	Operador de referencia Intersección	Es un operador de intersección entre dos rangos, indica la celda de intersección y, si no se interceptan, muestra un mensaje de error.

Paréntesis

Otro elemento importantísimo para trabajar con fórmulas es el orden de prioridad o precedencia de los operadores. Excel utiliza un grupo de reglas similar al que se utiliza en las matemáticas para realizar sus cálculos. En la tabla 7.2 mostramos el orden de prioridad de las operaciones.

Tabla 7.2. La precedencia de los operadores de Excel.

Número de Orden	Operador	Descripción
1º	-	Negación
2º	%	Porcentaje
3º	^	Potencia
4º	* y /	Multiplicación y división
5º	+ y -	Suma y resta
6º	&	Concatenación de textos
7º	=, <,> y <>	Comparación

Nota:

Entre una expresión entre paréntesis y un valor, incluya siempre un operador. Por ejemplo, el equivalente de 4(x+y) será: 4(X1+Y1), donde X1 y Y1 son referencias de celdas.*

Tenga en cuenta que las fórmulas se calculan de izquierda a derecha y las operaciones entre paréntesis tienen prioridad en los cálculos. De todos modos, a veces resulta conveniente introducir paréntesis para que la fórmula sea más fácil de leer. La colocación de los paréntesis en una fórmula es de vital importancia, ya que puede alterar el resultado de una fórmula. Por ejemplo, la fórmula 2+2/2 tiene resultados diferentes si cambiamos la posición de los paréntesis:

```
(2+2)/2=2 ó 2+(2/2)=3
```

Por tanto, cuando quiera anular el orden de precedencia establecido, deberá utilizar paréntesis. Existe otra forma de usar los paréntesis en las fórmulas: los paréntesis anidados. Llamamos paréntesis anidados a paréntesis dentro de otros paréntesis.

Excel ejecuta los cálculos de dentro hacia fuera, es decir que, en primer lugar, calcula las expresiones que se encuentran en los paréntesis interiores. Siempre que "abra" un paréntesis deberá "cerrarlo". Si no lo hace así, Excel avisará que existe un error y activará una ventana de aviso ofreciéndose a corregirlo, aunque también le permitirá solucionar el problema, si así lo desea. En la figura 7.2 se muestra la ventana de Autocorreción de Excel.

Advertencia:

Puede que parezca más fácil aceptar la corrección propuesta por Excel, pero muchas veces la solución propuesta no es la que necesita.

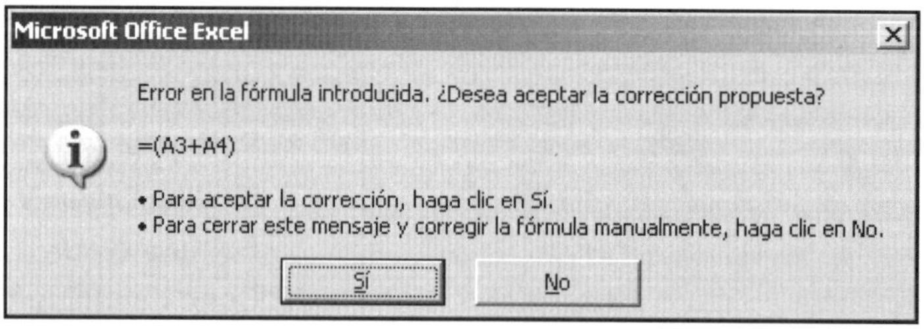

Figura 7.2. Ventana de Autocorrección de Excel.

Una fórmula puede contener hasta 1024 caracteres: ¡Imagina una expresión tan grande! Evidentemente resultará incomprensible.

Veamos algunos trucos para que la fórmula resulte más fácil de comprender:

- Incluya espacios antes y después de los operadores (Excel ignora los espacios dentro de una fórmula).
- Divida una fórmula en varias líneas dentro de su misma celda pulsando las teclas **Alt-Intro**.
- Utilice paréntesis aunque no sea estrictamente necesario.
- Divida una fórmula larga en varias celdas.

Opciones de cálculo

Siempre que se modifica algún dato en la hoja de trabajo, Excel ejecuta el cálculo de todas las fórmulas afectadas por éste.

La aplicación adopta un modo inteligente de actuación, sólo realiza las operaciones de las fórmulas afectadas y lo hace siguiendo un orden lógico: primero calcula la fórmula que se refiere a la celda afectada, si ello conlleva cambios en otras celdas, todas aquellas fórmulas que resulten afectadas se calcularán de nuevo y así sucesivamente.

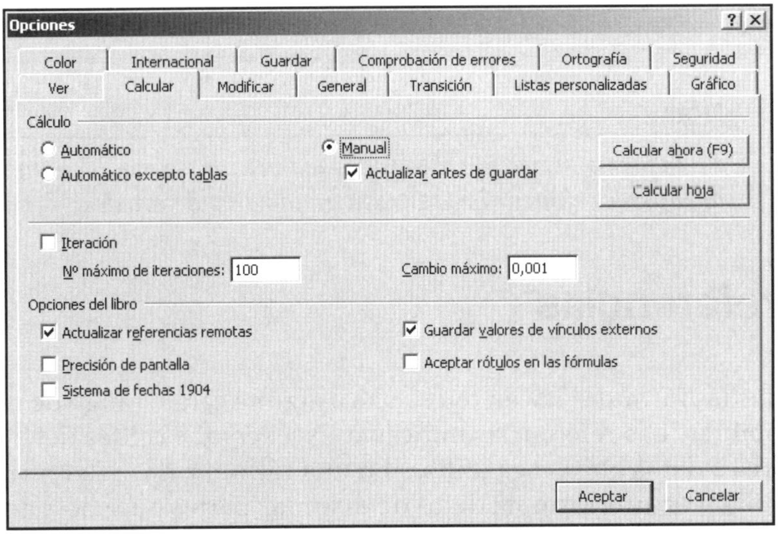

Figura 7.3. Cuadro de diálogo Opciones.

La primera vez que use una hoja de cálculo, puede resultarle impresionante ver cómo Excel realiza todos esos cálculos automáticamente. Pero existen hojas muy complejas, donde el cálculo completo suele tardar un buen rato y todas esas operaciones pueden resultar bastante tediosas.

Existe una opción para evitarlo que activa el modo de cálculo manual, para ello:

1. Ejecute Herramientas>Opciones que activa el cuadro de diálogo Opciones, que se aprecia en la figura 7.3.
2. Seleccione la ficha Calcular.
3. Active la casilla Manual.

A partir de ahora será necesario pulsar **F9** para que Excel recomience los cálculos.

Veamos las opciones que se presentan:

- Automático: Está establecido de forma predeterminada. En este caso Excel lleva a cabo el cálculo de todas las celdas afectadas de forma automática en orden lógico.
- Automático excepto tablas: Calcula todas las fórmulas dependientes, excepto las tablas de datos; para calcular las tablas de datos es necesario pulsar la tecla **F9**.
- Manual: Es necesario pulsar **F9** para que se efectúen operaciones. En este caso Excel activa automáticamente la casilla Recalcular antes de guardar.

Nota:

En la forma de cálculo Manual, *cada vez que se modifica una celda, aparece el mensaje* Calcular *en la barra de estado.*

Las referencias

Casi todas las fórmulas hacen referencia a alguna celda, rango de celdas o a sus nombres. Las referencias indican a Excel en qué celdas debe buscar los valores o datos que desea utilizar en una fórmula. Las referencias permiten utilizar en una fórmula datos de distintas partes de la hoja de cálculo. Existen diferentes estilos de referencias: referencias absolutas y relativas y referencias a otras hojas o libros, también llamadas vínculos.

Estilos de referencias

Existen tres estilos diferentes de referencia:

- **Referencia absoluta**: En este caso, si copia la fórmula en otra celda, las referencias que contiene la fórmula no varían. Para ello utilice el signo dólar ($), por ejemplo: A1.
- **Referencia relativa**: Las referencias que contiene la fórmula se modifican al copiar ésta en otra celda, ajustándose a su nueva posición. Excel asume por defecto esta referencia cuando se escribe A1.
- **Referencia mixta**: Es una combinación de los estilos de referencia mencionados antes, existen dos referencias mixtas posibles:
  - **Fila absoluta y columna relativa**: En este caso, una parte de la referencia es relativa y otra, la fila, es absoluta; por tanto, cuando se copie la fórmula, la parte correspondiente a la columna se ajustará a la nueva ubicación de la fórmula y en cambio se mantendrá la fila de origen, por ejemplo cuando se copia una fórmula que contiene la referencia A$1 siempre se referirá a la fila 1, independientemente de dónde se copie la fórmula.
  - **Columna absoluta y fila relativa**: Es lo opuesto al estilo anterior pero a la inversa, es decir, que en este caso, es la columna la que permanece constante independientemente de dónde se ubique la fórmula al copiarla. Ejemplo: $A1.

Existe otro estilo de notación conocido como L1C1, donde L define la fila (línea) y C la columna, así por ejemplo la celda A1 sería L1C1, la celda B1 sería L1C2 y la celda A2 sería L2C1. Esta notación resulta de mucha ayuda cuando se trabaja con referencias absolutas.

Para cambiar a la notación L1C1 ejecute los siguientes comandos:

1. Ejecute Herramientas>Opciones que activa el cuadro de diálogo Opciones.
2. Seleccione la ficha General en el cuadro de diálogo.
3. Active la casilla Estilo de referencia L1C1.
4. Haga clic en **Aceptar**.

Comprobará que los nombres de las columnas se convierten en números. Para desactivar esta notación ejecute el mismo proceso y desactive la casilla seleccionada.

Una vez comprendido el concepto de referencia absoluta y relativa, resulta muy sencillo entender qué sucede cuando se copia una fórmula con los comandos Copiar y Pegar del menú Edición. Si al escribir una fórmula se usan las referencias relativas, al copiarla, todas las referencias se ajustan a su nueva posición. En cambio, si se usan referencias absolutas, éstas se mantienen invariables, independientemente de la nueva ubicación.

Pegado especial

Además de las funciones que hemos estudiado en capítulos anteriores, existe un comando llamado Pegado Especial en el menú Edición, que permite ejecutar algunas funciones matemáticas entre las celdas copiadas y las celdas de destino. En el cuadro de diálogo Pegado Especial, que aparece en la figura 7.4, la casilla Ninguna de la sección Operación aparece activada de forma predeterminada.

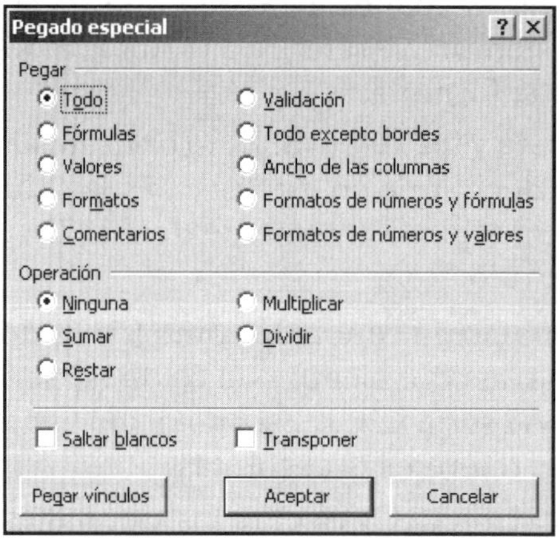

Figura 7.4. Cuadro de diálogo Pegado especial.

Una vez copiados los datos deseados en el portapapeles, se puede ejecutar el comando Pegado especial, si no se activa ninguna operación, las celdas copiadas sustituirán a las celdas de destino. En cambio, si se activa alguna de las opciones de la sección Operación, este comando permitirá realizar la operación seleccionada entre las celdas copiadas y las de destino. Cada una de las opciones permite:

- Sumar las celdas copiadas con las celdas de destino.
- Restar los datos copiados a los datos de la celda de destino.

- Multiplicar ambas celdas.
- Dividir los datos de la celda de destino entre los datos pegados.

Errores de las fórmulas

A menudo, después de introducir una fórmula, comprobamos que devuelve un error. Excel utiliza una serie de mensajes para indicar cuándo se ha incurrido en algún tipo de error al escribir una fórmula. En la tabla 7.3 mostramos los mensajes que usa Excel y sus significados.

Tabla 7.3. Los valores de error.

Valor	Significado
########	No se puede mostrar el número completo debido al ancho de columna. Para solucionarlo, ajuste el ancho de columna o utilice otro tipo de fuente.
#DIV/0!	Cuando se divide por una celda vacía cuyo valor es considerado como cero.
#N/A	Datos no disponibles, la fórmula se refiere a una celda cuya función o valor no están disponibles.
#¿NOMBRE?	Se hace referencia a un nombre que Excel no reconoce (se ha cambiado el nombre o, por ejemplo, no se han escrito bien las comillas).
#¡NULO!	Se ha hecho una intersección de dos rangos cuyo resultado es nulo o vacío.
#¡NUM!	Se está utilizando un número no válido.
#¡REF!	Nos referimos a una celda no válida (si se ha eliminado la celda, por ejemplo).
#¡VALOR!	La fórmula contiene un argumento o un operador no válido (por ejemplo si intenta sumar valores de texto con valores numéricos).

También sucede que al escribir una fórmula, se refiera a una celda que a su vez, contiene un error, provocando que la nueva fórmula también tenga un resultado erróneo.

A esto lo llamamos efecto onda, ya que un sólo error puede hacer que todas las fórmulas dependientes generen errores.

Referencias circulares

Decimos que se ha creado una referencia circular cuando, en una fórmula, nos referimos, ya sea directa o indirectamente, a la propia celda donde hemos escrito la fórmula. Esto sucede cuando, en la fórmula, nos referimos a la propia celda directamente, o cuando nos referimos a otra celda que, a su vez, se refiere de algún modo a la celda original. Al crear una referencia circular Excel envía el aviso que aparece en la figura 7.5.

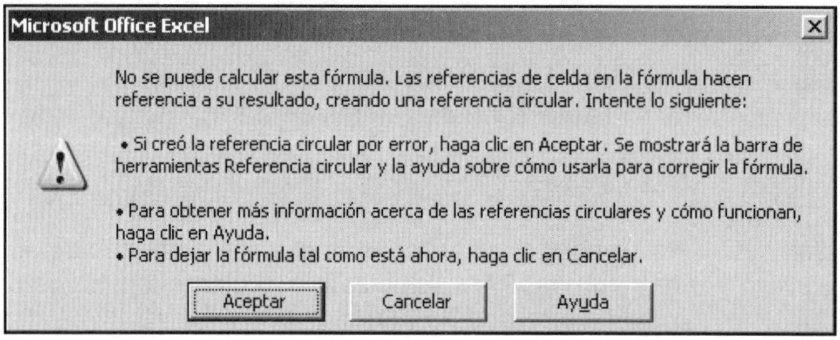

Figura 7.5. Mensaje de referencia circular.

Si hace clic en **Aceptar** Excel muestra la herramienta Referencia circular que aparece en la figura 7.6. A continuación se abrirá automáticamente la Ayuda.

Figura 7.6. Herramienta Referencia circular.

Para usar esta herramienta haga clic en el cuadro de lista Explorar referencia circular, que permite localizar, una por una, todas las celdas que hacen referencia a otras celdas. Con esta herramienta se pueden rastrear todas las celdas precedentes y dependientes:

- Celda precedente es aquella a la que se hace referencia en una fórmula.
- Celda dependiente es aquella que contiene una fórmula que se refiere a otra celda.

Para ello utiliza flechas que relacionan las celdas entre sí. Para resumir podemos decir que, para encontrar el origen de la referencia circular, se pueden analizar las fórmulas de todas las celdas que aparecen en el cuadro de lista **Explorar referencia circular**, o rastrear todas las celdas dependientes y precedentes con los botones de la herramienta Referencia circular. Estos botones los explicaremos más adelante en este mismo capítulo.

Nota:

Mientras exista una referencia circular, en la barra de estado aparecerá la palabra Circular *y la celda que la contiene. Si se cambia de hoja de trabajo, desaparecerá la referencia de la celda pero se mantendrá la palabra* Circular *en la barra de estado.*

Cuando existan varias referencias circulares, la herramienta Referencia circular mostrará la última. A medida que las vaya corrigiendo, mostrará la anterior y así sucesivamente.

Auditoría de fórmulas

El comando Herramientas>Auditoría de fórmulas proporciona una herramienta muy útil para esclarecer las relaciones entre las celdas. Ello resulta muy ventajoso cuando existe una cadena de referencias en una fórmula compleja.

Para mostrar la barra de herramientas Auditoría que aparece en la figura 7.7, ejecute Herramientas>Auditoría de fórmulas>Mostrar barra de herramientas Auditoría de fórmulas. En la tabla explicamos las funciones de los botones.

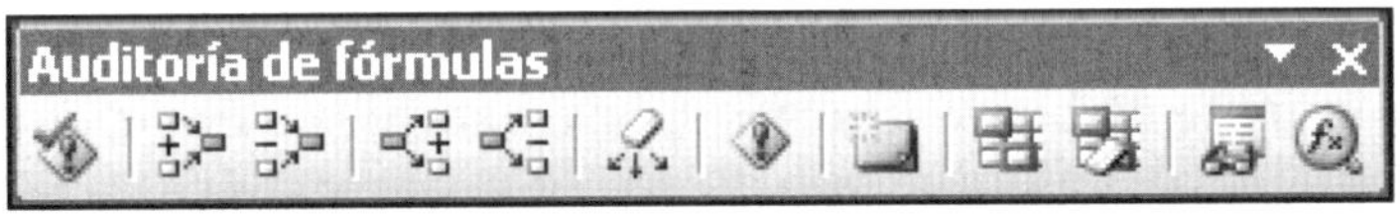

Figura 7.7. La barra de herramientas Auditoría de fórmulas.

Tabla 7.4. Los botones de la barra de herramientas Auditoría de fórmulas.

Botón	Nombre	Función
	Comprobación de errores	Permite comprobar la hoja de cálculo activa en busca de errores.
	Rastrear precedentes	Indica con flechas azules aquellas celdas a las que se refiere directamente la fórmula.

Botón	Nombre	Función
	Quitar un nivel de precedentes	Elimina uno a uno los niveles de precedencia.
	Rastrear dependientes	Muestra las celdas dependientes de la celda activa.
	Quitar un nivel de dependientes	Elimina uno a uno los niveles de dependencia.
	Quitar todas las flechas	Elimina las flechas que indican precedencia o dependencia.
	Rastrear error	Localiza las celdas con errores.
	Nuevo comentario	Añade un comentario a la celda activa.
	Rodear con un círculo datos no válidos	Muestra círculos rojos alrededor de las celdas que contienen valores con error.
	Borrar círculos de	Borra los círculos de validación. validación
	Mostrar ventana de inspección	Activa la ventana de inspección.
	Evaluar fórmula	Permite analizar una fórmula paso a paso.

Veamos cómo usar esta barra de herramientas:

El botón Comprobación de errores permite comprobar la hoja de cálculo activa completa en busca de errores, si existe algún error, se muestra el cuadro de diálogo Comprobación de errores, que aparece en la figura 7.8.

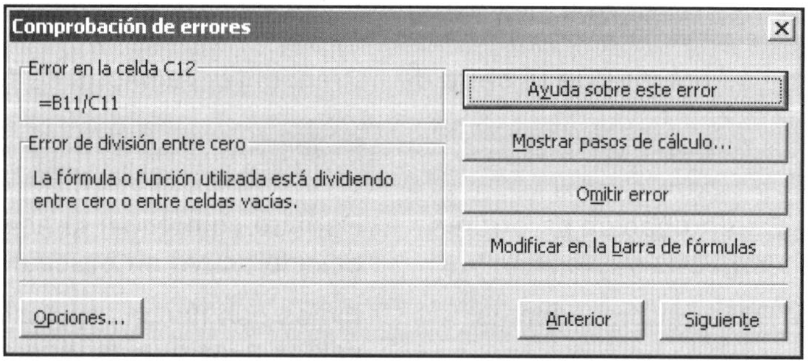

Figura 7.8. Cuadro de diálogo Comprobación de errores.

Este cuadro de diálogo indica en qué celdas existen errores, identifica el error y ofrece varias opciones para solucionarlo. Al presionar el botón **Siguiente**, pasará al siguiente error y así sucesivamente hasta localizar todas las celdas con error.

Cuando se detecta algún problema, aparece un pequeño triángulo en el extremo superior izquierdo de la celda que contiene el error, que avisa que algo ocurre y permite trabajar inmediatamente sobre esta celda. Al activar la celda, se muestra una etiqueta inteligente, que despliega un menú de opciones que se muestra en la figura 7.9, entre las que se puede elegir la necesaria.

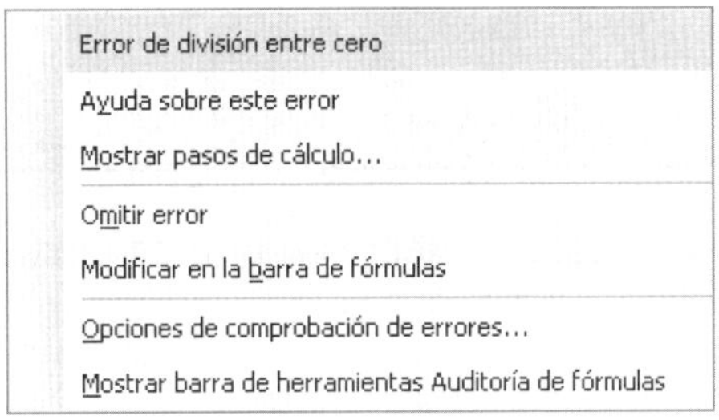

Figura 7.9. Menú de opciones de la etiqueta inteligente.

Una vez omitidos los errores no volverán a aparecer en las comprobaciones siguientes. Si desea activarlos:

1. Haga clic en el botón Comprobación de errores de la barra de herramientas Auditoría de fórmulas.
2. Haga clic en el botón **Opciones** del cuadro de diálogo Comprobación de errores.
3. Haga clic en el botón **Restablecer errores omitidos**, del cuadro de diálogo Opciones, como se aprecia en la figura 7.10.

Al hacer clic una vez en el botón Rastrear precedentes se mostrarán aquellas celdas a las que se refiere directamente la fórmula mediante flechas azules.

Al hacer un segundo clic, se mostrará la siguiente dependencia; al tercer clic, se mostrará la siguiente y así sucesivamente. Si alguna celda contiene una referencia a otra hoja de trabajo, aparecerá el icono de una hoja en el extremo de la flecha.

Al hacer doble clic en la punta de la flecha se mostrará la fórmula del otro extremo.

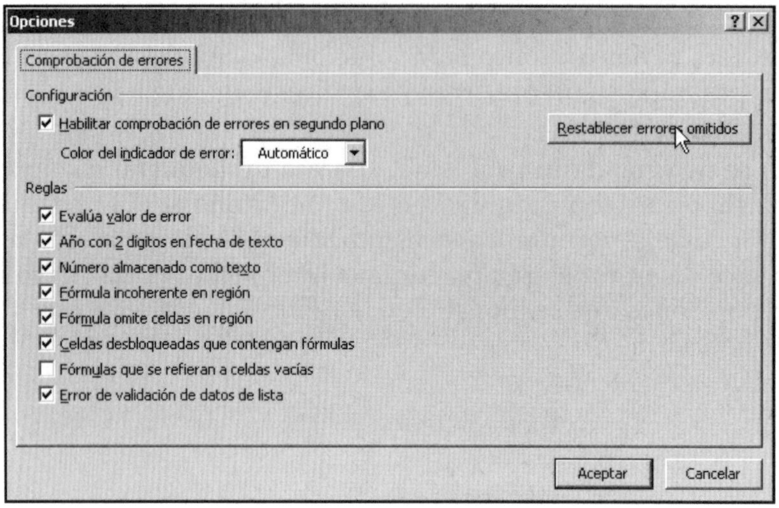

Figura 7.10. Restablecer errores omitidos.

Truco:

Si no aparecen las flechas azules para rastrear precedentes y dependientes, ejecute Herramientas>Opciones, *seleccione la ficha* Ver *y desactive el botón* Ocultar todos *de la sección* Objetos, *vea la figu.ra 7.11.*

Si la celda activa no está relacionada con ninguna celda precedente o dependiente, Excel mostrará uno de los mensajes de aviso que aparecen en la figura 7.12. El botón Quitar un nivel de precedentes, como su nombre indica, va eliminando una a una las flechas que indican las celdas precedentes.

Igual que con las celdas precedentes, si activa una celda y hace clic una vez en el botón Rastrear dependientes, Excel irá mostrando, una a una, todas las celdas dependientes de la celda activa. Y sucede lo mismo con el botón Quitar un nivel de dependientes, que va eliminando uno a uno los niveles de dependencia.

Truco:

Todos estos comandos de la barra de herramientas Auditoría de fórmulas *pueden activarse directamente desde el menú* Herramientas>Auditoría de fórmulas.

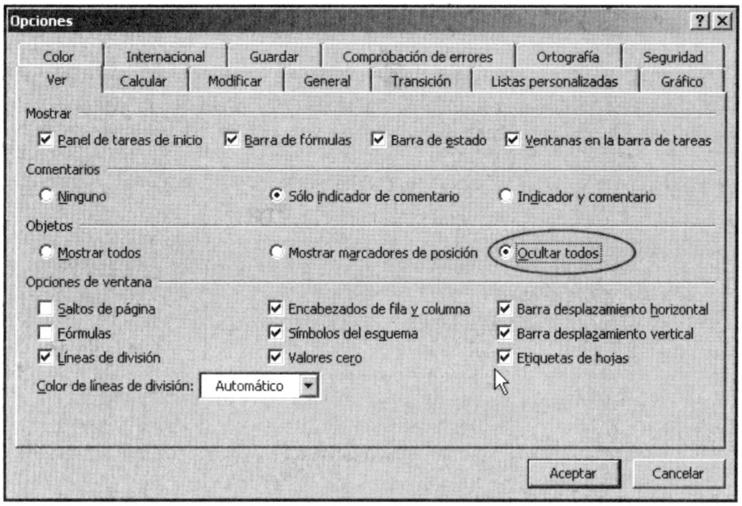

Figura 7.11. Mostrar las flechas para rastrear precedentes y dependientes.

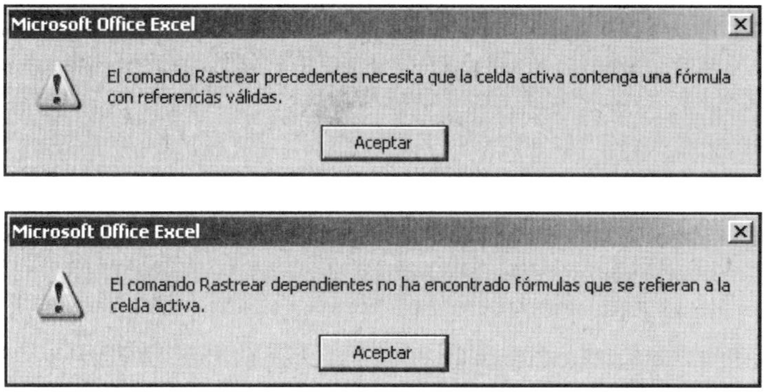

Figura 7.12. Mensajes de Excel cuando no encuentra celdas precedentes o dependientes.

La ventana de Inspección

La ventana de Inspección, que aparece en la figura 7.13, se despliega al hacer clic en el botón Mostrar ventana de inspección, o ejecutando Herramientas>Auditoría de fórmulas>Mostrar ventana Inspección.

Esta herramienta permite inspeccionar las celdas y sus fórmulas, aunque no estén visibles. Incluye las siguientes propiedades de las celdas:

- Libro.
- Hoja.

- Nombre.
- Celda.
- Valor.
- Fórmula.

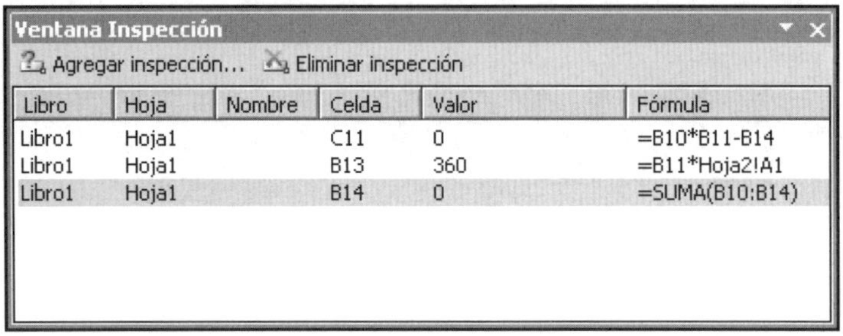

Figura 7.13. La ventana de Inspección.

Para trabajar con esta ventana, haga clic en el botón **Agregar inspección**, que activa el cuadro de diálogo Agregar inspección que se muestra en la figura 7.14.

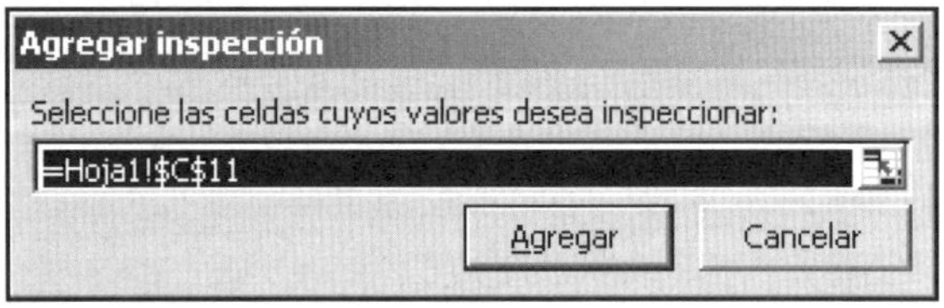

Figura 7.14. Cuadro de diálogo Agregar inspección.

Seleccione la celda que desea inspeccionar con ayuda de los botones Contraer y Expandir, a continuación, haga clic en **Aceptar**. La celda seleccionada se añadirá a la ventana de inspección; para eliminar alguna de las celdas, seleccione la fila correspondiente en la Ventana de inspección y haga clic en el botón **Eliminar inspección**.

Truco:

Para seleccionar todas las celdas con fórmulas de una hoja de cálculo, ejecute Edición>Ir a>Especial *y, a continuación, seleccione* Celdas con fórmulas.

Evaluar fórmulas

El último botón de la barra **Auditoría de fórmulas**, Evaluar fórmula , permite observar todas las partes de una fórmula en el mismo orden en que se calculan. Al hacer clic en él, se activa el cuadro de diálogo **Evaluar fórmula** que mostramos en la figura 7.15.

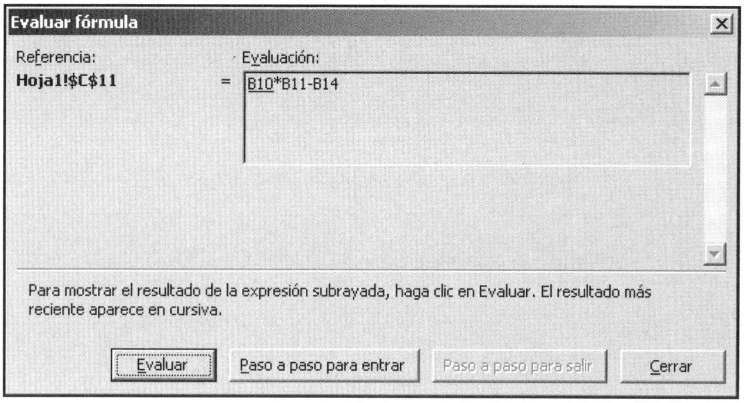

Figura 7.15. Cuadro de diálogo Evaluar fórmula.

Si hace clic en el botón **Evaluar**, irá avanzando paso a paso por la fórmula y, una vez que llegue al final, podrá retroceder también paso a paso, o hacer clic en **Cerrar** para salir.

Resumen

La enorme capacidad matemática de Excel, toma vida gracias a sus posibilidades de trabajar con fórmulas. Ahora ya sabe cómo trabajar con ellas, usando operadores, números y referencias, y puede valerse de las posibilidades que brindan las herramientas de **Auditoría de fórmulas**. En el próximo capítulo estudiaremos las fórmulas prefabricadas que incorpora Excel, más conocidas como funciones y que permiten ejecutar cálculos más complejos.

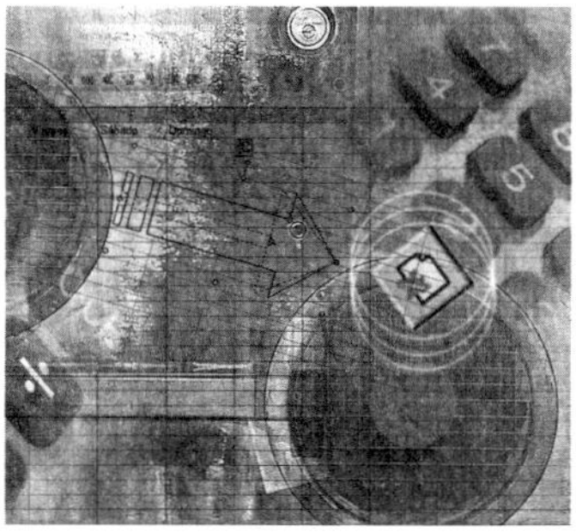

Capítulo 8

Funciones

En este capítulo aprenderá a:

- Introducir funciones y sus argumentos.
- Comprender ejemplos de funciones usuales de algunas categorías.
- Buscar ayuda acerca de las funciones.
- Mostrar fórmulas.

Introducción

Excel cuenta con muchas funciones, aunque sólo algunas de ellas son las que más se utilizan en el trabajo cotidiano. Experimente con algunas de las funciones básicas y aprenda los mecanismos para usarlas correctamente. Ocúpese de cada función sólo cuando la necesite. Una vez que domine su uso, solamente necesitará una breve descripción de cada función y estará listo para ejecutarla. La ayuda del programa contiene magníficos ejemplos.

Operar con funciones

En el capítulo anterior estudió cómo introducir fórmulas y habrá podido constatar que, el procedimiento para introducir fórmulas es laborioso, cuando se trata de operaciones con grandes rangos de celdas. En esos casos son más útiles las funciones. Una función es una fórmula prefabricada que facilita el cálculo de las operaciones, algunas son muy conocidas y otras menos, pero todas pueden llegar a ser útiles. Son pequeños programas que, al ejecutarlos, operan con un conjunto de valores y devuelven un resultado.

Las funciones son fórmulas, por tanto, siempre van precedidas por el signo igual (=), a continuación aparece el "nombre de la función", seguido por uno, ninguno o varios "argumentos", que aparecen separados por comas o entre paréntesis:

```
=SUMA(A1:A6)
```

Usar la fórmula

```
=B3+C3+D3+E3
```

produce el mismo resultado que la función

```
=SUMA(B3:E3)
```

pero en muchas ocasiones los objetivos son más complejos y los rangos mayores. En ocasiones es necesario realizar una operación trigonométrica, un análisis financiero o una complicada fórmula de ingeniería, entonces son determinantes las funciones para solucionar el cálculo.

Una función puede ser parte de una formula, por ejemplo:

```
=B3+SUM(C3:C8)
```

En este capítulo conocerá las funciones básicas y lo que es más importante, aprenderá a utilizarlas.

Nota:

El cuadro de diálogo Insertar función *que muestra la figura 8.1 tiene el acceso* Ayuda sobre esta función, *que permite ver una descripción detallada de la función. Si no es suficiente, analice el ejemplo que aparece en la* Ayuda *para la función que necesita. Estos ejemplos son de gran utilidad para asimilar nuevas funciones.*

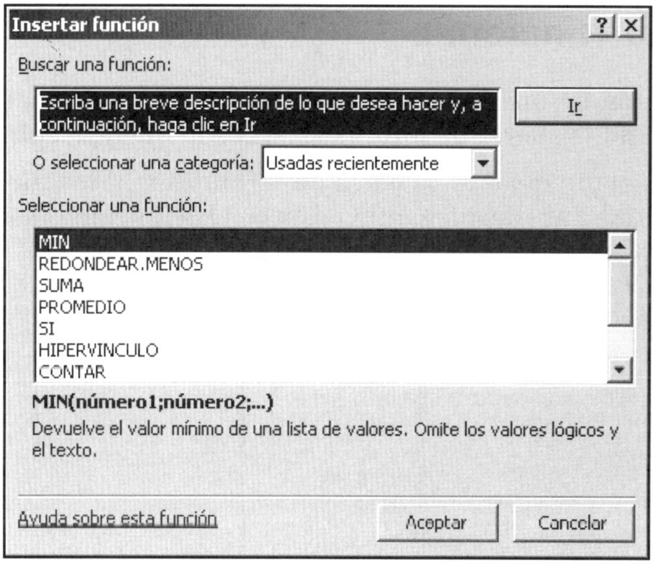

Figura 8.1. Cuadro de diálogo Insertar función.

Nota:

Los nombres de las funciones pueden escribirse con mayúsculas o minúsculas indistintamente.

Todas las funciones deben tener los siguientes elementos:

- El signo igual: Indicando que es una formula o función y no un texto, valor o fecha.
- El nombre de la función: Indicando el tipo de operación que desea que el programa realice.

- El argumento: Indicando la referencia de las celdas o los valores con los que debe operar la función.

Los argumentos de las funciones

Cada función tiene uno o más argumentos. Cuando una función necesita más de un argumento, éstos se introducen separados por un punto y coma (;). Los argumentos pueden ser valores numéricos, referencias relativas, referencias absolutas o mixtas, e incluso otra función, lo que se conoce en Excel como anidación.

Introducir funciones

La introducción de una función en la hoja de cálculo, se realiza normalmente utilizando la barra de fórmulas. Para ello puede elegir entre:

- Escribir el signo igual en la barra de fórmulas y hacer clic en el botón Funciones, para desplegar una lista con las funciones usadas recientemente, como se muestra en la figura 8.2.

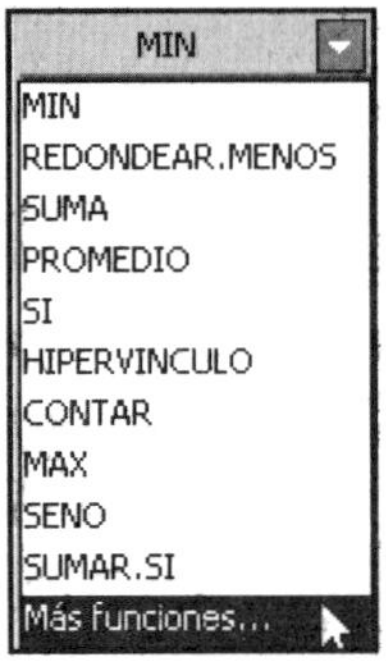

Figura 8.2. Seleccionar una función de la lista.

- Hacer clic en el botón Insertar función, que activa el cuadro de diálogo Insertar función que se muestra en la figura 8.1.

Por supuesto, es muy importante conocer el nombre de la función que quiera utilizar, así como sus posibles argumentos.

Para buscar rápidamente una función, introduzca su descripción en el cuadro Buscar una función y haga clic en el botón **Ir**. El programa buscará las funciones que se ajustan al criterio introducido y las mostrará en la lista Seleccionar una función.

Truco:

En caso de no conocer el nombre de la función o sus posibles argumentos, ejecute el comando Insertar>Función *y se activará el cuadro de diálogo* Insertar función, *con todas las funciones disponibles en Excel.*

Observe que en esa ventana, también aparece la lista desplegable O seleccionar una categoría que despliega una lista donde puede elegir entre diferentes categorías de funciones. En la parte inferior aparece una descripción de la función y los argumentos que necesita. Una vez que seleccione la función deseada de la lista y haga clic en el botón **Aceptar**, se activará el cuadro de diálogo Argumentos de función que se muestra en la figura 8.3. Para introducir argumentos utilice los cuadros Número 1, Número2 y así sucesivamente, dependiendo de la cantidad de argumentos que necesite.

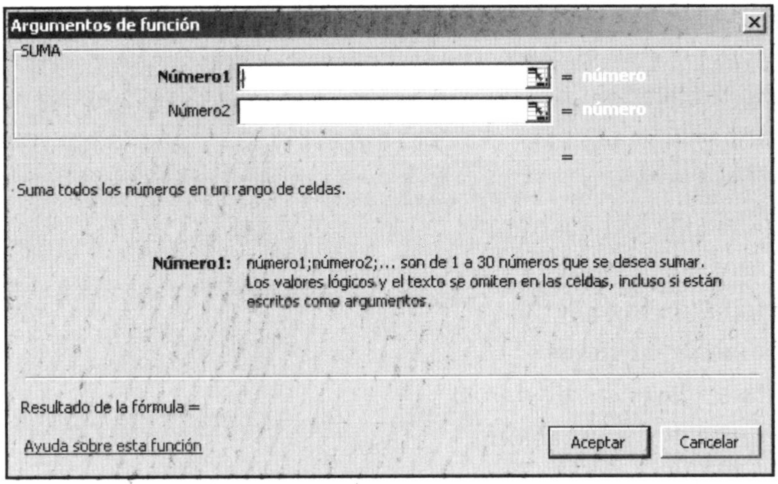

Figura 8.3. Argumentos de una función.

Existen funciones que admiten un número variable de argumentos. A medida que introduzca los argumentos, verá que se activa el cuadro siguiente. Para localizar la celda que desea usar como argumento, haga clic en el botón Contraer como explicamos en el capítulo anterior.

Una vez seleccionado el argumento haga clic en el botón Expandir, observe que a la derecha del cuadro aparece el resultado que genera la función. Cuando esté satisfecho con el resultado, haga clic en el botón **Aceptar**.

A continuación estudiaremos cómo utilizar algunas de las funciones básicas de Excel. El número de funciones que posee Excel es tan variado y extenso que difícilmente podamos explicar un ejemplo de cada una de ellas.

No obstante, le mostraremos un ejemplo de cada una de las principales categorías. Lo importante es saber localizar cada función, conocer los mecanismos de su utilización, saber definir sus argumentos y percatarse en cada momento de cuál es la función adecuada.

Categorías de funciones

Las funciones de Excel pueden agruparse por categorías. El número total de funciones de Excel supera las trescientas. Veamos las categorías de funciones:

- Funciones matemáticas y trigonométricas.
- Funciones estadísticas.
- Funciones lógicas.
- Funciones de texto.
- Funciones de fecha y hora.
- Funciones de búsqueda y referencia.
- Funciones de ingeniería.
- Funciones financieras.
- Funciones de bases de datos.
- Funciones de información.
- Funciones externas.
- Funciones definidas por el usuario.

Funciones matemáticas y trigonométricas

Son generalmente las funciones más usadas en una hoja de cálculo.

Con ellas puede realizar múltiples ecuaciones matemáticas, desde una simple suma, hasta obtener el valor absoluto de un número, la tangente de un ángulo, la raíz cuadrada de un número, etc.

Herramienta Autosuma

Para sumar todos los números de una fila o columna, la forma más eficaz es usar el botón Autosuma [Σ] de la barra de herramientas Estándar. Veamos cómo hacerlo:

1. Haga clic en la celda donde quiere obtener el resultado.
2. Haga clic en el botón Autosuma [Σ], Excel sugerirá un rango de celda para incluirlas en la función, el rango sugerido aparecerá resaltado en un cuadro.
3. Si el rango sugerido es el deseado, pulse la tecla **Intro**. En caso contrario, rectifique el rango manualmente y pulse **Intro**.

Función Suma

La función SUMA es la más sencilla de Excel y estará de acuerdo en que es la que más frecuentemente se utiliza. Su sintaxis es la siguiente:

```
SUMA(número1;número2;...)
```

Donde número1; número2;... son los argumentos (del 1 al 30) cuyo valor total se desea obtener. Se tienen en cuenta como argumentos, tanto los números escritos directamente en la lista, como los rangos de celda.

Advertencia:

Si un argumento es una referencia, sólo se considerarán los números de esa referencia. Se pasan por alto las celdas vacías, valores lógicos, texto y valores de error en la referencia. Los argumentos que sean valores de error o de texto que no se puedan traducir a números, causarán errores.

Veamos cómo usar esta función:

1. Active la celda donde desea obtener el resultado.
2. Escriba =.
3. Haga clic en el botón Funciones [▼], para desplegar la lista de funciones y seleccione SUMA, para activar el cuadro de diálogo Argumentos de función.
4. Haga clic en el botón Contraer, el cuadro de diálogo se transformará en una pequeña ventana como se muestra en la figura 8.4, para permitirle seleccionar los argumentos que desee.

Figura 8.4. Paleta de funciones contraída.

5. Seleccione las celdas que desea incluir en la función.
6. Haga clic en el botón Expandir.
7. Si desea añadir más argumentos a la función, repita los pasos 5 y 6 tantas veces como sea necesario.
8. Haga clic en **Aceptar**.

Nota:

Es muy importante saber que, la posibilidad de introducir múltiples argumentos para una función, facilita la operación con valores que no están en una misma fila o columna, basta con introducir correctamente las referencias de las celdas.

La fórmula siguiente efectuaría la función SUMA utilizando tres argumentos; dos son sumas y el tercero es un valor:

```
=SUMA(SUMA(B3:E3);SUMA(B4:E4);45)
```

Funciones estadísticas

Con las funciones estadísticas es posible calcular totales, promedios y valores máximos y mínimos de un rango; incluyen funciones avanzadas para distribuciones y desviaciones y otras muchas funciones estadísticas interesantes e importantes, que son útiles para analizar el comportamiento de los datos.

Función PROMEDIO

Con la función PROMEDIO se calcula la media aritmética del rango de celdas seleccionado. Veamos la sintaxis de la función PROMEDIO:

```
PROMEDIO(número1;número2;...)
```

Donde número1, número2,... son argumentos numéricos (entre 1 y 30) cuyo promedio desea obtener.

Los argumentos pueden ser números o nombres, e incluso referencias que contengan números.

Advertencia:

Si el argumento referencia contiene texto, valores lógicos o celdas vacías, estos valores no se tienen en cuenta; sin embargo, se incluyen las celdas con valor cero.

Veamos cómo usar esta función:

1. Active la celda donde desea obtener el resultado.
2. Haga clic en el botón Insertar función para activar el cuadro de diálogo Insertar función.
3. Despliegue la lista O seleccionar una categoría y seleccione Estadísticas.
4. A continuación busque la función PROMEDIO en el cuadro Seleccionar una función, como se muestra en la figura 8.5.

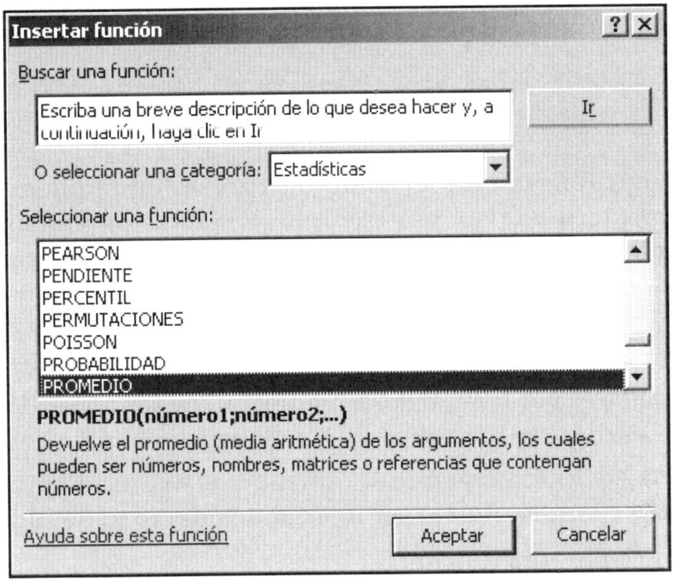

Figura 8.5. Seleccionar la función PROMEDIO en el cuadro de diálogo Insertar función.

5. Haga clic en **Aceptar** y se activará el cuadro de diálogo Argumentos de función.

6. Haga clic en el botón Contraer y seleccione las celdas que desea incluir en la función.
7. Haga clic en el botón Expandir .
8. Si desea añadir más argumentos a la función, repita los pasos 6 y 7 tantas veces como sea necesario.
9. Haga clic en **Aceptar**.

Funciones lógicas

Las funciones lógicas están vinculadas a fórmulas relacionales y permiten evaluar una, o varias expresiones, para obtener un resultado final. Excel es sin duda una hoja de cálculo lógica.

Función SI

Esta función evalúa una fórmula relacional y devuelve un valor, si la condición especificada es verdadera y otro valor si la condición es falsa. Se trata de una función muy utilizada para realizar pruebas condicionales en valores y fórmulas. Veamos su sintaxis:

```
SI(prueba lógica;valor si verdadero;valor si falso)
```

Donde:

- prueba_lógica: Es cualquier valor o expresión que pueda evaluarse como verdadero o falso. Por ejemplo, F3>200 si el valor de la celda F3 es mayor que 200, la expresión es verdadera. En caso contrario es falsa. Este argumento puede utilizar cualquier operador de comparación.
- Valor_si_verdadero: Es el valor que se obtiene si la expresión prueba_lógica es verdadera. Por ejemplo, puede ser una cadena de texto que diga "Verdadero", si este argumento está en blanco devuelve 0.
- Valor_si_falso: Es el valor que se obtiene si la expresión prueba_lógica es falsa. Por ejemplo, puede ser una cadena de texto del tipo "Falso".

Veamos cómo crear una función SI:

1. Active la celda donde desea obtener el resultado de la función.
2. Escriba =.
3. Haga clic en el botón Funciones , para desplegar la lista de funciones y seleccione SI para activar el cuadro de diálogo Argumentos de función que se muestra en la figura 8.6.

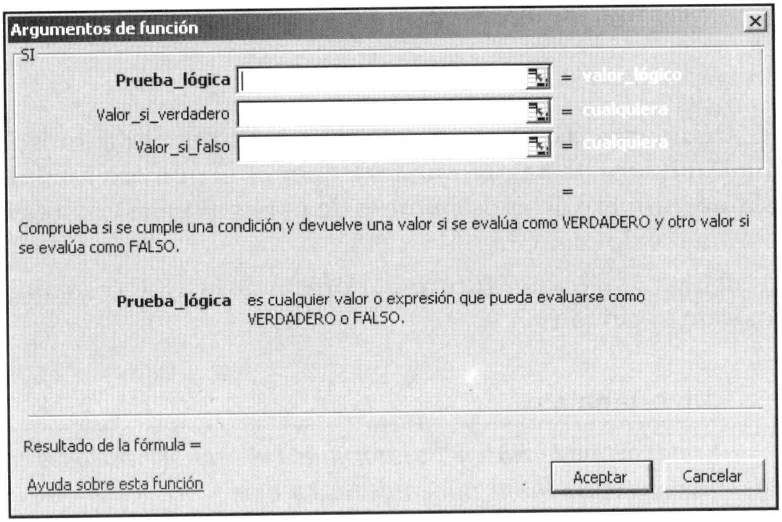

Figura 8.6. Cuadro de diálogo Argumentos de función.

4. Haga clic en el botón Contraer .
5. Seleccione las celdas que desea evaluar.
6. Haga clic en el botón Expandir .
7. En el cuadro de texto Prueba_lógica, escriba la condición que desee a continuación de la celda seleccionada, por ejemplo>0.
8. En el cuadro Valor_si_verdadero, escriba el texto que desea que aparezca si se cumple la condición escrita antes.
9. En el cuadro Valor_si_falso, escriba el texto que desea que aparezca si no se cumple la condición.
10. Haga clic en **Aceptar**.

Funciones financieras

Muy importantes son también las funciones financieras útiles, para hacer cálculos como el pago mensual de un préstamo, la desgravación por amortizaciones, el rendimiento de una Letra o el tipo de interés efectivo.

La función PAGO

Esta función calcula el pago periódico que hay que realizar para amortizar un préstamo.

La sintaxis de la función PAGO es:

```
PAGO(tasa;nper;va;vf;tipo)
```

Donde el argumento tasa corresponde al tipo de interés del préstamo (interés anual/número de pagos anuales), nper es el número total de pagos del préstamo (número de años*número de pagos anuales) y va es la cantidad prestada o valor actual.

Los argumentos vf (el valor futuro del préstamo) y tipo (vencimiento de los pagos) son opcionales.

Advertencia:

Es importante mantener uniformidad al usar las unidades con las que especifica los argumentos tasa y nper.

El valor devuelto por PAGO será un número negativo, que incluye el capital y el interés que debe pagar.

Por ejemplo, si realiza pagos mensuales de un préstamo de cuatro años, con una tasa de interés anual del 12 por cien, use 12%/12 para el argumento tasa y 4*12 para el argumento nper. Si efectúa pagos anuales del mismo préstamo, use 12 por cien para el argumento tasa y 4 para el argumento nper.

Funciones de texto

Las funciones de texto se utilizan frecuentemente para manipular textos, por ejemplo, unir dos cadenas de texto, extraer partes de un texto e incluso para buscar y reemplazar textos.

La Función CONCATENAR

Esta función le permitirá juntar palabras que se encuentran en diferentes celdas, es decir, concatenar argumentos de texto. Su sintaxis es la siguiente:

```
CONCATENAR (texto1;texto2;...)
```

Donde texto1, texto2,... son elementos de texto (de 1 a 30) que se unirán en un elemento de texto único. Los elementos de texto pueden ser cadenas de texto, números o referencias a celdas únicas.

Nota:

Puede utilizar el operador "&" en lugar de CONCATENAR para unir elementos de texto. <Cuerpo texto>Esta función es muy útil para agrupar nombres y apellidos que se encuentran en entradas diferentes de una hoja.

Funciones de fecha y hora

Con estas funciones es posible obtener la fecha actual, o cualquiera de sus componentes y manipular fechas y horas.

La función AHORA

Devuelve la fecha y hora actuales, basándose en el reloj interno del ordenador.

Si la celda tiene formato General antes de escribir la función, el resultado tendrá formato de fecha. La sintaxis de la función AHORA es la siguiente:

```
AHORA()
```

Nota:

Microsoft Excel almacena las fechas como números de serie secuenciales para que puedan utilizarse en cálculos. De manera predeterminada, la fecha 1 de enero de 1900 es el número de serie 1 y la fecha 1 de enero de 2008 es el número de serie 39448, porque es 39.448 días posterior al 1 de enero de 1900.

Advertencia:

La función AHORA sólo se ejecuta cuando se realiza un cálculo en la hoja de trabajo, o cuando se ejecuta una macro que contiene la función. No se actualiza constantemente.

Otras categorías

Las funciones bases de datos, se utilizan para manipular información almacenada en listas o tablas de bases de datos. Todas comienzan con las letras BD y realizan sus operaciones, de forma selectiva, únicamente para aquellos datos que se ajustan a un criterio especificado. Las funciones de búsqueda eligen un resultado de una lista de argumentos o bien de un rango de celdas.

Las funciones de información devuelven información diversa de los datos, las celdas y Excel. En este grupo también hay funciones que permiten analizar los datos, ya que comprueban si una celda tiene un número, un texto o un error.

Mostrar fórmulas

Antes de terminar con las fórmulas y funciones, queremos detenernos en un detalle: puede ser interesante para aquellos que prefieran ver las fórmulas en lugar de los resultados de la hoja.

1. Ejecute el comando Herramientas>Opciones.
2. Seleccione la ficha Ver en el cuadro de diálogo Opciones que se muestra en la figura 8.7.

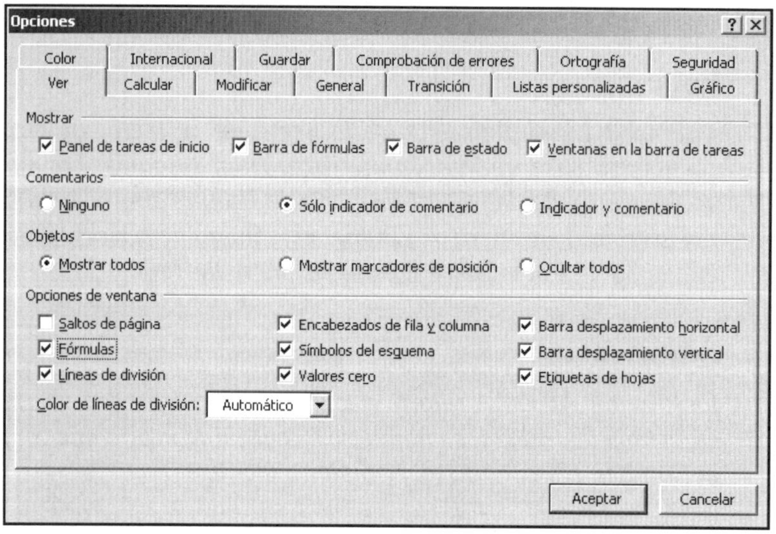

Figura 8.7. Ficha Ver del cuadro de diálogo Opciones.

3. Active la casilla Fórmulas de la sección Opciones de ventana, con esto se mostrarán las fórmulas en cada una de las celdas, en lugar del resultado.

Resumen

En este capítulo, ha aprendido los conceptos que permiten trabajar con funciones y la clasificación de éstas por categorías. Ha visto que puede introducir funciones, tanto de forma manual como automática, hemos practicado ambas formas y desarrollado algunos ejemplos básicos.

El uso de funciones facilita mucho el trabajo de cálculo y es una de las grandes herramientas de Excel, con ellas no hay que preocuparse de las posibles modificaciones de los datos implicados en las fórmulas, ya que éstas se recalculan automáticamente.

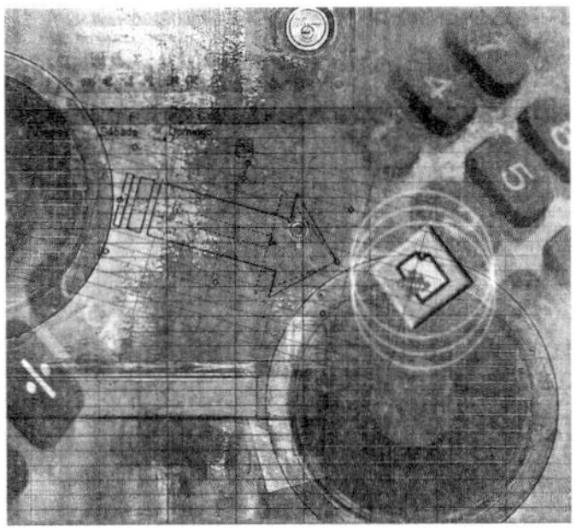

Capítulo 9

El formato de las hojas de cálculo

En este capítulo aprenderá a:

- Utilizar el comando Formato de celdas.
- Trabajar con diferentes estilos.
- Copiar y borrar formatos.
- Usar el comando Autoformato.
- Aplicar formatos condicionales.

Introducción

El formato permite cambiar la forma en que se muestran los resultados. Su aplicación resulta fundamental en las hojas de cálculo, debido a la importancia de mostrar mayor o menor cantidad de decimales, los diferentes tipos de monedas y los números positivos y negativos, entre otras cosas. Por otra parte, también es posible mejorar la apariencia de la hoja de cálculo para que resulte más profesional.

Las herramientas de formato posibilitan que las hojas de cálculo resulten mucho más atractivas y se lean más fácilmente. Utilizando diferentes tipos de fuente, modificando la alineación de las celdas y agregando bordes, líneas y colores se consigue llamar la atención sobre algunas celdas en particular, para que se puedan reconocer a primera vista. Sepa sin embargo, que aunque varíe la forma en que se muestran los resultados en las celdas de las hojas de cálculo, nunca se modifica el valor almacenado en ellas.

Formato de celdas

El primer submenú, que aparece en el menú Formato, proporciona las herramientas necesarias para modificar el aspecto de las hojas de cálculo. Se trata del comando Formato de celdas, que permite realizar cualquier cambio en la imagen de una celda y, como ya imaginará, se activa ejecutando Formato>Celdas después de seleccionar las celdas a las que se quiera dar formato. También es posible activar este comando, si hace clic con el botón derecho del ratón sobre las celdas seleccionadas y ejecuta Formato de celdas en el menú emergente. En ambos casos se activa el cuadro de diálogo Formato de celdas que contiene las fichas: Número, Alineación, Fuentes, Bordes, Tramas y Proteger.

Truco:

El método abreviado ***Control-1*** *también activa el cuadro de diálogo* Formato de celdas.

Ficha Número

La ficha Número, del cuadro de diálogo Formato de celdas, muestra a la izquierda el cuadro de lista Categorías. A medida que se seleccionan diferentes categorías en la parte derecha del cuadro de diálogo, la sección **Muestra** ofrece una explicación o un ejemplo del resultado que tendrá la aplicación de este comando sobre la celda activa, según se hayan modificado las opciones que aparecen justo debajo de la sección **Muestra**, en la zona interactiva del cuadro de diálogo. Observe la figura 9.1.

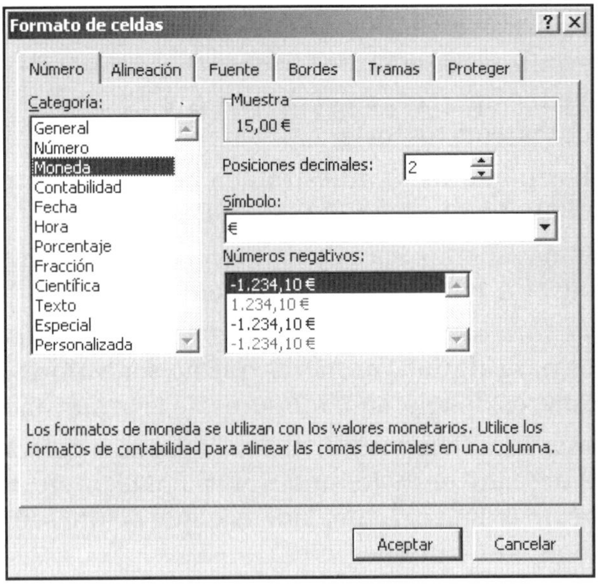

Figura 9.1. La ficha Número del cuadro de diálogo Formato de celdas.

Empecemos explicando las doce opciones, que proporciona la ficha **Número** del cuadro de diálogo **Formato de celdas**, para aplicar formato a los números:

- General: Esta es la opción que utiliza Excel de forma predeterminada si no se aplica ningún formato a la celda. Muestra todo el contenido de la celda, a menos que no haya espacio para mostrar todos los decimales, en cuyo caso redondea los números y emplea la notación científica.
- Número: Esta opción es parecida a la anterior, pero permite seleccionar la cantidad de decimales, el separador de miles y el formato para números negativos.
- Moneda: Permite seleccionar las posiciones decimales, el símbolo de moneda y el formato de números negativos.
- Contabilidad: Permite seleccionar las posiciones decimales y el símbolo de moneda y los alinea en la columna.

- Fecha y Hora: Los formatos de fecha y hora son regionales; si en Estados Unidos el formato de fecha más utilizado es el de mes, día y año, en España se utiliza día, mes y año. Por este motivo las categorías de fecha y hora permiten seleccionar la configuración regional. Los formatos con asterisco sólo están disponibles para el idioma seleccionado en la configuración regional de Windows.
- Porcentaje: Muestra los números en forma de porcentaje.
- Fracción: Permite escoger entre formatos basados en la cantidad de dígitos que pueden aparecer en el divisor (de 1 a 3) y las unidades de la fracción: medios, cuartos, octavos, etc.
- Científica: Los números se muestran en notación científica, por ejemplo 158.000.000 se representa como 1,58E+08.
- Texto: Las celdas con formato de texto son tratadas como texto, incluso cuando se introduce un número en la celda.
- Especial: Este formato también depende de la configuración regional y son formatos para algunos números que no son valores, como códigos postales, números de teléfono, números de la seguridad social, etc.
- Personalizada: También posibilita crear formatos personalizados si no encuentra el deseado entre los anteriores. Por ejemplo, un formato que incluya un texto (como m2, toneladas), o que oculte seis cifras para expresar resultados en millones, etc.

Truco:

Si escribe el símbolo (%), una cifra seguida de (•), o dos cifras separadas por una barra inclinada (/) cuando introduce datos en una celda, Excel asume que se trata de porcentaje, moneda o fecha respectivamente y modifica el formato que tiene la celda, a menos que, previamente, se haya definido otro formato con el comando Formato de celdas.

Figura 9.2. Botones de la barra de herramientas Formato.

La barra de herramientas Formato, que se muestra en la figura 9.2, incluye varios botones que permiten aplicar directamente esos formatos a las celdas o rangos. Basta seleccionar la celda deseada y pulsar el botón correspondiente para aplicar el formato, según se explica en la tabla 9.1.

Tabla 9.1. Los botones de formato numérico de la barra de herramientas.

Botón	Nombre	Función
	Estilo moneda	Aplica el estilo de moneda según la configuración regional de moneda del Panel de control de Windows.
	Estilo porcentual	Aplica el formato porcentaje.
	Estilo millares	Aplica la separación de millares.
	Euro	Inserta el símbolo del euro según la configuración regional establecida en Windows.
	Aumentar decimales	Aumenta los decimales.
	Disminuir decimales	Disminuye los decimales.

Nota:

La Configuración regional de moneda, *del* Panel de control *de Microsoft Windows, determina la posición del símbolo del euro (•), es decir, si el símbolo aparece delante o detrás del número y si hay un espacio de separación entre el símbolo y el número. Para cambiar esta posición, cree un estilo de moneda personalizado. La* Configuración regional de moneda *del* Panel de control *también determina el separador decimal y el separador de miles.*

Truco:

Si el botón Euro  *no está disponible, debe cargar el programa de complemento* Herramientas para el euro. *Para ello ejecute* Herramientas>Complementos, *a continuación active la casilla* Herramientas para el euro, *en el cuadro de diálogo* Complementos *y haga clic en* ***Aceptar***.

Ficha Alineación

De forma predeterminada Excel presenta la siguiente alineación: Alineación horizontal General, Alineación vertical Inferior, sin sangrías y el resto de las casillas sin activar, como se muestra en el cuadro de diálogo de la figura 9.3.

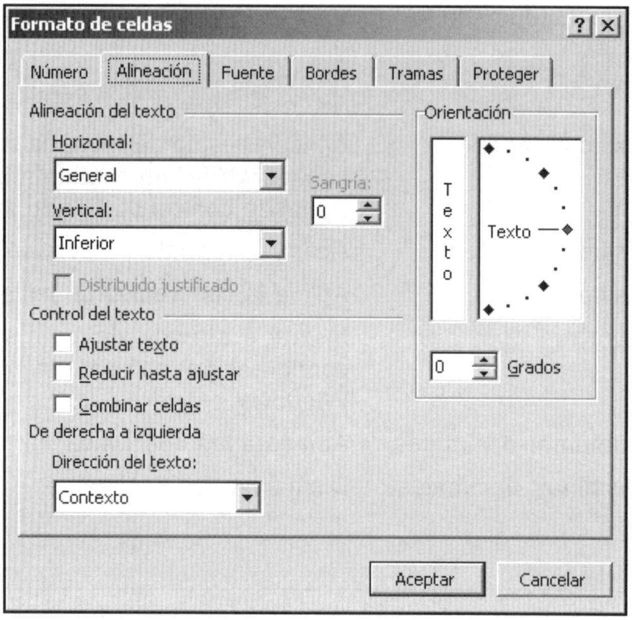

Figura 9.3. Ficha Alineación del cuadro de diálogo Formato de celdas.

Para modificar la alineación de los datos de una celda es necesario:

1. Activar la celda.
2. Seleccionar Formato>Celdas.
3. Elegir la ficha Alineación y hacer los ajustes necesarios.
4. Hacer clic en **Aceptar**.

En las secciones siguientes describimos detalladamente cómo utilizar las opciones de este comando.

Alineación horizontal

En la figura 9.4 se muestran varios ejemplos de alineación horizontal, que es la alineación que controla la forma de presentar los datos a lo ancho de la celda:

- General: Esta es la opción predeterminada de Excel; alinea el texto a la izquierda, los valores y números a la derecha y los valores lógicos y de error centrados.

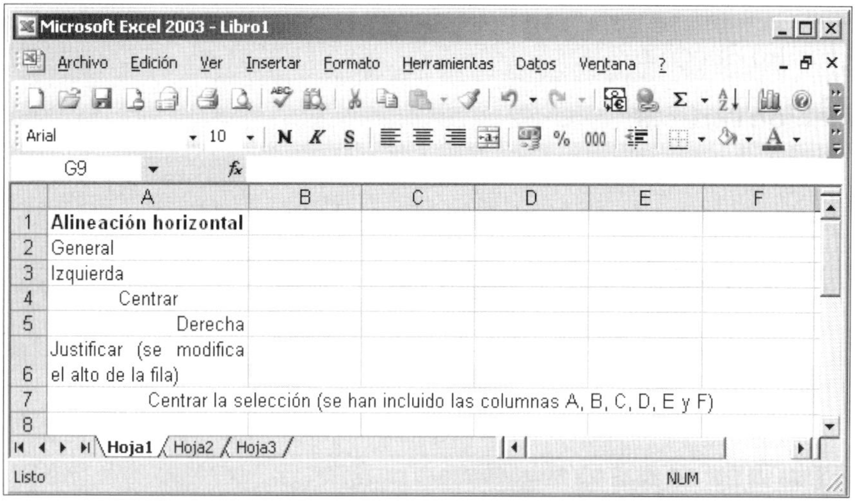

Figura 9.4. Opciones de alineación horizontal.

- Izquierda (sangría): Alinea los datos a la izquierda y permite determinar una sangría sin necesidad de añadir una columna extra, lo que puede ser muy útil a la hora de escribir títulos y subtítulos. La sangría se selecciona en el cuadro Sangría, a la derecha del cuadro de lista desplegable Horizontal. También se puede utilizar el botón Alinear a la izquierda de la barra de herramientas Formato.
- Centrar: Centra el contenido de la celda. También se puede utilizar el botón Centrar de la barra de herramientas Formato.
- Derecha (sangría): Alinea el contenido de la celda a la derecha. También permite determinar una sangría, como en el caso de la alineación izquierda y se selecciona de la misma forma. Además se puede utilizar el botón Alinear a la derecha de la barra de herramientas Formato.
- Rellenar: Completa la celda repitiendo su contenido tantas veces como sea posible, hasta llenar la celda a todo lo ancho.
- Justificar: Adapta el alto de la celda (fila), para que se muestre su contenido, sin modificar el ancho de la columna ajustándose al mismo.
- Centrar la selección: Si todas las celdas seleccionadas contienen datos, simplemente centra el contenido de cada celda; en cambio, si sólo una celda contiene datos, centra los datos entre la primera celda que contiene datos y la última de la selección.
- Distribuido (sangría): También ajusta el alto de la celda (fila), para que se muestre el contenido sin modificar el ancho de la columna y permite

establecer una sangría a ambos lados del texto, que se ajusta también en el cuadro Sangría.

Alineación vertical

La alineación vertical, como indica su nombre, define la posición del contenido de la celda en sentido vertical. Observe la figura 9.5.

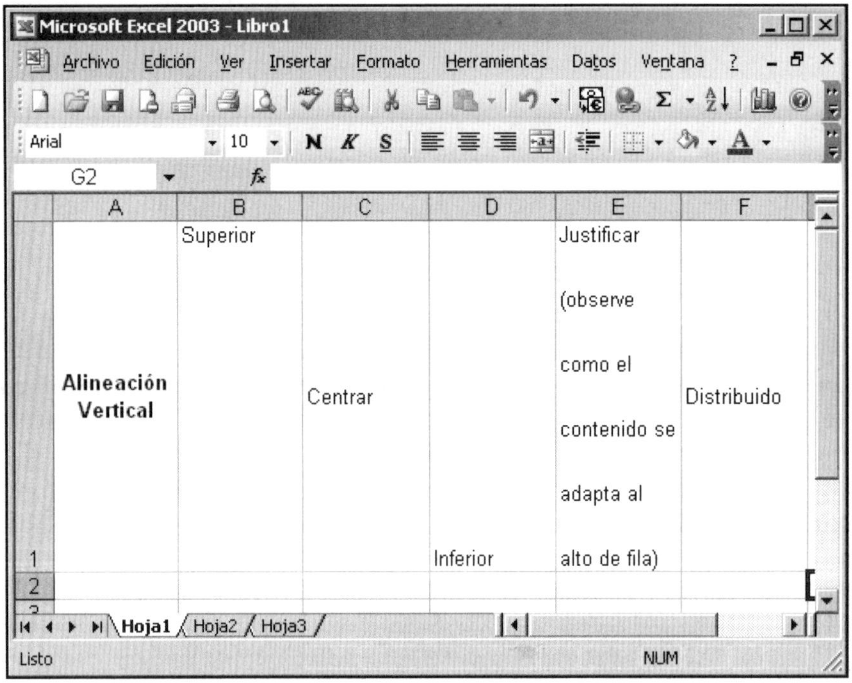

Figura 9.5. Opciones de alineación horizontal.

- Superior: Coloca el contenido en la parte superior de la celda.
- Centrar: Alinea el contenido verticalmente en el centro de la celda.
- Inferior: Alinea el contenido en la parte inferior de la celda.
- Justificar: Sin modificar el ancho de la columna, se adapta el alto de la fila, pero el texto se alinea a la izquierda en lugar de ocupar todo el ancho de la celda.
- Distribuido: Al seleccionar Distribuido en las dos alineaciones (Horizontal y Vertical), el texto se ajusta al tamaño de la celda a todo lo largo y ancho de ésta.

Orientación

Esta herramienta modifica la orientación del texto en las celdas y proporciona opciones muy interesantes para colocar textos vertical o diagonalmente, al hacerlo ajusta la altura de la fila.

Experimente con esta herramienta, puede probar a introducir diferentes ángulos en el cuadro Grados o a manipular el gráfico Orientación.

Control del texto

Esta sección de la ficha Alineación, del cuadro de diálogo Formato de celdas, presenta las opciones:

- Ajustar texto: Distribuye el contenido de la celda en varias líneas, de modo que se ajuste al ancho de la celda sin modificarlo. Si se modifica el ancho de la columna, el texto se ajusta automáticamente al nuevo ancho de columna.
- Reducir hasta ajustar: Disminuye el tamaño de la fuente para que el texto de la celda se ajuste al ancho de la columna; si se modifica el ancho de la columna, el tamaño del texto se ajusta automáticamente (el tamaño de la fuente nunca es mayor que el que se ha definido para la celda).
- Combinar celdas: Combina todas las celdas de un rango seleccionado. Hay que tener en cuenta que sólo conserva los datos de la celda superior izquierda y cuando se ejecuta, Excel muestra el mensaje que aparece en la figura 9.6.

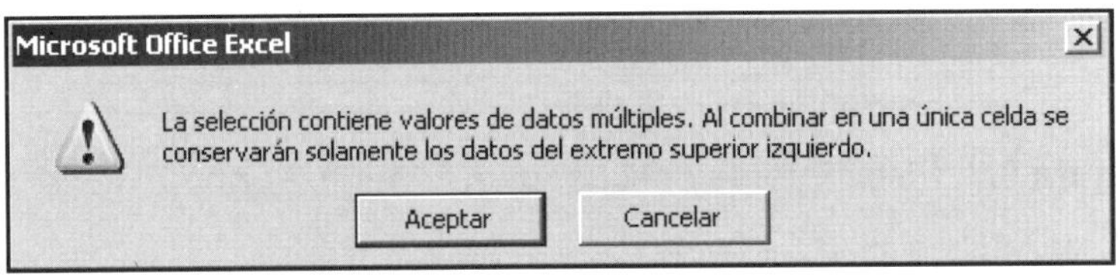

Figura 9.6. Mensaje de aviso de Excel.

Advertencia:

No confunda los comandos Combinar celdas *y* Centrar la selección, *éste último no elimina el contenido de las celdas, solamente lo centra entre las celdas en blanco situadas a la derecha de la que contiene los datos.*

Ficha fuente

El tipo de fuente que se utiliza en una hoja de cálculo permite llamar la atención sobre diferentes zonas de la misma. Excel permite utilizar diferentes tipos de fuente, incluso dentro de una misma celda, para ello sólo hay que seleccionar una parte del contenido de la celda, o la celda completa y cambiar el tipo de fuente.

Asignar un tipo de fuente es muy sencillo: seleccione una celda, ejecute Formato>Celdas y, a continuación, active la ficha Fuente en el cuadro de diálogo Formato de celdas; observe el resultado en la figura 9.7.

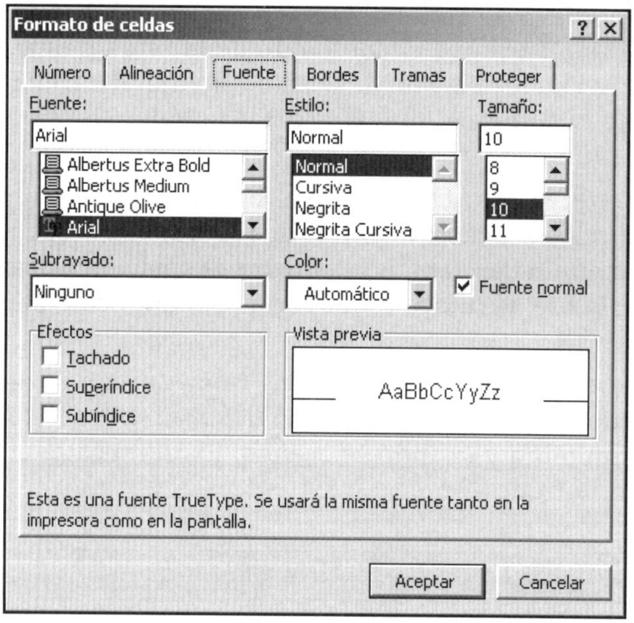

Figura 9.7. Ficha Fuente del cuadro de diálogo Formato de celdas.

Truco:

En la barra de herramientas Formato *aparece de forma predeterminada la lista de fuentes, como se aprecia en la figura 9.8.*

En la ficha Fuente aparece el cuadro de lista Fuente, que contiene la lista de las fuentes que suministra Windows (esta lista puede variar según la configuración local del equipo). Esta lista es similar a la de las demás aplicaciones de Office y funciona de la misma manera.

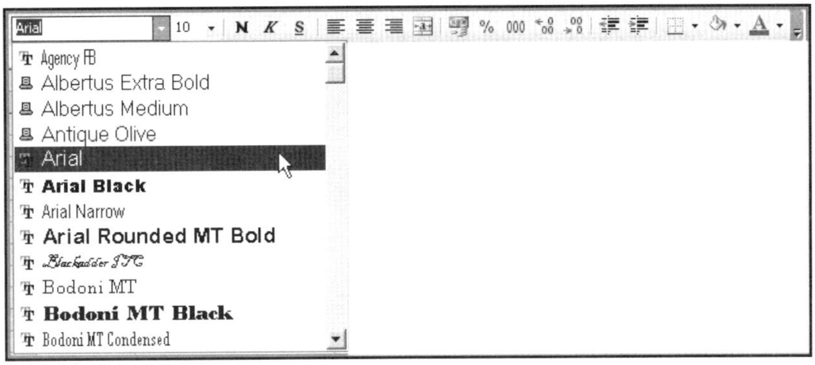

Figura 9.8. Lista de fuentes de la barra de herramientas.

A la derecha de la lista de fuentes, en el centro de la ficha Fuente, aparece la lista de Estilos con las opciones: Normal, Negrita, Cursiva y Negrita Cursiva. Las opciones Negrita y Cursiva se pueden aplicar usando los botones Negrita N y Cursiva K de la barra de herramientas Formato. El cuadro de lista Tamaño permite seleccionar el tamaño de la fuente y también se puede acceder a él directamente desde la barra de herramientas Formato.

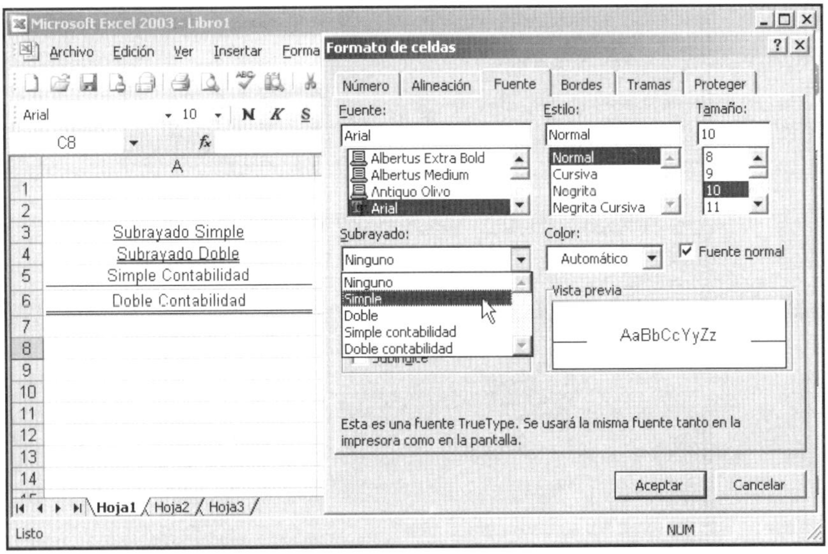

Figura 9.9. Diferentes opciones de Subrayado.

La lista desplegable Subrayado permite aplicar diferentes estilos de subrayado. En la figura 9.9 puede apreciar la diferencia entre unos y otros.

La opción Subrayado también se puede aplicar usando el botón Subrayado de la barra de herramientas **Formato**.

Color

De forma predeterminada, Excel aplica el color automáticamente pero, al hacer clic en esta lista, se despliega la paleta de colores de la ficha **Fuente**, que incorpora los colores que pueden utilizarse en esta opción.

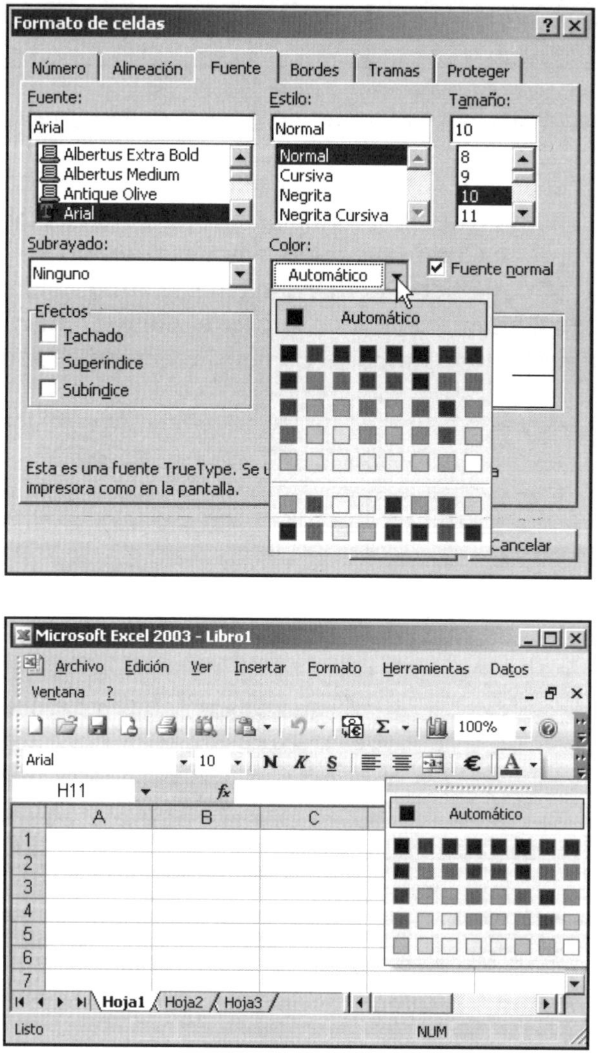

Figura 9.10. Herramientas para modificar el color de fuente.

Para modificar el color de fuente, seleccione el color deseado en la paleta de colores. También puede acceder a esta opción desde la barra de herramientas Formato, haciendo clic en el botón Color de fuente. En la figura 9.10 se muestran las dos opciones.

Efectos

Excel permite aplicar a las fuentes los siguientes efectos:

- Tachado: Aplica una línea horizontal sobre el texto como si se hubiera tachado.
- Superíndice: Reduce el tamaño del texto un 33 por cien y lo coloca en la parte superior de la línea.
- Subíndice: También reduce el tamaño del texto un 33 por cien, pero lo coloca en la parte inferior de la línea.

Por último, la sección Vista previa presenta una vista de cómo quedará el texto una vez aplicadas las modificaciones.

Ficha Bordes

Las opciones para modificar el borde de las celdas se encuentran en la ficha Bordes, que aparece en la figura 9.11. Utilizando las diferentes secciones del cuadro de diálogo, podrá aplicar distintos bordes a la celda o rangos de celdas seleccionados.

Esta ficha tiene tres secciones bien definidas: Preestablecidos, Bordes y Líneas, que explicaremos a continuación.

En la primera de ellas aparecen tres botones, que permiten aplicar automáticamente el estilo y el color seleccionados a las áreas predefinidas de las celdas seleccionadas:

- Al hacer clic en el botón Ninguno, no se aplicará ninguna línea y se eliminarán las existentes, por tanto, la celda o el rango seleccionados quedarán sin bordes.
- El botón Contorno aplica el estilo y color seleccionados al borde exterior del rango de celdas seleccionado, si se han seleccionado una o varias celdas independientes, el estilo y el color seleccionados se aplicarán a los bordes de cada una de ellas.
- El botón Interior, sólo se activa cuando se ha seleccionado un rango de celdas y aplica el estilo y el color de línea seleccionados a los bordes interiores de un rango.

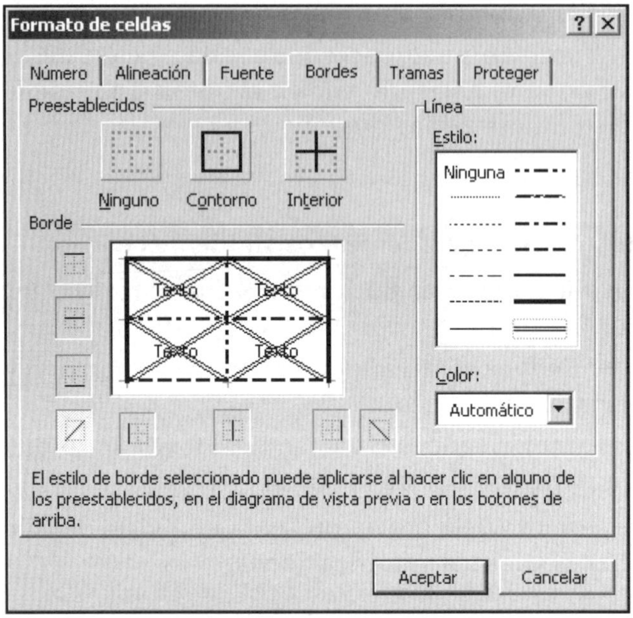

Figura 9.11. Ficha Bordes del cuadro de diálogo Formato de celdas.

En la siguiente sección, Línea, aparecen dos subsecciones: Estilo y Color, que permiten seleccionar diferentes estilos y colores para aplicar a los bordes. La paleta de colores presenta los mismos colores que la paleta de colores de fuente, la paleta de estilos presenta 14 estilos de línea diferentes.

La forma de proceder es como sigue: primero seleccione un borde y un estilo y, a continuación, seleccione dónde desea aplicarlo. Por tanto no olvide empezar siempre por esta sección.

La última sección permite seleccionar los bordes que se van a modificar para aplicar el estilo y color seleccionados en la sección anterior. Experimente aplicando distintas opciones y compruebe las posibilidades que ofrece.

Advertencia:

No olvide seleccionar primero el estilo y el color y, después, seleccionar a qué borde desea aplicarlo.

La barra de herramientas Formato proporciona un botón para aplicar diferentes bordes a las celdas, haciendo clic en la paleta desplegable del botón Bordes, como se muestra en la figura 9.12.

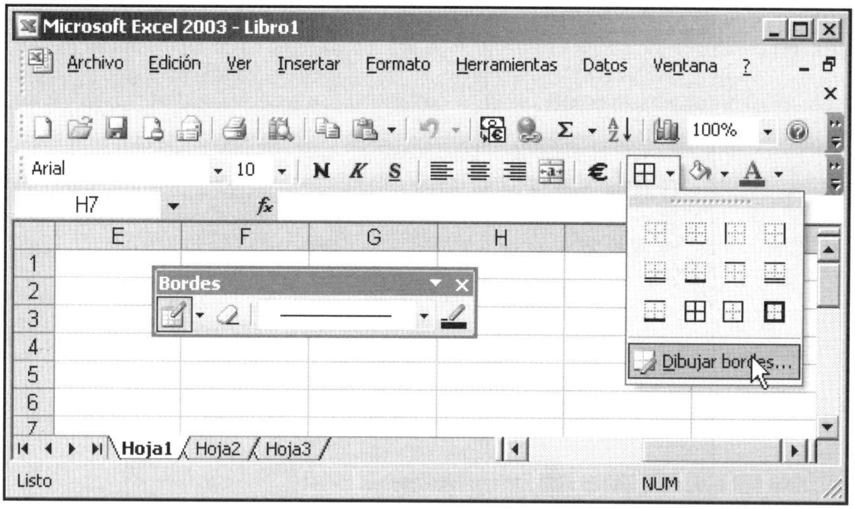

Figura 9.12. Paleta de bordes y barra de herramientas Bordes.

Esta paleta, que se puede hacer flotar sobre la hoja de cálculo, contiene varias configuraciones preparadas que se pueden aplicar rápidamente.

Si hace clic en **Dibujar bordes**, se muestra la barra de herramientas Bordes, que proporciona más opciones para modificar los bordes de las celdas. Experimente con ella, aplicando distintos estilos y colores o borrándolos. Esta herramienta permite trabajar rápidamente.

Ficha Tramas

Esta ficha, que se muestra en la figura 9.13, permite modificar la trama y el color de fondo de las celdas.

También se puede aplicar directamente el color deseado al fondo de la celda con el botón Color de relleno , de la barra de herramientas Formato, que despliega una paleta que se puede hacer flotar sobre toda la ventana de Excel y ofrece las mismas opciones de color que el cuadro Color de la ficha Tramas.

El cuadro Trama de esta ficha presenta múltiples alternativas para aplicar a las celdas; además de modificar la trama, se puede modificar su color gracias a la paleta que despliega este cuadro.

Por último encontramos la ficha Proteger, que explicamos con detalle en el capítulo de colaboración y seguridad.

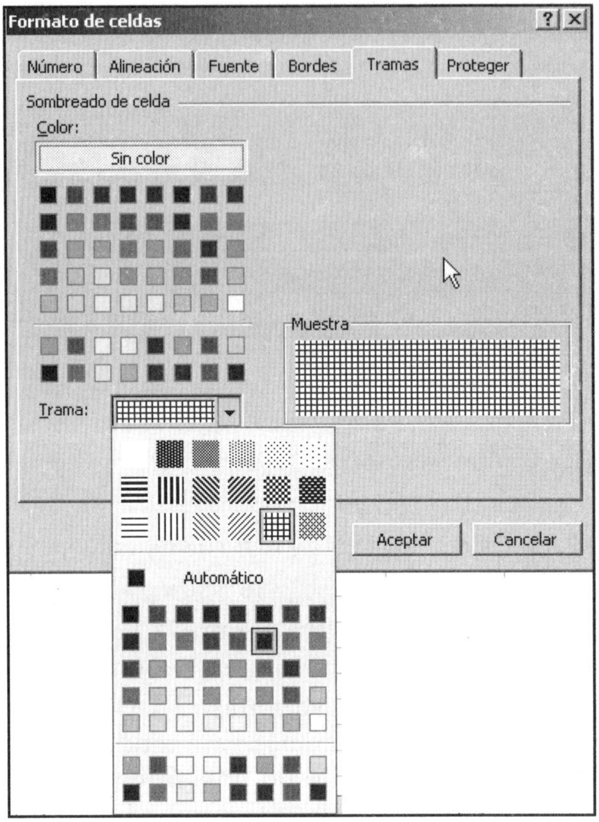

Figura 9.13. Ficha Tramas del cuadro de diálogo Formato con la paleta de tramas desplegada.

Copiar y borrar formatos

La barra de herramientas presenta el botón Copiar formato, que permite copiar fácilmente un formato de una celda a otra.

Para ello seleccione la celda que contiene el formato deseado, haga clic en el botón Copiar formato y en la celda donde va a copiar el formato.

Para copiar el formato en varias celdas, haga doble clic en el botón Copiar formato y en todas las celdas donde desee copiar el formato, al terminar, haga clic nuevamente en el botón Copiar formato.

Para borrar el formato de una celda o de un grupo de ellas, actívelas y ejecute el comando Edición>Borrar>Formatos.

Estilos

Cuando reunimos un grupo de formatos y le ponemos un nombre se crea un estilo. Gracias a ello es posible aplicar rápidamente varios formatos a un grupo de celdas. Una vez que se ha definido un estilo, la tarea de aplicarlo a celdas y rangos es extremadamente simple y garantiza cierta coherencia a lo largo de la hoja de trabajo. Además, si después de aplicado un estilo se modifica alguno de sus parámetros, se actualizará inmediatamente en todas las celdas donde se ha aplicado.

Crear, modificar, eliminar y aplicar estilos

Para crear un nuevo estilo debe:

1. Seleccionar una celda con el conjunto de formatos deseado ya configurado.
2. Ejecutar Formato>Estilo para abrir el cuadro de diálogo Estilo que se muestra en la figura 9.14.

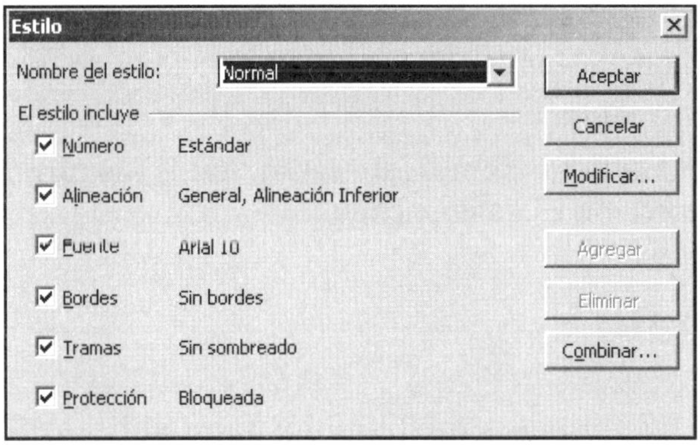

Figura 9.14. Cuadro de diálogo Estilo.

3. Escribir un nombre en el cuadro de lista Nombre del estilo.

A continuación puede elegir, entre añadir el estilo a la lista y aplicarlo a la celda activa, o sólo añadir el estilo a la lista y que la celda activa conserve su estilo. En el primer caso, debe hacer clic en Agregar y, a continuación, en Aceptar; en el segundo caso haga clic en Agregar y después en Cerrar.

Truco:

Se pueden seleccionar sólo aquellas características que se desea conservar en el nuevo estilo y desactivar las que no sean necesarias.

Para modificar alguno de los formatos que componen un estilo:

1. Seleccione Formato>Estilo para abrir el cuadro de diálogo Estilo mostrado en la figura 9.14.
2. Seleccione un estilo del cuadro de lista desplegable Nombre del estilo.
3. Haga clic en Modificar para activar el cuadro de diálogo Formato de celdas, donde puede aplicar todas las modificaciones que desee según explicamos en el primer apartado de este capítulo.
4. Haga clic en **Aceptar**.

Para eliminar un estilo, selecciónelo en el cuadro de lista y haga clic en **Eliminar**.

Para aplicar un estilo ya existente:

1. Seleccione la celda o el rango a los que aplicará el estilo.
2. Ejecute Formato>Estilo para abrir el cuadro de diálogo Estilo que aparece en la figura 9.14.
3. Despliegue la lista Nombre del estilo y seleccione un estilo.
4. Haga clic en **Aceptar**.

Una vez seleccionado un nombre de estilo, todos los formatos definidos aparecen en la sección El estilo incluye.

Autoformato

Excel presenta 17 formatos predefinidos para aplicar a las tablas que agilizan considerablemente esta tarea. Además de elegir el que más se adapte a sus necesidades, tiene la opción de aplicar sólo uno o varios formatos (Número, Fuente, Alineación, Borde, Trama o Ancho y Alto) haciendo clic en el botón Opciones y activando la casilla necesaria. Al seleccionar Ninguno, se mantendrá el formato que existía antes de seleccionar este comando.

Para ejecutar este comando active un rango de celdas y, a continuación, seleccione Formato>Autoformato, esto activa el cuadro de diálogo Autoformato que puede ver en la figura 9.15.

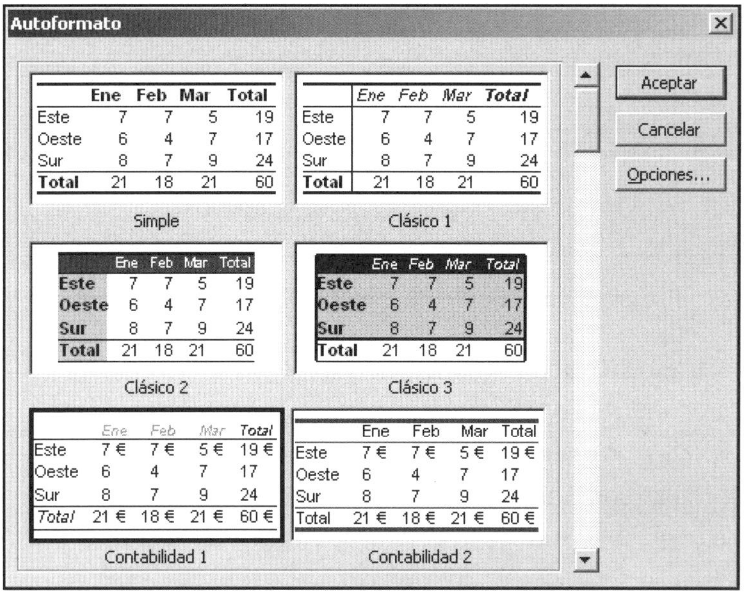

Figura 9.15. Cuadro de diálogo Autoformato.

Formato condicional

El formato condicional sólo cambia el formato de aquellas celdas que cumplan determinada condición, es decir, el formato se modifica según el contenido de la celda. Se pueden aplicar hasta tres formatos condicionales a una misma celda.

Para aplicar formato condicional:

1. Active una celda.
2. Ejecute Formato>Formato condicional para activar el cuadro de diálogo Formato condicional que se muestra en la figura 9.16.
3. En la sección Condición 1 aparece un cuadro de lista desplegable que muestra dos opciones Valor de la celda y Fórmula, donde debe seleccionar el que corresponda.
4. El segundo cuadro de lista presenta varias opciones, seleccione la que necesite.
5. Complete el o los cuadros siguientes según sea necesario.
6. Haga clic en el botón **Formato** que activa el cuadro de diálogo Formato de celdas.

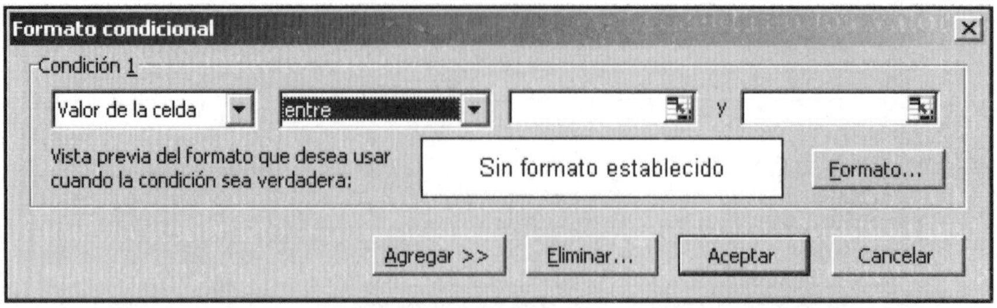

Figura 9.16. Cuadro de diálogo Formato condicional.

7. Haga las modificaciones necesarias.
8. Haga clic en **Aceptar**.
9. Haga clic en **Agregar**.
10. Repita los pasos 3 al 9 para las condiciones 2 y 3.
11. Haga clic en **Aceptar** para cerrar el cuadro de diálogo Formato condicional.

Para localizar todas las celdas que contengan un formato condicional:

1. Ejecute Edición>Ir a.
2. Haga clic en el botón **Especial** del cuadro de diálogo Ir a que activa el cuadro de diálogo Especial.

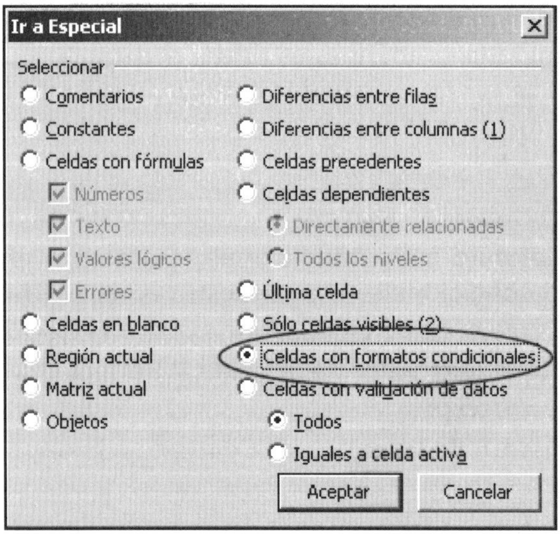

Figura 9.17. Seleccionar Celdas con formatos condicionales en el cuadro de diálogo Ir a Especial.

3. Seleccione el botón **Celdas con formatos condicionales**, como se muestra en la figura 9.17.

Resumen

A lo largo de este capítulo hemos explicado cómo modificar el formato de las celdas, ahora ya puede ajustar los formatos numéricos de las celdas, establecer diferentes alineaciones, modificar las fuentes, añadir bordes a celdas y rangos, cambiar la trama de las celdas. También puede manipular los comandos **Autoformato** y **Formato condicional**, así como otras opciones adicionales. En consecuencia, puede mejorar considerablemente el aspecto de sus hojas de cálculo y hacerlas a la vez más comprensibles a los demás. Los gráficos permiten reconocer fácilmente el significado de largas listas de valores, haciendo más evidente el comportamiento y las tendencias de los conjuntos de datos. En el capítulo siguiente estudiaremos cómo crear y modificar gráficos.

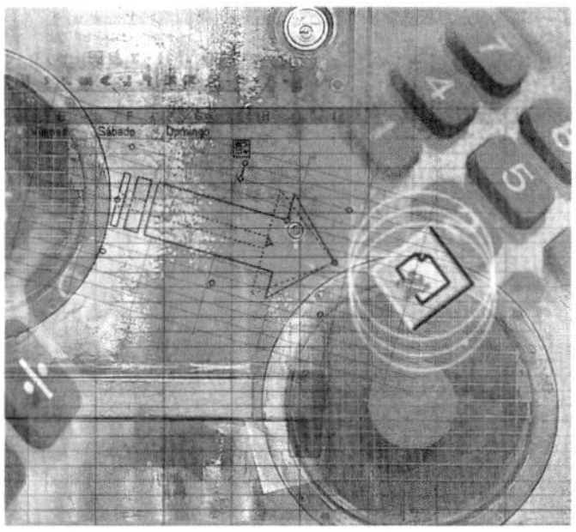

Capítulo 10

Los gráficos en Excel

En este capítulo aprenderá a:

- Crear un gráfico con el Asistente para gráficos.
- Modificar el tamaño y la posición de un gráfico.
- Utilizar la barra de herramientas y el menú Gráfico.
- Modificar las características de los ejes.
- Cambiar los atributos del texto que aparece en un gráfico.
- Crear bordes para los gráficos.
- Trabajar con gráficos en 3D.

Introducción

Los gráficos ilustran visualmente los datos que aparecen en una hoja de cálculo. Gracias a ellos puede comparar informaciones y analizar tendencias de un simple vistazo. Por su versatilidad y fácil manejo esta herramienta se ha convertido en uno de los instrumentos más apreciados de Excel.

Gráficos con un clic

Es increíble lo fácil que se pueden crear gráficos en Excel: simplemente seleccione un rango de datos en una hoja de cálculo y pulse la tecla **F11**. ¡Eso es todo, así de simple! El gráfico creado se ubica en una hoja independiente con el nombre de Gráfico1 y tiene, prácticamente, las mismas propiedades que cualquier otra hoja de cálculo: se puede mover, copiar o borrar.

Crear gráficos

Excel proporciona avanzadas herramientas, que permiten transformar los datos de una hoja de cálculo en gráficos de cualquier tipo. El Asistente para gráficos permite crear gráficos personalizados. Veamos cómo hacerlo:

1. Seleccione el rango de datos que desea incluir en el gráfico (incluidos los nombres de filas y columnas si desea que aparezcan en el gráfico).
2. Haga clic en el botón Asistente para gráficos de la barra de herramientas Estándar, para abrir el asistente.

El primer cuadro de diálogo del Asistente para gráficos permite elegir entre catorce tipos diferentes de gráficos. Seleccione sin temor cualquiera de ellos, podrá modificarlo en cualquier momento, como verá más adelante. En la figura 10.1 mostramos la ficha Tipos estándar.

Este cuadro de diálogo también contiene la ficha Tipos personalizados que aparece en la figura 10.2. Esta ficha funciona como una plantilla; apoyándose en un tipo estándar permite especificar formatos adicionales según sea necesario.

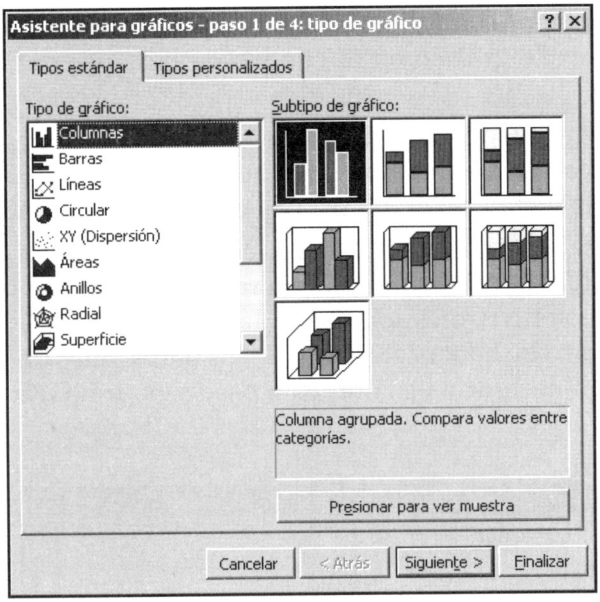

Figura 10.1. Ficha Tipos estándar, del cuadro de diálogo Asistente para gráficos. Paso 1 de 4: tipos de gráfico.

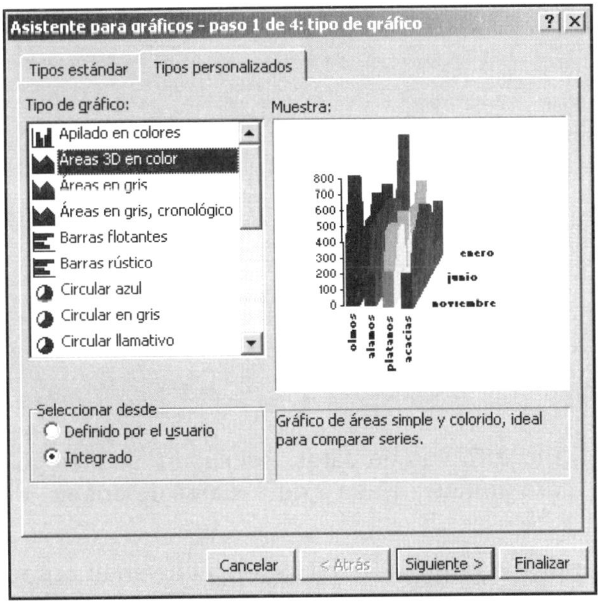

Figura 10.2. Ficha Tipos personalizados, del cuadro de diálogo Asistente para gráficos. Paso 1 de 4: tipos de gráfico.

3. Primero seleccione la ficha **Tipos estándar** y, a continuación, seleccione un tipo de gráfico en el cuadro de la izquierda, por ejemplo, Columnas.
4. Observe que el cuadro **Subtipos** muestra varias opciones, seleccione el subtipo deseado; si hace clic en el botón **Presionar para ver muestra**, obtendrá una vista previa del tipo de gráfico seleccionado.
5. Haga clic en el botón **Siguiente** para activar el **paso 2 del Asistente para gráficos, datos de origen**, que mostramos en la figura 10.3. Este paso del asistente solicita que seleccione los datos que desea incluir en el gráfico. En caso de haber seleccionado los datos antes de activar el asistente, no será necesario ejecutar este paso y podrá pasar directamente al paso 8.

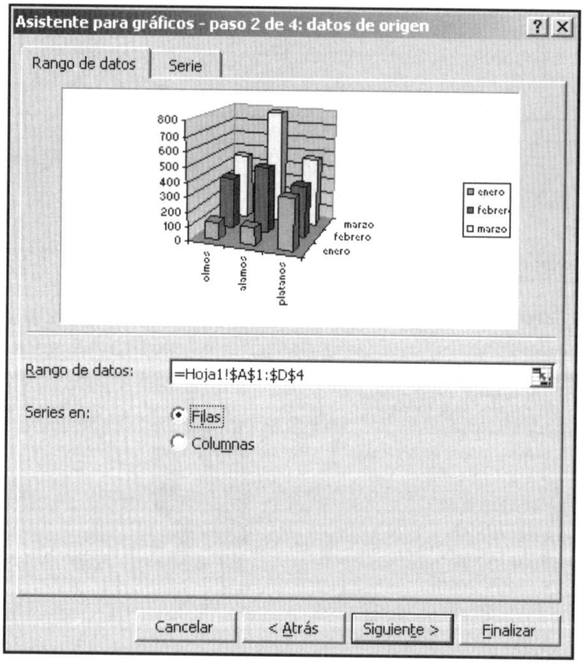

Figura 10.3. Ficha Rango de datos, del cuadro de diálogo Asistente para gráficos. Paso 2 de 4: datos de origen.

6. Para seleccionar los rangos de datos haga clic en el botón Contraer. No es necesario que los datos sean contiguos, puede seleccionar varios rangos mientras mantiene pulsada la tecla **Control**, eso sí, cada rango seleccionado debe ser rectangular e igual a los demás.

7. Haga clic en el botón Expandir para mostrar nuevamente el cuadro de diálogo.
8. Si lo desea puede conmutar la posición de las filas y columnas. El paso 2 del asistente cuenta con dos fichas: Rango de datos y Serie. Para modificar la forma en que el asistente interpreta la selección de datos, seleccione el botón deseado Filas o Columnas, ello le indicará a Excel las categorías a usar en los diferentes ejes.
9. Haga clic en el botón **Siguiente** para pasar al Asistente para gráficos. Paso 3 de 4: opciones de gráfico.

Este paso consta de seis fichas para mejorar el aspecto general del gráfico:

- Títulos: Esta ficha, que aparece en la figura 10.4, sirve para escribir los títulos del gráfico en el eje de valores y en el de categorías.

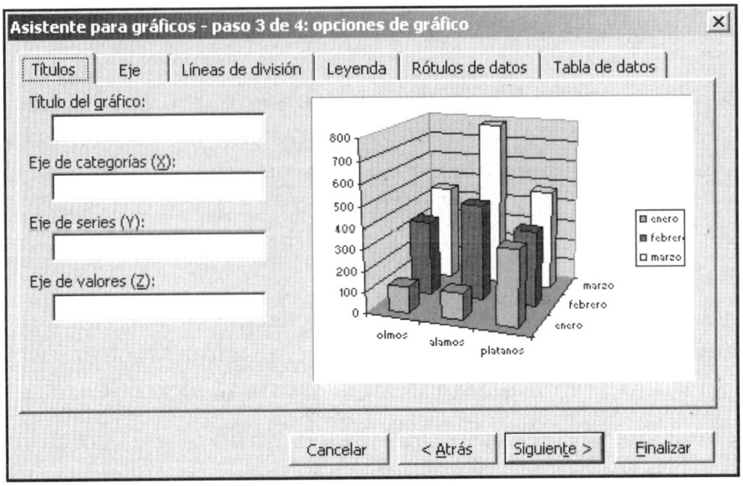

Figura 10.4. Ficha Títulos, del cuadro de diálogo Asistente para gráficos. Paso 3 de 4: opciones de gráfico.

- Eje: Esta ficha controla la visibilidad de los valores de cada eje y se muestra en la figura 10.5.
- Líneas de división: Esta ficha controla la visibilidad de las líneas de división de gráfico.
- Leyenda: Esta ficha controla la visibilidad y posición de la leyenda aunque, una vez creado el gráfico, es posible modificar la posición de la leyenda arrastrándola.

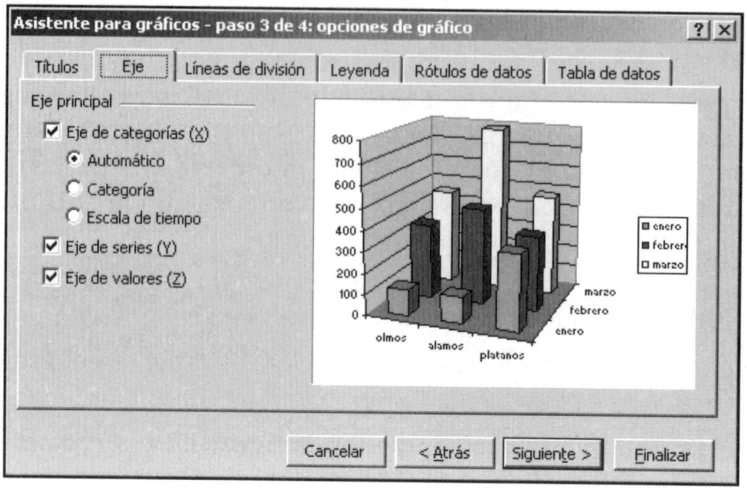

Figura 10.5. Ficha Eje, del cuadro de diálogo Asistente para gráficos. Paso 3 de 4: opciones de gráfico.

- Rótulos de datos: En ocasiones conviene que aparezcan los valores de los datos o rótulos sobre el gráfico, así como la clave de leyenda, que no es otra cosa que un pequeño icono que facilita su interpretación. Ha de tener cuidado al activar o desactivar los botones de opción, pues puede resultar muy confusa la interpretación de datos.
- Tabla de datos: Para evitar confusiones puede activar la ficha Tabla de datos. Al activar la casilla de verificación Mostrar Tabla de datos, el programa mostrará la tabla asociada al gráfico.

10. Seleccione sus preferencias para poner título al gráfico, nombre a los ejes de accisas y ordenadas, activar las líneas de división, mover la leyenda, etc.
11. Haga clic en el botón **Siguiente**. Se activa el siguiente cuadro de diálogo del Asistente para gráficos. Paso 4 de 4: ubicación del gráfico que mostramos en la figura 10.6.

Ahora es necesario determinar la posición del gráfico. En este último paso del asistente puede elegir entre ubicar el gráfico en una nueva hoja, incrustarlo dentro de una hoja de cálculo o dentro de otra hoja de gráfico.

12. Seleccione la ubicación que desee.
13. Haga clic en el botón **Finalizar**.

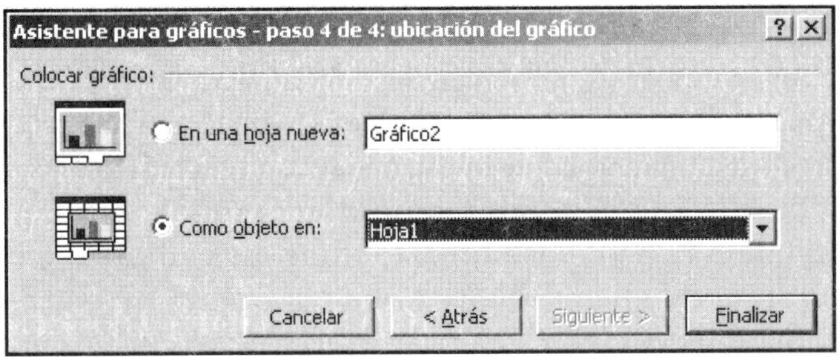

Figura 10.6. Cuadro de diálogo del Asistente para gráficos. Paso 4 de 4: ubicación del gráfico.

Truco:

Los gráficos incrustados se mueven junto con la hoja de cálculo; si prefiere que se muestren en una ventana aparte para tenerlos siempre a la vista, coloque el cursor sobre el gráfico, haga clic con el botón derecho del ratón y seleccione Ventana de gráfico; *para cerrarlo haga clic en el botón Cerrar* ☒ *de la ventana.*

Los objetos de un gráfico

En la figura 10.7 se aprecian los distintos elementos que componen un gráfico.

- Área del gráfico: Es el área total que contiene el gráfico. Para seleccionarla haga clic en cualquier punto de la misma.
- Área de trazado: Es el gráfico propiamente dicho, contiene todo lo que circunscriben los ejes. Para seleccionarlo haga clic en cualquier punto del interior del área de trazado.
- Ejes: El eje X recibe el nombre de eje de categorías y al eje Y se le da el nombre de eje de valores. Tanto uno como otro se seleccionan acercando el puntero y haciendo clic en ellos.
- Ficha Tramas: Seleccionando uno de los dos ejes y pulsando la ficha Tramas, se puede actuar sobre las líneas de ejes, para eliminarlas o modificar su estilo, color y grosor. Asimismo, actuando sobre los botones de opción, es posible cambiar el aspecto de las marcas de graduación principales y secundarias de los ejes.
- Ficha Escala: Es un apartado muy importante a la hora de interpretar un gráfico. Actuando sobre los botones de opción se puede modificar

la graduación de los ejes, dar un valor máximo o mínimo al eje de valores y agregar, o quitar, rótulos y líneas que entorpezcan el gráfico.

- Serie de datos: Para acceder al cuadro de diálogo Formato de serie de datos, coloque el puntero sobre una de las barras del gráfico y haga doble clic en ella con el botón izquierdo del ratón. Este cuadro de diálogo consta de 6 fichas. Para no extendernos, vamos a centrarnos únicamente en una de ellas: Rótulo de datos, que se muestra en la figura 10.8. Una vez seleccionada esta ficha y activados los botones de opción, observará que se puede añadir el nombre de la serie, el nombre de la categoría y el valor. Además, si activa el botón Clave de leyenda, aparecerá al lado de la serie seleccionada un pequeño icono del mismo color, que facilita la interpretación del diagrama.

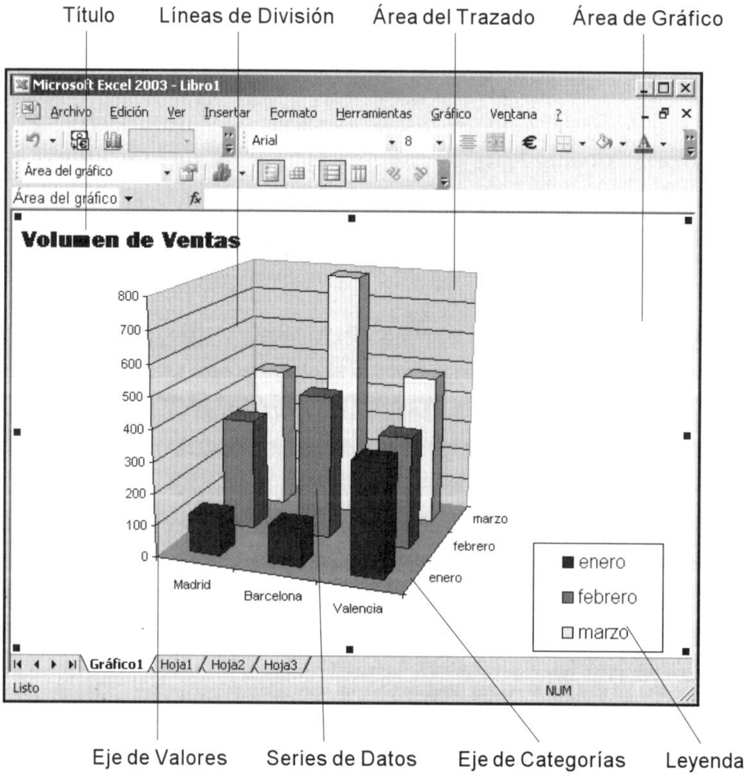

Figura 10.7. Los elementos de un gráfico.

- Líneas de división: Al igual que en los casos anteriores, para acceder al cuadro de diálogo Formato líneas de división, haga doble clic en cualquiera de ellas. En la parte superior izquierda aparecen las fichas: Tramas y Escala. Si pulsa la primera, podrá operar sobre el estilo, color y grosor de las líneas y, si lo hace en la segunda, podrá modificar la escala del eje de valores o las unidades de visualización.

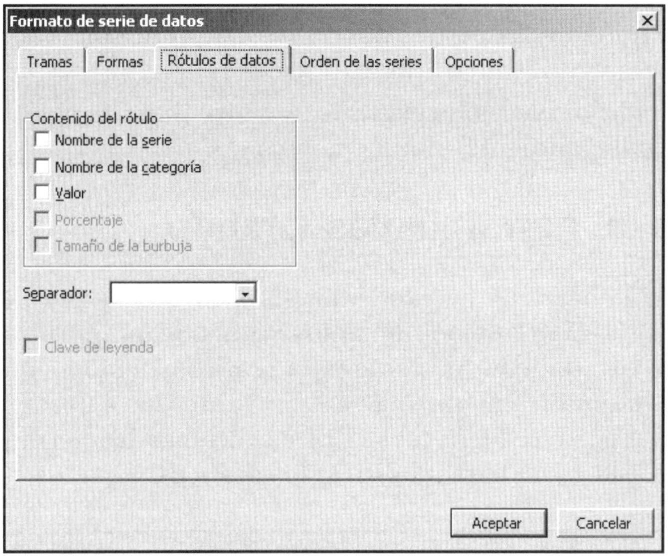

Figura 10.8. Ficha Rótulo de datos del cuadro de diálogo Formato de serie de datos.

- Leyenda: Es una de las partes más importantes del gráfico. Permite identificar a qué corresponden los colores o sombreados de las columnas del gráfico. Para acceder al cuadro de diálogo Formato de leyenda haga doble clic en la leyenda. Puede arrastrarla a cualquier zona del gráfico, moviendo el ratón a la vez que mantiene pulsado el botón izquierdo del mismo.
- Título: Se puede arrastrar a cualquier parte del diagrama utilizando el ratón.

Modificar las características de un gráfico

Casi siempre es necesario modificar los gráficos después de creados, para ello tenga en cuenta que:

- Primero es necesario seleccionarlos haciendo doble clic en ellos. Asegúrese de seleccionar el gráfico completo o el elemento deseado en cada caso. Al principio puede resultar algo engorroso, observe que aparecen unos puntos de control alrededor de cada elemento.

- Para aumentar o reducir el tamaño de un gráfico, arrastre cualquiera de los puntos de control hasta donde desee.
- Para moverlo, una vez seleccionado el gráfico, coloque el cursor sobre el gráfico no sobre los puntos de control, haga clic con el botón izquierdo del ratón y muévalo a donde desee.
- Para eliminarlo seleccione el gráfico y pulse **Supr**. Si el gráfico está en una hoja independiente, elimine la hoja.

La barra de herramientas Gráfico

Para mostrar la barra de herramientas Gráfico que aparece en la figura 10.9, ejecute Ver>Barra de herramientas>Gráfico, aunque no será preciso hacerlo si ha ejecutado el Asistente para gráficos, debido a que dicha barra aparece automáticamente una vez concluidos los 4 pasos para la configuración del gráfico. En la tabla 10.1 explicamos las herramientas que proporciona esta barra para modificar los gráficos.

Figura 10.9. Barra de herramientas Gráfico.

Tabla 10.1. Los botones de la barra de herramientas Gráfico.

Botón	Nombre	Función
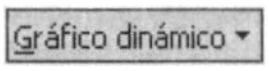	Objetos del gráfico	Muestra la lista de todos los elementos del gráfico, para seleccionar el que desee.
	Formato del objeto	Activa el cuadro de diálogo Formato seleccionado de objeto seleccionado que contiene las opciones para modificar dicho objeto.
	Tipo de gráfico	Despliega una paleta que contiene distintos tipos de gráfico y cambia automáticamente el aspecto del diagrama.

Botón	Nombre	Función
	Leyenda	Activa o desactiva la leyenda del gráfico.
	Tabla de datos	Activa o desactiva la tabla de datos, que en ocasiones conviene visualizar al mismo tiempo que el diagrama.
	Por filas	Selecciona los datos por filas automáticamente.
	Por columnas	Selecciona los datos por columnas.
	Texto en ángulo ascendente	Estos últimos botones sólo están activos si el objeto seleccionado es un texto. Permite girarlo 45 grados en sentido ascendente.
	Texto en ángulo descendente	Permite girar el texto 45 grados en sentido descendente.

El funcionamiento de los botones de la barra de herramientas Gráfico depende del elemento seleccionado, pero en general los pasos a seguir son los siguientes:

1. Despliegue la lista de Objetos del gráfico y seleccione un elemento.

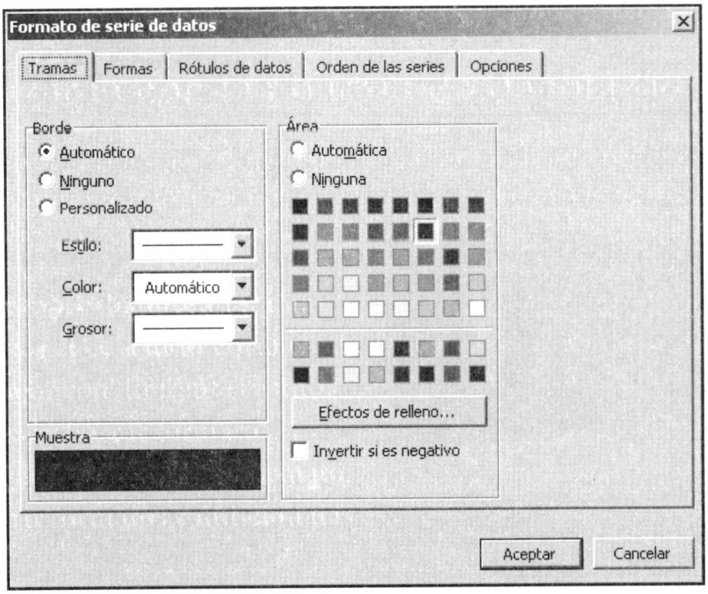

Figura 10.10. Cuadro de diálogo Formato de serie de datos.

2. Haga clic en el botón Formato del objeto seleccionado para activar el cuadro de diálogo **Formato de objeto seleccionado**; en la figura 10.10 mostramos el cuadro de diálogo **Formato de serie de datos**.
3. Seleccione sus preferencias y haga clic en **Aceptar**.

Truco:

Si selecciona un objeto del gráfico y hace clic con el botón izquierdo del ratón, se activará el menú contextual con todas las opciones disponibles en cada caso.

El menú Gráfico

Las características de los gráficos también pueden modificarse con ayuda del menú Gráfico.

Este menú se activa cuando se selecciona el gráfico y contiene opciones para modificar los objetos del gráfico al igual que la barra de herramientas Gráfico. Véalo en la figura 10.11.

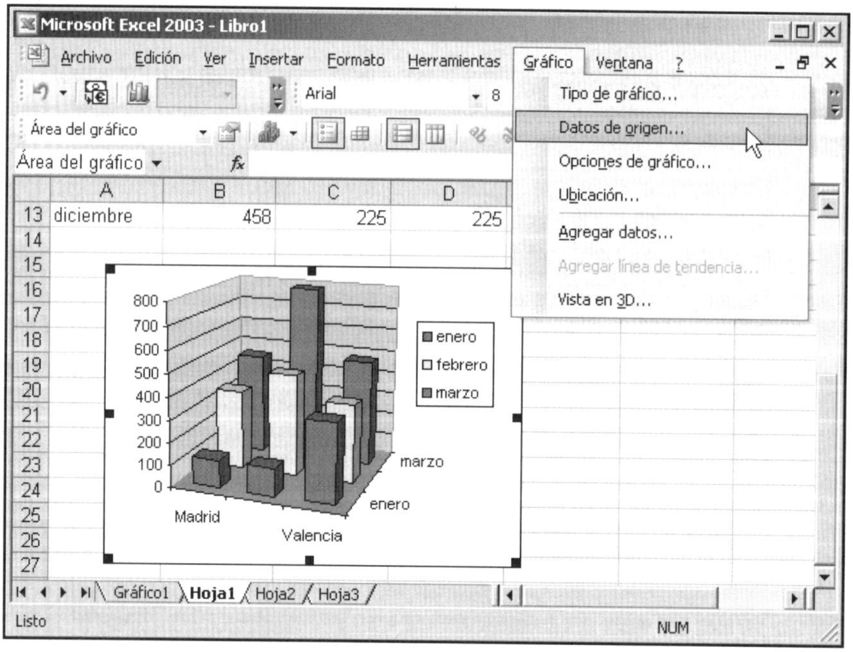

Figura 10.11. Usar el menú Gráfico.

Cómo proceder

Todos los tipos de gráfico contienen dos ejes ("x" e "y"), las versiones 3-D contienen además el eje "z". Es posible modificar varias características de los ejes con ayuda de las herramientas que proporciona Excel, como por ejemplo el color, el tipo de línea, modificar la escala, etc. Para ello:

1. Seleccione alguno de los ejes y active el cuadro de diálogo Formato de ejes, que se aprecia en la figura 10.12, por alguno de los métodos explicados antes.

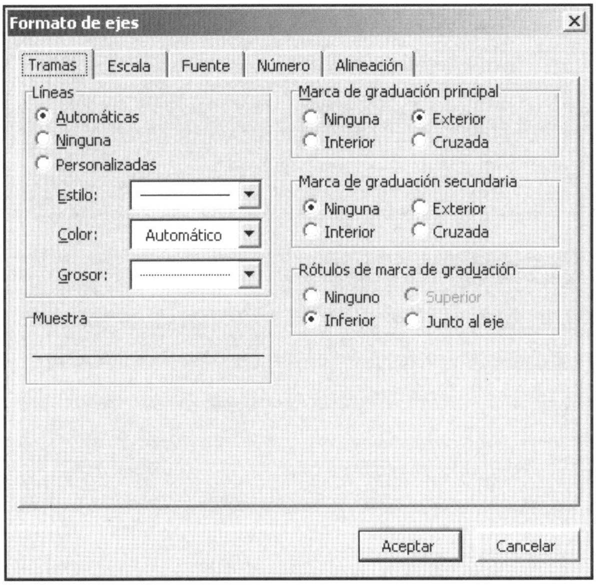

Figura 10.12. Cuadro de diálogo Formato de ejes.

2. En la ficha Tramas seleccione el estilo, color y grosor que desee, también puede modificar las marcas.
3. Seleccione la ficha Escala y modifique los parámetros como desee.
4. Si lo desea, también puede modificar el formato de los números.
5. Haga clic en **Aceptar**.

Para modificar el formato del texto:

1. Haga doble clic sobre el texto deseado para activar el cuadro de diálogo Formato de objeto seleccionado.
2. Seleccione la ficha Fuente que aparece en la figura 10.13.

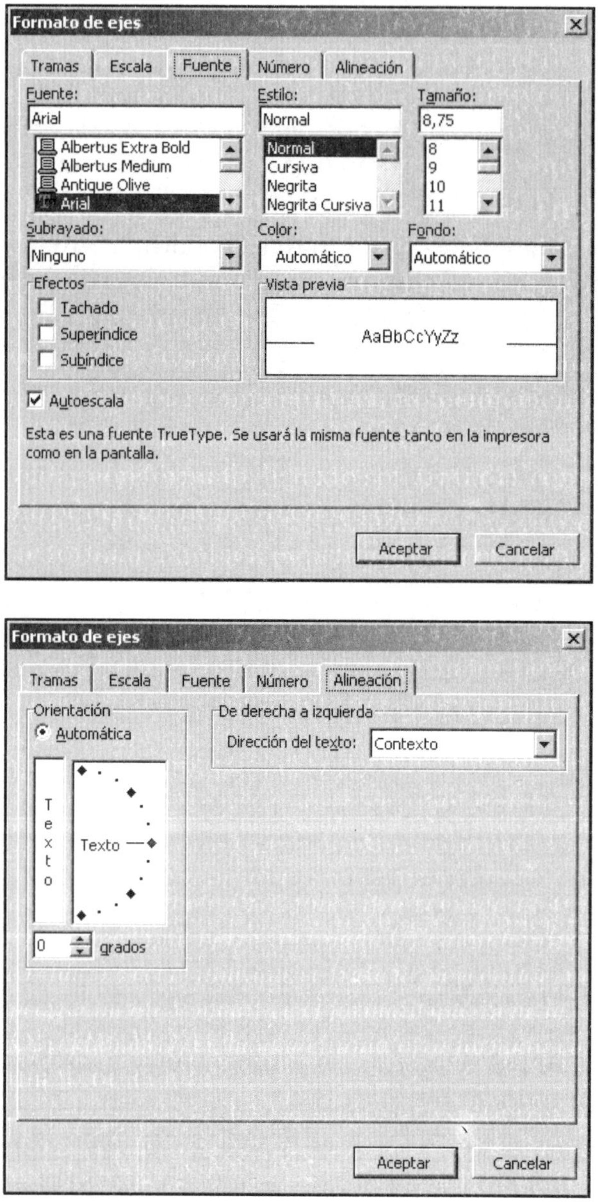

Figura 10.13. Fichas Fuente y Alineación del cuadro de diálogo Formato de ejes.

3. Especifique los atributos que desee para el texto como explicamos en el capítulo dedicado al formato de las hojas de cálculo.

4. Seleccione la ficha Alineación para modificarla.
5. Haga clic en **Aceptar**.

Crear bordes para el gráfico

Además de modificar los objetos del gráfico, es posible variar su apariencia general añadiéndole bordes o marcos, para ello:

1. En la lista desplegable Objetos del gráfico, de la barra de herramientas Gráfico, seleccione Área del gráfico.

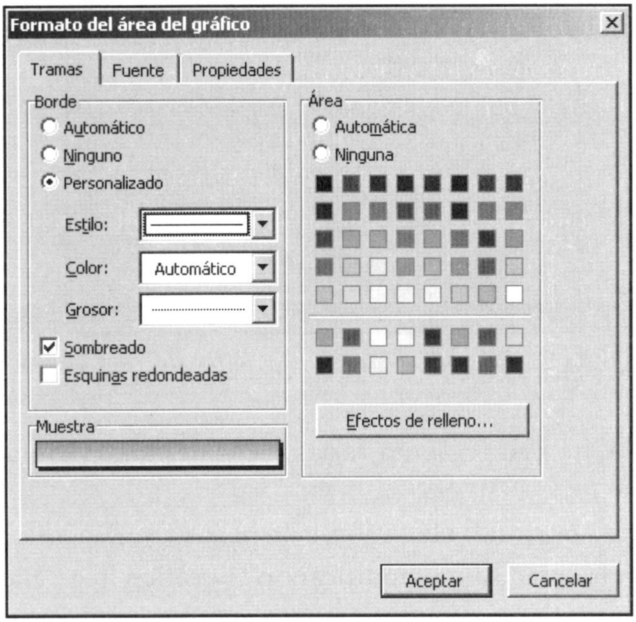

Figura 10.14. Ficha Tramas del cuadro de diálogo Formato del área del gráfico.

2. Haga clic en el botón Formato del área de gráfico para activar el cuadro de diálogo Formato del área del gráfico que se muestra en la figura 10.14.
3. Seleccione la ficha Tramas.
4. En la sección Borde seleccione los atributos que desee.
5. En la sección Área seleccione un color para el fondo.
6. Haga clic en **Aceptar**.

Tercera dimensión

Aunque todos estamos acostumbrados a ver gráficos en dos dimensiones, la posibilidad de poder añadirles profundidad crea efectos mucho más impactantes. Para conseguirlo:

1. Seleccione el gráfico.
2. Ejecute el comando Gráfico>Vista en 3D para activar el cuadro de diálogo Vista en 3D que se aprecia en la figura 10.15.

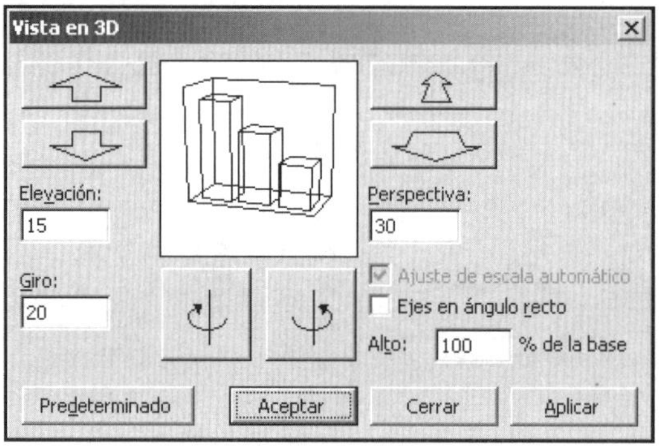

Figura 10.15. Cuadro de diálogo Vista en 3D.

Este cuadro de diálogo presenta varias secciones que permiten modificar la elevación, la perspectiva, el giro, etc.

3. Configure las opciones elevación, perspectiva y giro a su gusto.
4. Para apreciar cómo se va modificando el gráfico haga clic en el botón **Aplicar**.
5. Cuando termine de realizar las modificaciones que desee, haga clic en **Aceptar**.

Resumen

Si alguna vez ha tardado horas intentando crear un gráfico, podrá apreciar la importancia de las facilidades que proporcionan las herramientas de Excel para realizar esta tarea. Con sólo seleccionar unas cuantas opciones, tendrá sus datos transformados en un gráfico tridimensional acompañado de sus correspondientes etiquetas y rótulos. Todo ello lo ayudará a dar un enfoque más completo y claro a sus informes y proyectos. En el capítulo siguiente continuaremos trabajando con elementos gráficos; estudiaremos el tratamiento de las imágenes en las hojas de cálculo y las herramientas que pone Excel a su disposición para trabajar con imágenes.

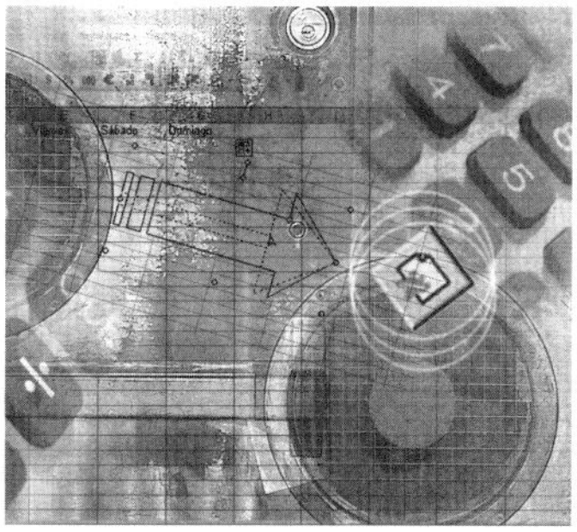

Capítulo 11

Trabajar con Imágenes

En este capítulo aprenderá a:

- Reconocer los objetos gráficos y manipularlos.
- Utilizar el panel de tareas de imágenes prediseñadas.
- Trabajar con la Galería de imágenes y multimedia de Microsoft Online.
- Usar las barras de herramientas Imagen, Dibujo y WordArt.
- Dibujar formas básicas y modificar sus propiedades para utilizarlas con distintos fines.
- Crear diagramas y organigramas.
- Utilizar diferentes efectos para modificar los objetos gráficos.

Introducción

Las filas y columnas de una hoja de cálculo son fantásticas para contener datos y trabajar con ellos, pero por sí solas no permiten mejorar su apariencia.

Afortunadamente, de la misma forma que todas las demás aplicaciones de Microsoft Office, Excel está equipado con una amplia colección de imágenes prediseñadas y un grupo de herramientas de dibujo para modificarlas, que permiten realzar sus hojas de cálculo con imágenes, ilustraciones, organigramas, cuadros de texto y otros objetos gráficos. A lo largo de este capítulo le mostraremos las herramientas gráficas que pone Excel a su disposición y le explicaremos cómo utilizarlas.

Los objetos gráficos

Podemos llamar objeto gráfico a cualquier imagen, diagrama o ilustración. Los objetos gráficos no se insertan en las celdas como las entradas habituales sino que "flotan" sobre la hoja de cálculo en una especie de capa imaginaria. Excel permite insertar los siguientes objetos gráficos para mejorar la imagen de sus hojas de cálculo:

- Imágenes prediseñadas.
- Imagen desde archivo.
- Imagen desde escáner o cámara.
- Autoformas, que incluyen formas básicas, líneas, flechas y conectores, entre otros.
- WordArt.
- Diagramas y organigramas.

Imágenes prediseñadas

Microsoft Office incluye una colección propia de imágenes creadas profesionalmente, que puede utilizar en sus hojas de cálculo y es muy sencillo trabajar con ellas. Veamos cómo hacerlo:

1. Ejecute el comando Insertar>Imagen>Imágenes prediseñadas para activar el panel de tareas Imágenes prediseñadas que aparece en la figura 11.1.

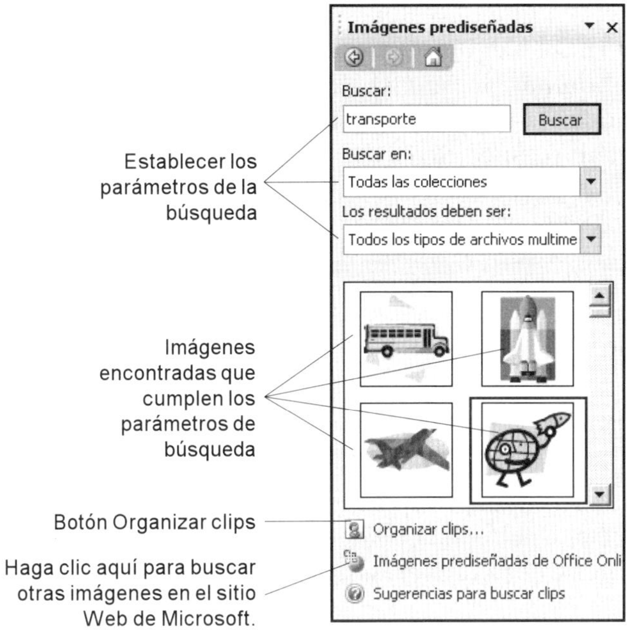

Figura 11.1. Panel de tareas Imágenes prediseñadas.

2. En el cuadro de texto Buscar escriba una palabra que refleje el tema de búsqueda, por ejemplo, "transporte".

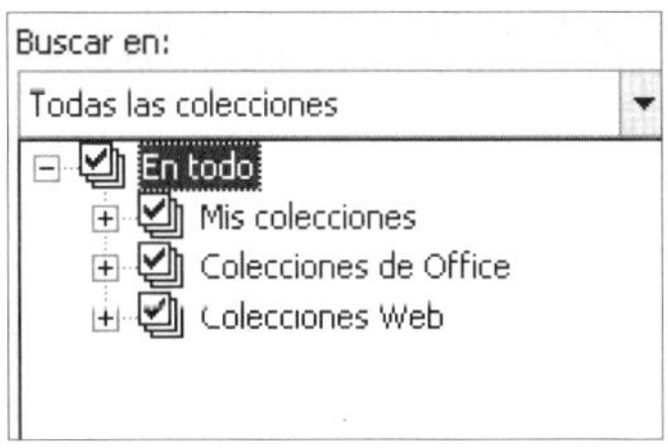

Figura 11.2. Cuadro de lista desplegable Buscar en.

3. En el cuadro de texto Buscar en puede seleccionar los sitios donde debe realizarse la búsqueda, eligiendo entre: "Mis colecciones", "Colecciones de Office" y "Colecciones Web", puede seleccionar una, varias o todas las opciones activando la casilla que prefiera, como se muestra en la figura 11.2. También puede expandir cada una de las colecciones para seleccionar dentro de ellas alguna colección específica.

4. Seleccione el tipo de archivo que desea buscar en el cuadro Los resultados deben ser, que permite elegir entre archivos de imagen, sonido, películas y fotografías, además de que, si expande cada una de estas opciones, puede seleccionar la extensión deseada, algo muy útil cuando está buscando un archivo específico.

Advertencia:

Para activar las colecciones Web es imprescindible la conexión a Internet.

5. Una vez ajustadas sus preferencias haga clic en el botón **Buscar**.
6. En el cuadro inferior que se muestra en la figura 11.1, aparecen los resultados de la búsqueda efectuada, desplácese a lo largo de las imágenes que ha encontrado y haga clic en la que desee; la imagen se insertará automáticamente, después podrá moverla al sitio deseado.

Advertencia:

La primera vez que acceda al panel de tareas Imágenes prediseñadas *se mostrará la ventana que aparece en la figura 11.3, informándole de que puede catalogar los archivos multimedia que existen en su disco duro; puede seleccionar **Más adelante** para hacerlo en otro momento.*

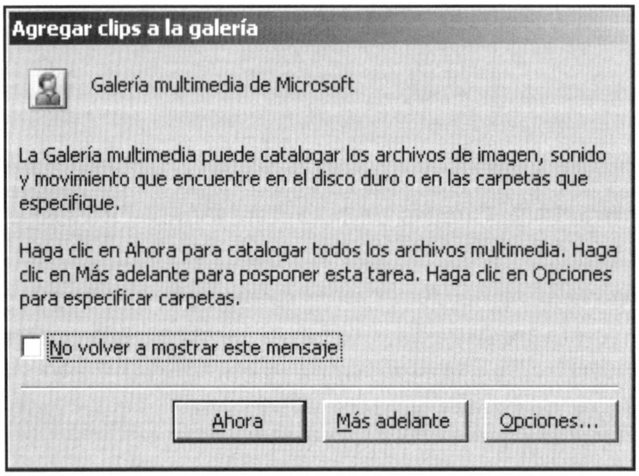

Figura 11.3. Ventana Agregar clips a la galería.

Organizar clips

Para moverse fácilmente por las colecciones, puede hacer clic en el hipervínculo Organizar clips del panel de tareas (vea figura 11.1) para activar la ventana del Organizador de clips, Galería multimedia de Microsoft, que mostramos en la figura 11.4.

En la sección izquierda del organizador se muestra el árbol con las carpetas de archivos catalogadas por temas; puede expandirlos haciendo clic en el símbolo "+" que aparece a la izquierda del nombre de las carpetas. La sección derecha de la ventana muestra los archivos existentes en la carpeta seleccionada.

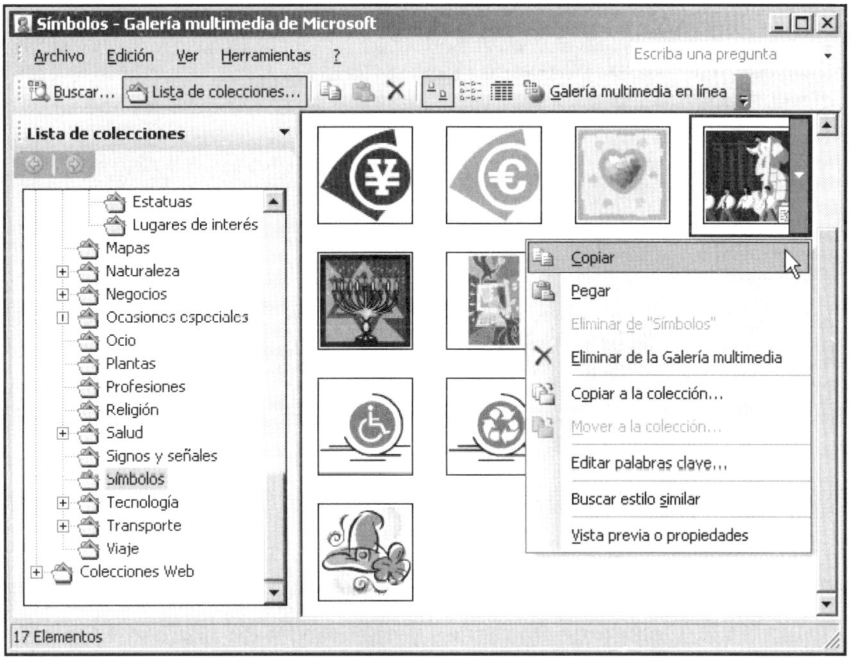

Figura 11.4. La galería multimedia de Microsoft, con los archivos correspondientes a la carpeta Símbolos.

Para insertar una imagen desde la Galería multimedia de Microsoft:

1. Seleccione una imagen.
2. Haga clic en la barra de la derecha para desplegar el menú contextual.
3. Haga clic en Copiar.
4. Vaya al sitio donde desea insertar la imagen.

5. Ejecute Edición>Pegar, utilice la combinación de teclas **Control-V** o haga clic en el botón Pegar de la barra de herramientas Estándar.

Imágenes prediseñadas de Office Online

Al hacer clic en el hipervínculo Imágenes prediseñadas de Office Online, se muestra la Galería de imágenes y multimedia de Microsoft Online, que da acceso a infinidad de archivos multimedia, incluidos archivos de sonido, imagen, fotografía y películas, que mostramos en la figura 11.5.

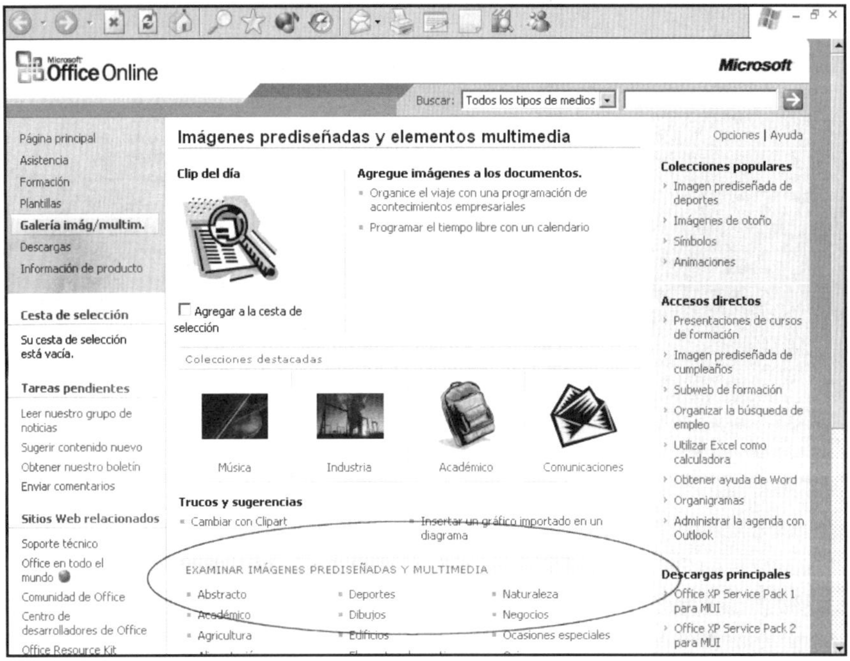

Figura 11.5. Galería de imágenes y multimedia de Microsoft Online.

Veamos cómo utilizar esta herramienta:

1. Seleccione un tema en la sección EXAMINAR IMÁGENES PREDISEÑADAS Y MULTIMEDIA, por ejemplo, Animales.
2. En el cuadro de lista desplegable Buscar, seleccione el tipo de archivo que desea, Galería de imágenes por ejemplo. Además, puede afinar la búsqueda seleccionando un subgrupo dentro del seleccionado, por ejemplo delfín, como se muestra en la figura 11.6.
3. Navegue por las diferentes pantallas con el botón **Siguiente**.

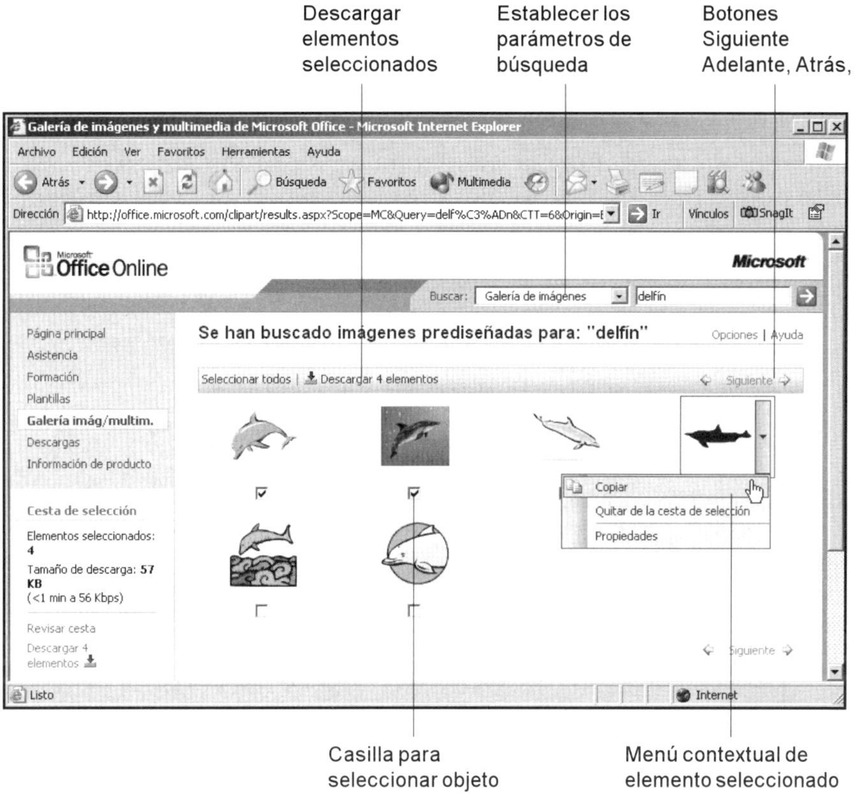

Figura 11.6. Buscar en la Galería de imágenes y multimedia de Microsoft Online.

4. Seleccione el archivo deseado y Copiar en el menú contextual, que se despliega al hacer clic en la barra que hay a la derecha de cada archivo. Vea la figura 11.6.
5. Vaya al sitio donde desea insertarlas, para ello utilice cualquiera de los métodos que ya conoce, por ejemplo la combinación de teclas **Control-V**.

Truco:

También puede seleccionar el archivo o archivos que desea descargar activando la casilla que hay debajo de cada archivo. A medida que va seleccionando nuevos archivos, éstos se añaden a la cesta de descarga. A continuación haga clic en el botón Descargar elementos *y siga las instrucciones que aparecen.*

Insertar imagen desde archivo

La galería de imágenes y multimedia de Microsoft no es la única fuente de archivos de imagen que se pueden usar en Excel, también puede insertar cualquier archivo de imagen que tenga en su ordenador o en cualquier soporte magnético. El proceso para insertar imágenes es el siguiente:

1. Ejecute Insertar>Imagen>Desde archivo que activa el cuadro de diálogo Insertar imagen de la figura 11.7.

Figura 11.7. Cuadro de diálogo Insertar imagen.

2. Localice la imagen que desea insertar utilizando las herramientas de búsqueda que ya hemos explicado.
3. Selecciónela y haga clic en **Insertar**.

Truco:

Para acceder rápidamente a sus archivos de imagen guárdelos en la carpeta Mis Imágenes, o en alguna subcarpeta, debido a que ésta es la carpeta que se abre de forma predeterminada cada vez que se abre el cuadro de diálogo Insertar imagen.

Insertar imagen desde escáner o cámara

Si tiene escáner o cámara digital conectados a su PC puede insertar una imagen obtenida por estos medios ejecutando Insertar>Imagen>Desde escáner o cámara, para activar el cuadro de diálogo Insertar imagen desde escáner o cámara que aparece en la figura 11.8.

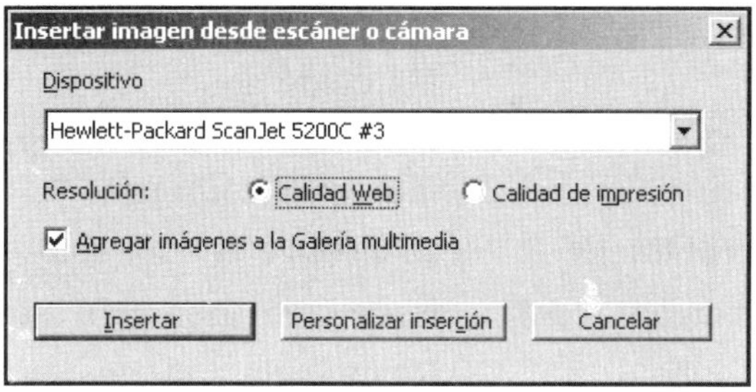

Figura 11.8. Cuadro de diálogo Insertar imagen desde escáner o cámara.

Este cuadro de diálogo permite seleccionar el dispositivo desde el que va a insertar la imagen. Puede seleccionar la resolución Calidad `Web` o Calidad de impresión y activar la casilla Agregar imágenes a la Galería multimedia si lo desea. A continuación haga clic en el botón **Insertar** para insertar la imagen. El botón **Personalizar inserción** abre un cuadro de diálogo para seleccionar las características específicas que dependen del dispositivo seleccionado en la lista desplegable Dispositivo.

Retocar las imágenes insertadas

Una vez insertada la imagen puede que necesite modificar alguno de sus atributos, para lo cual Excel pone en sus manos la barra de herramientas Imagen que aparece en la figura 11.9 y explicamos en la tabla 11.1. Esta barra de herramientas se activa automáticamente cuando selecciona una imagen, no obstante, si desea mostrarla ejecute Ver>Barras de herramientas>Imagen.

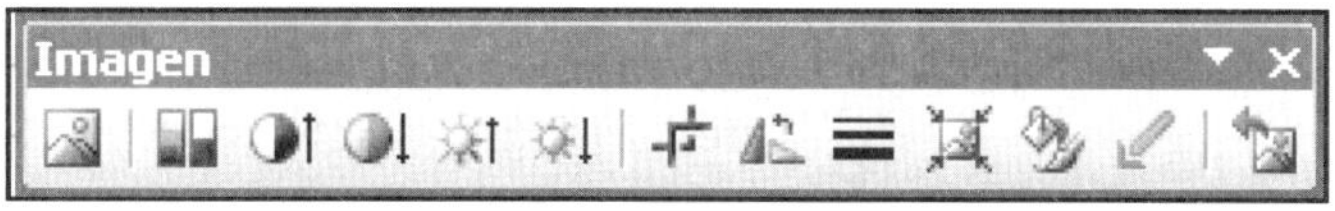

Figura 11.9. La barra de herramientas Imagen.

Tabla 11.1. Los botones de la barra de herramientas Imagen.

Botón	Nombre	Función
	Insertar imagen desde archivo	Abre el cuadro de diálogo Insertar imagen.

Botón	Nombre	Función
	Color	Despliega un menú que permite elegir entre, automático, Escala de grises y Marca de agua.
	Más contraste	Igual al mando de TV que permite au mentar el contraste.
	Menos contraste	Disminuye el contraste.
	Más brillo	Hace la imagen más brillante.
	Menos brillo	Resta brillo a la imagen.
	Recortar	Activa unos puntos de control alrededor de la imagen que permiten recortar sus bordes.
	Girar 90°	Hace girar la imagen 90° en sentido contrario a las manecillas del reloj, alrededor de su centro.
	Estilo de línea	Permite añadir bordes a la imagen.
	Comprimir imágenes	Disminuye automáticamente el tamaño del archivo de imagen para que ocupe menos espacio en el disco duro.
	Formato de imagen	Activa el cuadro de diálogo Formato de imagen, que proporciona multitud de opciones para modificar las propiedades de la imagen.
	Definir color transparente	Hace transparente el color seleccionado, de modo que pueda verse a través de él el fondo de la hoja (este botón no está disponible en algunas imágenes).
	Restablecer imagen	Restaura las características originales de la imagen.

Crear sus propios dibujos

Antes de continuar estudiando los diferentes objetos que se pueden insertar en las hojas de cálculo, veamos cómo utilizar la barra de herramientas Dibujo para crear sus propias figuras. Para activar la barra de herramientas Dibujo:

- Seleccione Ver>Barras de herramientas>Dibujo.

- Haga clic en el botón Dibujo de la barra de herramientas **Estándar**.
- Haga clic con el botón derecho del ratón, en algún lugar de la barra de herramientas y seleccione **Dibujo** en el menú contextual que se muestra.

La barra de herramientas **Dibujo**, que mostramos en la figura 11.10, contiene varios botones que le permiten trabajar con imágenes y figuras. En la tabla 11.2 explicamos cómo usar cada uno de ellos.

Figura 11.10. La barra de herramientas Dibujo.

Tabla 11.2. Los botones de la barra de herramientas Dibujo.

Botón	Nombre	Función
	Menú Dibujo	Abre el menú de opciones de Dibujo para trabajar con imágenes ya dibujadas.
	Seleccionar objetos	Selecciona un objeto.
	Menú Autoformas	Muestra el menú de Autoformas.
	Línea	Dibuja líneas rectas.
	Flecha	Dibuja flechas, el punto inicial es el extremo sin punta de la flecha y la punta de la flecha aparece en el extremo final de la línea dibujada.
	Rectángulo	Dibuja rectángulos.
	Elipse	Dibuja elipses.
	Cuadro de texto	Inserta cuadros de texto.
	Insertar WordArt	Inserta WordArt.
	Insertar diagrama u organigrama	Abre el cuadro de diálogo Galería de diagramas.
	Insertar Imagen Prediseñada	Abre el panel de tareas Insertar imagen prediseñada, que da acceso a la Galería de imágenes de Microsoft que explicamos antes.
	Insertar Imagen desde archivo	Abre el cuadro de diálogo Insertar imagen para buscar entre los archivos de imagen que están almacenados en el disco duro, como explicamos antes.

Botón	Nombre	Función
	Color de Relleno	Despliega la paleta de colores para elegir un color para rellenar la imagen.
	Color de Línea	Igual que el anterior pero cambia el color de las líneas.
	Color de Fuente	Igual al anterior, para las fuentes.
	Estilo de Línea	Despliega un menú con diferentes estilos de línea para elegir.
	Estilo de Guión	Despliega un menú con diferentes tipos de línea para elegir.
	Estilo de Flecha	Despliega un menú con diferentes tipos de flecha para elegir.
	Estilo de Sombra	Despliega un menú con diferentes tipos de sombra para elegir.
	Estilo 3D	Despliega un menú con diferentes esti los tridimensionales para elegir.

Los principios generales para trabajar con esta barra de herramientas son los siguientes:

- Haga clic primero en el botón correspondiente a la tarea que desea realizar.
- Apunte al lugar donde desea empezar.
- Mantenga pulsado el ratón desde el punto de inicio hasta el punto final.
- Para dibujar varios objetos del mismo tipo haga doble clic en el botón de la tarea deseada. Cuando termine de dibujar el último elemento, vuelva a hacer clic en el mismo botón.

Una vez creados, todos los objetos se comportan de igual forma, por tanto cualquiera de las siguientes opciones son válidas para trabajar con ellos:

- Para seleccionar un objeto haga clic en él.
- Para mover un objeto, arrástrelo con el cursor o utilice los comandos Cortar y Pegar del menú Edición.
- Para copiar un objeto, arrástrelo mientras mantiene pulsada la tecla **Control** o utilice los comandos Copiar y Pegar del menú Edición.
- Para modificar las propiedades de la imagen, utilice el cuadro de diálogo Formato de Autoformas, al que se accede haciendo doble clic en la propia autoforma.

- Para eliminar un objeto, selecciónelo y pulse la tecla **Supr**.
- Para alinear un objeto con las líneas de la hoja de trabajo, pulse la tecla **Alt** mientras lo dibuja.

Truco:

*Para dibujar formas precisas mantenga pulsada la tecla **Mayús** mientras arrastra el cursor. Al hacerlo las líneas son rectas (verticales y horizontales), los rectángulos son cuadrados, las elipses son círculos y las autoformas toman una altura proporcional al ancho.*

Truco:

*Pulsando la tecla **Control** al dibujar figuras, pueden crearse desde el centro hacia los lados y no de un extremo a otro, como se hace habitualmente, lo que permite dibujar figuras simétricas.*

Cómo usar los puntos de control

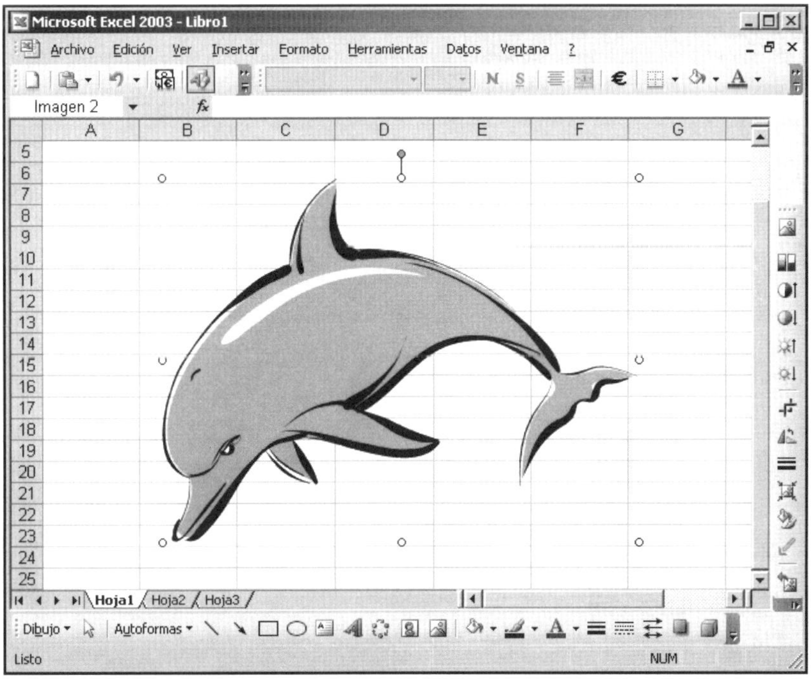

Figura 11.11. Los puntos de control.

En la tabla 11.2 explicamos que el botón Seleccionar objetos sirve para seleccionar uno o varios objetos (para seleccionar varios objetos mantenga presionada la tecla **Control** mientras realiza la selección), también puede seleccionar varios objetos dibujando un rectángulo que los englobe a todos. Una vez seleccionados los objetos, aparecen los llamados "puntos de control", que se muestran en la figura 11.11.

Al hacer clic en el botón Seleccionar objetos aparecerá una cruz de flechas en la punta del cursor que indica que está activado; a partir de ese momento puede seleccionar un objeto y moverlo por la hoja de cálculo a su gusto. Esta flecha desaparece cuando se hace clic nuevamente en el botón Seleccionar objetos , cuando podrá seleccionar las celdas en la forma habitual para Excel.

Los objetos seleccionados aparecen marcados por unos puntos de control de diferentes colores. Cuando pasa el cursor sobre estos puntos de control, el cursor se transforma según el caso. Los círculos blancos permiten modificar el tamaño de la figura, tanto el ancho y el alto como ambas dimensiones a la vez. Al pasar el cursor sobre uno de estos puntos de control, aparece una pequeña flecha de dos puntas como se muestra en la figura 11.12.

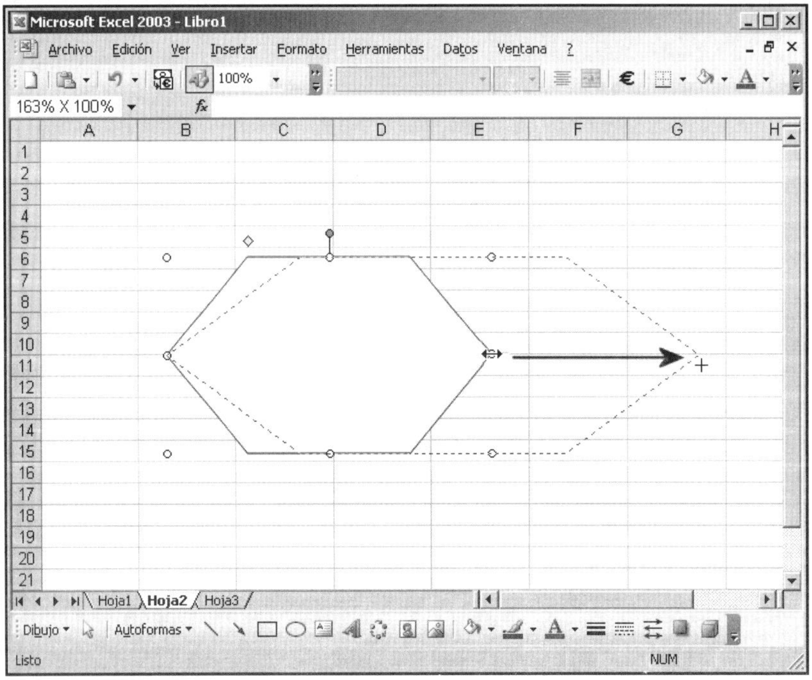

Figura 11.12. Modificar el tamaño de la figura.

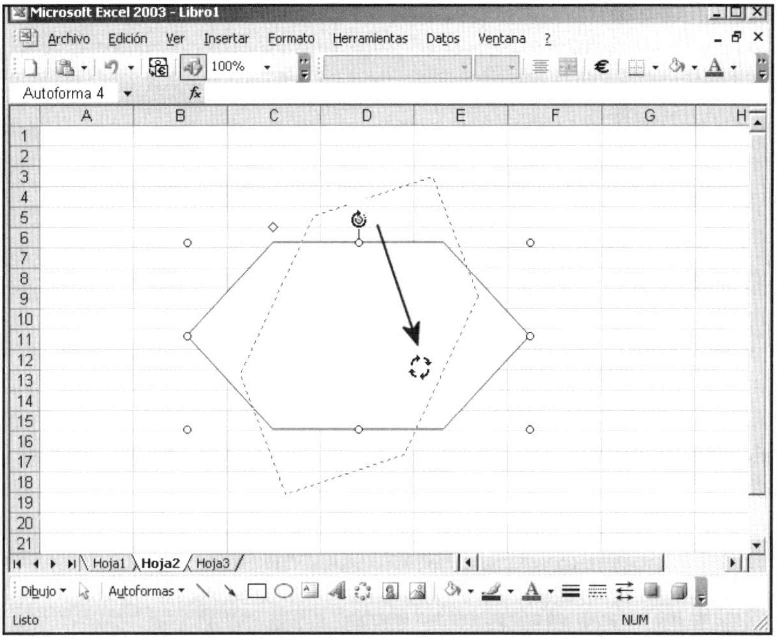

Figura 11.13. Rotar las imágenes.

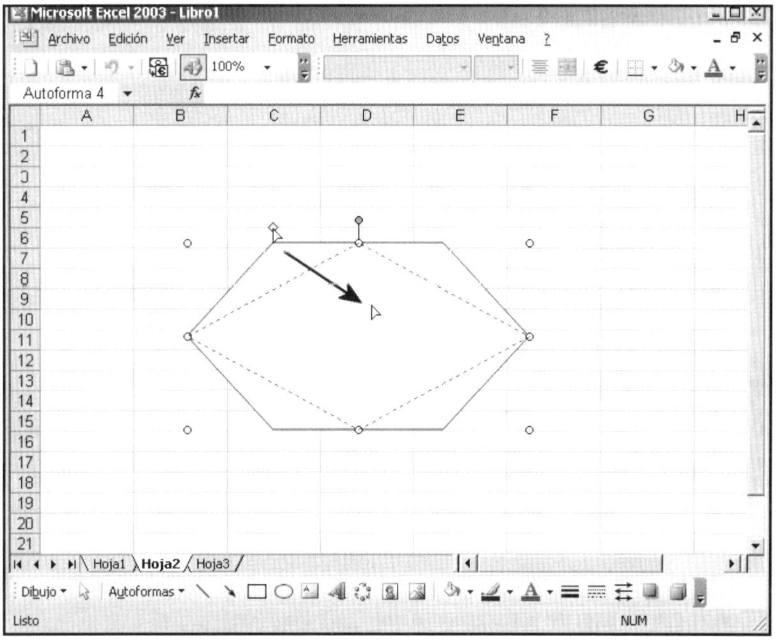

Figura 11.14. Modificar las proporciones de las figuras.

Los puntos de control verdes permiten rotar los objetos; al pasar el cursor sobre ellos, éste se convierte en una pequeña flecha circular que permite girar la imagen, como mostramos en la figura 11.13.

Los puntos de control amarillos cambian las proporciones de las figuras, en ese caso cuando el cursor pasa sobre estos puntos se convierte en una pequeña punta de flecha como se aprecia en la figura 11.14.

Autoformas

Es posible crear muchos dibujos a partir del menú **Autoformas**. Todos los comandos de este menú despliegan a su vez una paleta de formas predefinidas que se pueden hacer flotar en la hoja de cálculo, con excepción del último **Más autoformas**, que abre el panel de tareas **Insertar imagen prediseñada** que explicamos antes. También puede activar este comando seleccionando **Insertar>Imagen>Autoformas** y aparecerá la barra de herramientas **Autoformas**, como se muestra en la figura 11.15.

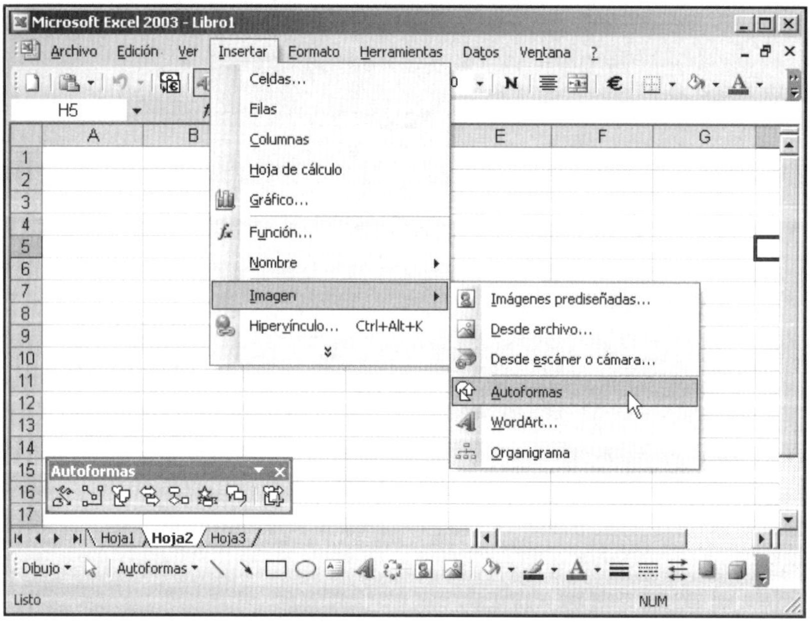

Figura 11.15. Barra de herramientas Autoformas.

En la herramienta Autoformas se incluyen los siguientes menús:

- **Líneas**: Incluye distintas líneas y flechas.

- Conectores: Incluye líneas y curvas que se utilizan para conectar objetos (diagramas de flujo). En el caso de los conectores, los puntos rojos indican los extremos y se pueden llevar hasta cada una de las figuras que vaya a conectar.
- Formas básicas: Incluye figuras geométricas.
- Flechas de bloque: Incluye distintas flechas de dos dimensiones.
- Diagramas de flujo: Incluye los símbolos de los diagramas de flujo.
- Cintas y estrellas: Incluye diferentes formas de cintas y estrellas.
- Llamadas: Incluye varias llamadas para insertar texto.

Seleccione la figura que necesite y siga las instrucciones que explicamos anteriormente en la sección Trabajar con la barra de herramientas Dibujo.

Líneas y flechas

Para dibujar una línea recta haga clic en el botón Línea, arrastre el cursor desde el punto de inicio hasta el punto final, como ya explicamos. En el caso de la flecha es exactamente igual, pulse el botón Flecha y arrastre el cursor, teniendo en cuenta que la punta de la flecha se mostrará al final de la línea dibujada.

Para definir los atributos, en ambos casos puede utilizar el cuadro de diálogo Formato de Autoformas o utilizar los demás botones de la barra de herramientas Dibujo.

Rectángulos y elipses

Para dibujar rectángulos y elipses haga clic en los botones correspondientes Rectángulo y Elipse y, a continuación, modifíquelos a su gusto. Siempre es posible modificar la posición y el tamaño del objeto dibujado. Para dibujar cuadrados y círculos pulse la tecla **Alt** mientras mueve el cursor.

Cuadros de texto

En los cuadros de texto se puede escribir cualquier tipo de información. Se utilizan para añadir títulos, notas, etiquetas y comentarios a los libros. Para insertar un cuadro de texto sólo deberá hacer clic en el botón Insertar cuadro de texto, a continuación hacer clic en el punto donde vaya a insertarlo y arrastrar el ratón para dibujar el rectángulo donde escribirá el contenido. Hecho esto, aparecerá el cursor para insertar el texto en su interior. También puede añadir texto a otros objetos, para ello selecciónelos y escriba el texto que desee.

Si desea modificar los atributos del texto, seleccione el cuadro de texto y ejecute Formato>Cuadro de texto para activar el cuadro de diálogo Formato de cuadro de texto. Haga los cambios que desee y haga clic en **Aceptar**.

WordArt

Esta herramienta proporciona la posibilidad de incorporar al texto múltiples efectos de formato, lo que permite lograr resultados muy vistosos en los gráficos y hojas de cálculo. Para activar WordArt:

1. Haga clic en el botón WordArt de la barra de herramientas Dibujo o ejecute Insertar>Imagen>WordArt para activar el cuadro de diálogo Galería de WordArt, que mostramos en la figura 11.16.

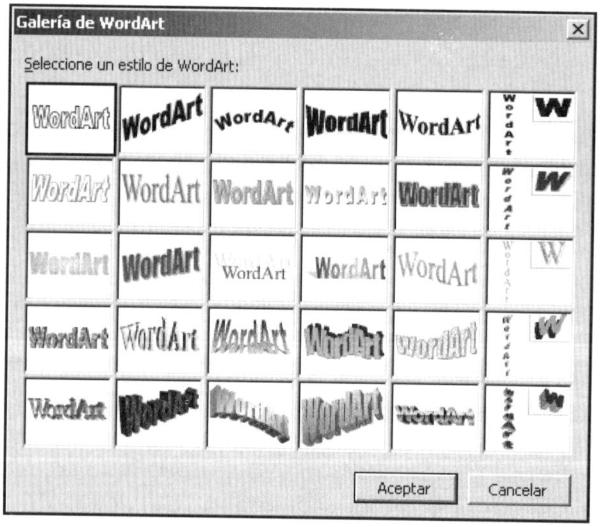

Figura 11.16. Cuadro de diálogo Galería de WordArt.

2. Seleccione el tipo de efecto que prefiera.
3. Haga clic en **Aceptar** para activar el cuadro de diálogo Modificar texto de WordArt.
4. En este cuadro de diálogo deberá escribir el texto que va a insertar. Con ayuda de los cuadros de lista Fuente y Tamaño y de los botones Negrita y Cursiva, podrá modificar los atributos del texto.

El contenido de WordArt se puede editar en cualquier momento, de la misma forma que en los cuadros de texto.

Mediante los puntos de control podrá girar la imagen y modificar su forma y tamaño. Al seleccionar el objeto WordArt se activa la barra de herramientas WordArt, que mostramos en la figura 11.17 y en la tabla 11.3 explicamos las funciones de sus botones.

Figura 11.17. La barra de herramientas de WordArt.

Tabla 11.3. Los botones de la barra de herramientas de WordArt.

Botón	Nombre	Función
	Insertar WordArt	Abre el cuadro de diálogo Galería de WordArt.
Modificar texto...	Modificar texto	Abre el cuadro de diálogo Modificar texto de WordArt.
	Galería de WordArt	Abre el cuadro de diálogo Galería de WordArt.
	Formato de WordArt	Abre el cuadro de diálogo Formato de WordArt.
	Forma de WordArt	Despliega una paleta con cuarenta formas distintas.
	Mismo alto de letras de WordArt	Muestra todas las letras con la misma altura.
	Texto vertical de WordArt	Gira el texto 90°.
	Alineación de WordArt	Despliega un submenú con diferentes alineaciones para elegir.
	Espacio entre caracteres de WordArt	Permite espaciar o acercar las letras.

Diagramas y organigramas

Esta herramienta proporciona un grupo de seis diagramas que describimos a continuación:

- Organigrama: Se utiliza para mostrar relaciones jerárquicas.

- Diagrama de ciclo: Se utiliza para mostrar un proceso de ciclo continuo.
- Diagrama radial: Se utiliza para mostrar las relaciones de un elemento fundamental.
- Diagrama piramidal: Se utiliza para mostrar las relaciones basadas en la infraestructura.
- Diagrama de Venn: Se utiliza para mostrar áreas de superposición entre los elementos.
- Diagrama de círculos concéntricos: Se utiliza para mostrar los pasos necesarios para lograr un objetivo.

A esta herramienta se accede haciendo clic en el botón **Insertar diagrama u organigrama**, de la barra de herramientas **Dibujo**, que activa la **Galería de diagramas** de la figura 11.18. Para trabajar con esta herramienta:

1. Seleccione el diagrama que resulte más conveniente.
2. Haga clic en **Aceptar**.

Figura 11.18. Galería de diagramas.

3. Una vez seleccionado el diagrama, Excel inserta el objeto seleccionado y activa la barra de herramientas **Diagrama u Organigrama** según sea preciso. Ambas barras se muestran en la figura 11.19.

Cada vez que seleccione el objeto se activará la barra de herramientas correspondiente. Puede modificar los diagramas a su antojo utilizando las barras de herramientas.

Figura 11.19. Barra de herramientas Diagrama y Organigrama.

Color de relleno, de línea y de fuente

El uso de estos botones ya debe resultarle familiar de capítulos anteriores. Simplemente seleccione el objeto que desea modificar, despliegue la correspondiente paleta de colores y seleccione un color. La paleta del botón Relleno incluye dos comandos:

- **Más colores de relleno**: Abre el cuadro de diálogo Colores, del que hablamos en el capítulo de formato.
- **Efectos de relleno**: Lo mostramos en la figura 11.20.

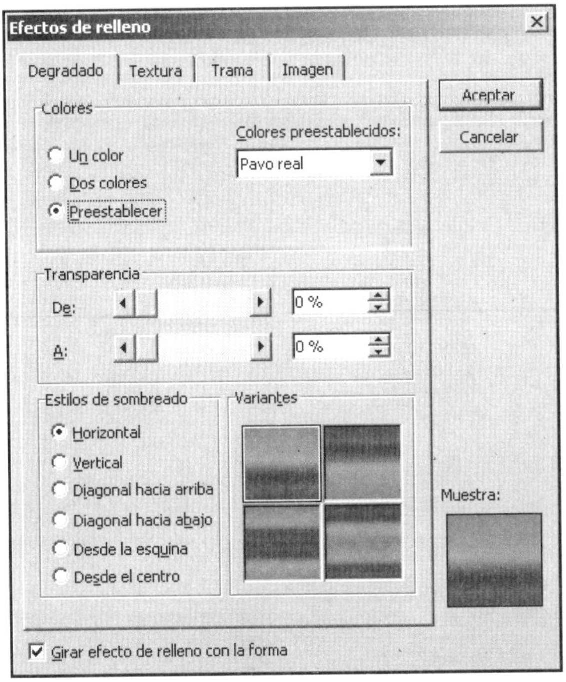

Figura 11.20. Cuadro de diálogo Efectos de relleno.

Este cuadro de diálogo se aplica al área interior del objeto. Aquí puede elegir entre las fichas **Degradado**, **Textura**, **Trama** e **Imagen**, que permiten modificar de muchas formas el relleno del objeto. Experimente con las posibilidades que ofrece esta herramienta.

Crear diferentes efectos en sus dibujos

Todos los botones de estilo (línea, guión, flecha, sombra y 3D) despliegan una paleta de estilos para elegir una opción. Los dos últimos permiten seleccionar el comando **Configuración de sombra** y **Configuración 3D**, respectivamente, que explicamos a continuación. Recuerde siempre seleccionar el objeto antes de seleccionar el estilo.

Estilo de sombra

Haciendo clic en el botón Estilo de sombra se despliega la paleta de sombras, donde puede seleccionar entre una gran variedad de opciones. En la parte inferior aparece el comando **Configuración de sombra**, que muestra la barra de herramientas del mismo nombre. En la figura 11.21 se muestran varios objetos con y sin sombra. También aparece la barra de herramientas **Configuración de sombra**.

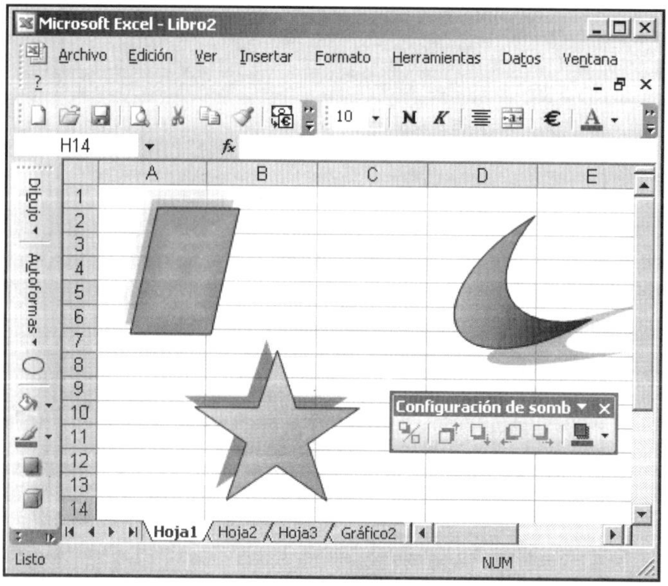

Figura 11.21. Distintas opciones para aplicar sombras.

Estilo 3D

Haciendo clic en el botón Estilo 3D se despliega la paleta de estilos 3D, donde puede seleccionar entre una gran variedad de opciones para convertir figuras de dos dimensiones en tridimensionales. En la parte inferior de esta paleta aparece el comando **Configuración 3D**, que muestra la barra de herramientas del mismo nombre.

Haciendo clic en el botón Activar o desactivar 3D de la barra de herramientas **Configuración 3D**, se aplica o desactiva alternativamente el efecto 3D. Mediante los demás botones es posible controlar los siguientes atributos:

- Inclinación: Mediante cuatro botones se puede inclinar la figura hacia varios lados.
- Profundidad: Ajusta la profundidad de 0 a infinito.
- Dirección: Ajusta en qué dirección se da profundidad al objeto.
- Iluminación: Cambia la posición de una iluminación imaginaria y el brillo.
- Superficie: Proporciona las opciones de aspecto, estructura metálica, plástico, mate y metal.
- Color 3D: Para seleccionar el color de las zonas sombreadas.

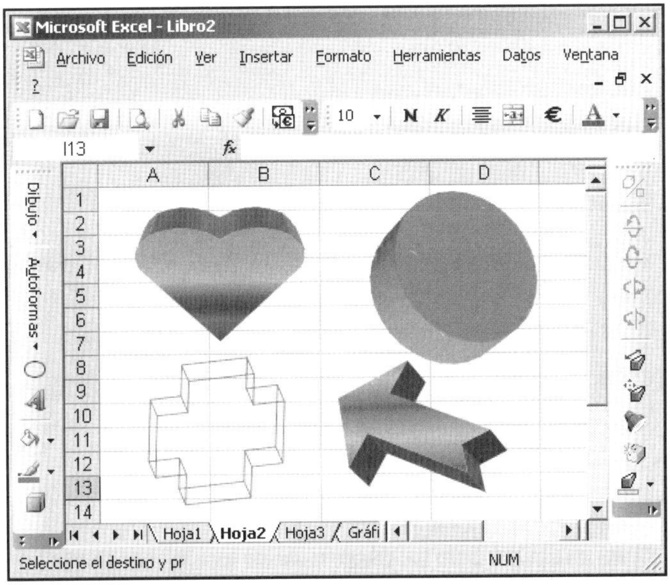

Figura 11.22. Efectos 3D.

En la figura 11.22 aparecen varios efectos de 3D además de la barra de herramientas Configuración 3D.

Trabajar con capas

Al colocar varios objetos en la hoja de cálculo pueden quedar superpuestos y, en consecuencia, podrían quedar ocultas algunas partes importantes del dibujo.

Afortunadamente, Excel proporciona algunas herramientas para solucionar este tipo de problema.

Agrupar y desagrupar objetos

Los tres primeros comandos del menú Dibujo: Agrupar, Desagrupar y Reagrupar ofrecen la posibilidad de tratar un grupo de objetos como un único elemento y de desagruparlos para poder volver a trabajar con cada uno independientemente.

Para agrupar un grupo de objetos. Haga lo siguiente:

1. Seleccione todos los objetos que quiera agrupar.
2. Elija Dibujo>Agrupar.

Si necesita trabajar en un solo objeto, para separarlo:

3. Ejecute Dibujo>Desagrupar.

Para volver a incluirlo en el grupo inicial:

4. Ejecute Dibujo>Reagrupar.

Orden, alineación y manejo de capas

Cuando hay varios objetos agrupados, cada uno ocupa una capa diferente; con ayuda del menú Dibujo es posible manipular la posición de las capas. El submenú Ordenar permite:

- Traer al frente (presenta el objeto en la primera capa).
- Enviar al fondo (envía el objeto a la última capa).
- Traer adelante (mueve el objeto una capa más arriba).
- Enviar atrás (mueve el objeto una capa más atrás).

En la figura 11.23 aparece un grupo de objetos superpuestos a la izquierda y a la derecha, el mismo grupo donde se han modificado las capas.

Figura 11.23. Manejo de capas.

Otra de las posibilidades que ofrece el menú Dibujo consiste en que se puede colocar un objeto en un lugar preciso; mediante el submenú Empujar se puede mover paso a paso un objeto en los cuatro sentidos.

El submenú Alinear o Distribuir proporciona varias opciones para distribuir los elementos en la hoja; los iconos de cada uno de los comandos son muy explícitos para conocer en qué posición quedarán las imágenes.

Girar o voltear

Este submenú permite rotar las figuras de diversas formas, mediante los comandos Girar libremente, Girar a la izquierda, Girar a la derecha, Voltear verticalmente y Voltear horizontalmente, que permiten realizar la función que su nombre indica.

Formato

Al hacer doble clic sobre un objeto, se abre el cuadro de diálogo Formato de autoforma que contiene cinco fichas:

- Colores y líneas: Con las opciones de esta ficha se pueden modificar las líneas y su aspecto.
- Tamaño: Permite cambiar el tamaño con exactitud.

- **Protección**: Evita que se realicen cambios en la figura.
- **Propiedades**: Proporciona tres opciones para determinar si al insertar filas y columnas cambiará o no el tamaño de la figura y si se moverá o no. También permite decidir si imprimir o no la figura con la hoja de cálculo.
- `Web`: En esta ficha se puede escribir el texto que se mostrará mientras se descarga la figura, en caso de que se decida publicar la hoja como página Web.

Si el objeto contiene texto, en este cuadro de diálogo aparecerán también las fichas **Fuente**, **Alineación** y **Márgenes** que explicamos en el capítulo sobre formato.

Resumen

Ahora que ya puede manejar todas las herramientas gráficas que proporciona Excel para insertar imágenes y modificarlas, así como hacer sus propias creaciones, podrá mejorar la presentación de informes y trabajos. Estas herramientas no harán que sus trabajos sean más exactos, pero contribuirán a resaltar determinadas áreas sobre las que desee llamar la atención y harán que sean más fáciles de comprender en determinadas circunstancias. En el próximo capítulo vamos a cambiar de tema, explicaremos las herramientas que proporciona Excel 2003 para ajustar las opciones de impresión.

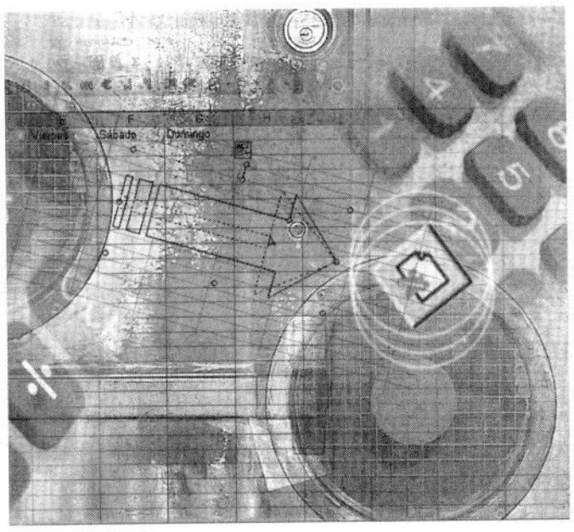

Capítulo 12

Imprimir hojas de cálculo

En este capítulo aprenderá a:

- Establecer el tamaño y la orientación de la hoja.
- Ajustar los márgenes de impresión.
- Seleccionar filas y columnas para imprimir en todas las páginas.
- Modificar encabezados y pies de página.
- Definir diferentes áreas de impresión.
- Obtener una vista preliminar.
- Ajustar los saltos de página.

Introducción

Para imprimir una hoja de cálculo basta con hacer clic en el botón Imprimir de la barra de herramientas **Estándar**, no obstante, Excel proporciona variadas opciones que aportan un aspecto mucho más profesional a sus hojas impresas. Asimismo, con ayuda de la vista preliminar se obtiene una vista exacta de cómo quedará el trabajo después de impreso, con lo que consigue ahorrar tiempo de trabajo. También puede acceder a este comando ejecutando Archivo>Imprimir o la combinación de teclas **Control-P**, que activa el cuadro de diálogo Imprimir. Sin embargo, para conseguir aprovechar al máximo las posibilidades que ofrece Excel, antes será necesario especificar el área y configurar las opciones de impresión.

Configurar página

El comando Configurar página permite comprobar y modificar el aspecto que tendrán las hojas de cálculo una vez impresas. Para ejecutarlo, seleccione Archivo>Configurar página que activa el cuadro de diálogo Configurar página que estudiaremos a lo largo de este capítulo.

Ficha Página

Esta es la primera ficha que muestra el cuadro de diálogo Configurar página, por tanto, si ejecuta Archivo>Configurar página se activará el cuadro de diálogo que aparece en la figura 12.1.

Esta ficha consta de tres secciones distribuidas de arriba a abajo. La sección Orientación permite especificar la posición en que se imprimirá la página; sólo tiene que activar la casilla de verificación deseada. De forma predeterminada está establecida la orientación Vertical.

La sección Escala permite ahorrar mucho tiempo a la hora de ajustar la cantidad de hojas que se van a imprimir. Esta sección presenta dos opciones:

- Ajustar al: Un porcentaje determinado de la selección para aumentar o reducir la impresión. La opción predeterminada es 100 por cien y es posible seleccionar entre un 10 por cien y un 400 por cien.
- Ajustar a: Con esta opción se puede determinar exactamente el número de páginas que se van a imprimir, incluyendo el número de páginas de ancho por el número de páginas de alto.

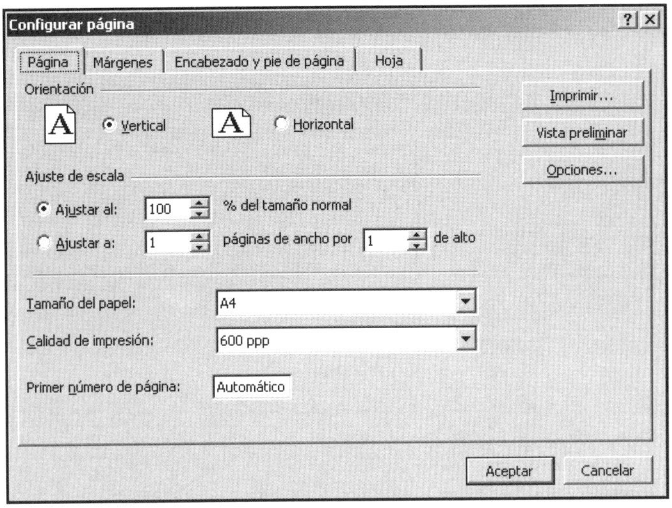

Figura 12.1. Ficha Página del cuadro de diálogo Configurar página.

Por último la sección inferior presenta tres elementos:

- Tamaño de papel: Esta opción presenta una lista de tamaños que dependen de las capacidades de la impresora activa. Es posible seleccionar un tamaño de hoja diferente cada vez que se vaya a imprimir un trabajo.
- Calidad de impresión: Esta sección permite determinar la resolución de la impresión y depende también de la impresora activa. Tenga en cuenta que cuanto mayor sea la resolución, mayor será la calidad de impresión, aunquc cllo implica que tardará más tiempo en imprimirse.
- Primer número de página: Este elemento muestra como opción predeterminada Automático, lo que significa que la primera página impresa llevará el número 1. Sin embargo, se pucdc cspecificar cualquier número, lo que resulta muy práctico cuando varios trabajos forman parte de un mismo informe.

Ficha Márgenes

Esta es la segunda ficha del cuadro de diálogo Configurar página y presenta dos secciones, una superior y otra inferior, como puede apreciar en la figura 12.2:

- En la sección superior aparece la imagen de una página y seis cuadros llamados: Superior, Inferior, Izquierda, Derecha, Encabezado y Pie de página.

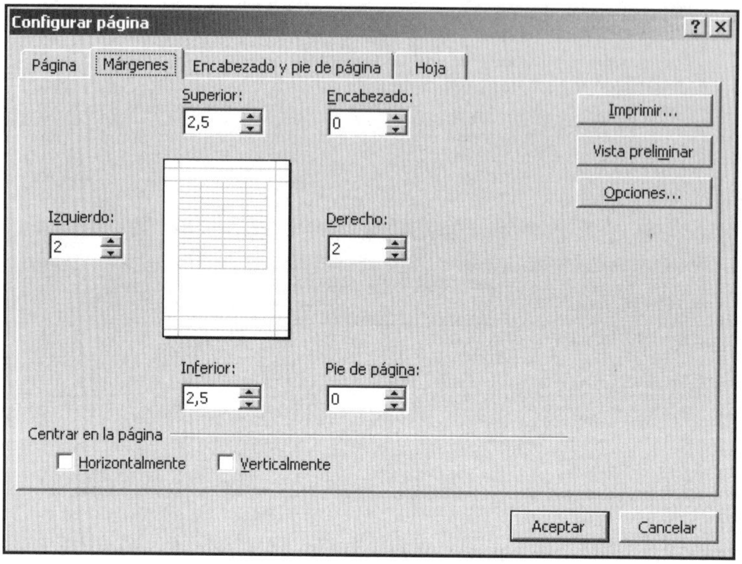

Figura 12.2. Ficha Márgenes del cuadro de diálogo Configurar página.

- En la sección inferior Centrar en la página, aparecen dos casillas de verificación: Horizontalmente y Verticalmente. Esta sección suministra un método rápido para centrar perfectamente la impresión, tanto horizontal como verticalmente, dentro de la página a imprimir, activando la casilla correspondiente o ambas.

Las opciones Superior, Inferior, Izquierda y Derecha permiten los márgenes de impresión (en centímetros) desde el borde de la página. La representación de la página permite apreciar en qué posición quedará el texto impreso.

Cada vez que seleccione alguna de estas opciones (Superior, Inferior, Izquierda, Derecha), la línea correspondiente a ese margen se mostrará en color negro en el diagrama.

Las opciones Encabezado y pie de página permiten modificar los márgenes del encabezado y el pie de página, seleccionando a qué distancia (en centímetros) desde los bordes superior e inferior de la hoja van a estar ubicados.

Tenga en cuenta que los valores de este apartado deberán ser menores que los especificados en el apartado anterior, en caso contrario se corre el riesgo de que el texto del encabezado y del pie de página se impriman encima del contenido de la hoja.

Ficha Encabezado y pie de página

Esta ficha del cuadro de diálogo Configurar página, que mostramos en la figura 12.3, constituye una herramienta muy práctica para crear encabezados y pies de página personalizados o prediseñados. El encabezado y el pie de página permiten incluir información importante en cada una de las páginas impresas a la hora de presentar un trabajo o informe.

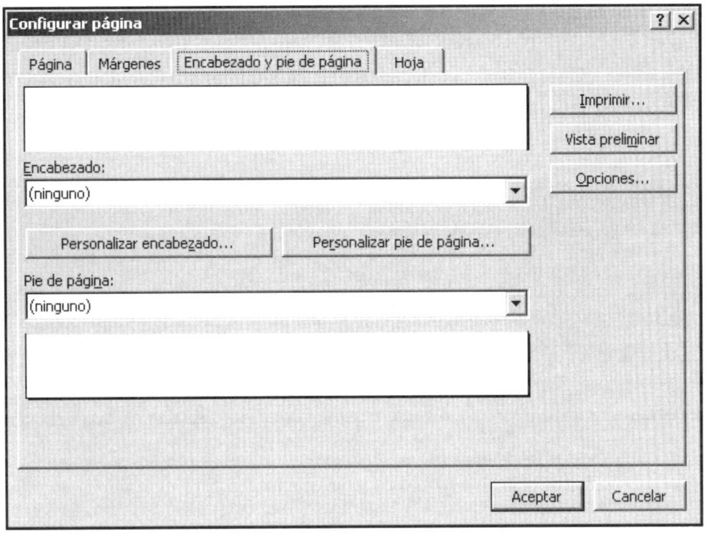

Figura 12.3. Ficha Encabezado y pie de página del cuadro de diálogo Configurar página.

Como se aprecia en la figura 12.3, en la sección superior del cuadro de diálogo, aparece la representación de la parte superior de una página y es donde Excel muestra el encabezado elegido para la hoja de trabajo activa.

Lo mismo sucede en la sección inferior, donde Excel muestra el pie de página seleccionado. En la sección central del cuadro de diálogo aparecen las herramientas para personalizar los encabezados y pies de página:

- Dos cuadros de listas desplegables: Encabezado y Pie de página.
- Dos botones: **Personalizar encabezado** y **Personalizar pie de página**.

Cuadros de lista Encabezado y Pie de página

En estas listas Excel incorpora una amplia variedad de encabezados y pies de página predeterminados, que se pueden utilizar desplegando las listas y seleccionando el que más se ajuste a sus necesidades. Estos encabezados y pies de página contienen diversa información, desde el número de página y la fecha hasta el nombre del autor.

Botones Personalizar encabezado y pie de página

Además de incorporar varios encabezados y pies de página, Excel permite personalizarlos, proporcionando varias herramientas que explicamos un poco más adelante en la tabla 12.1.

El proceso para personalizar encabezados y pies de página es exactamente el mismo: sólo se precisa seleccionar el botón correspondiente para activar el cuadro de diálogo que aparece en la figura 12.4.

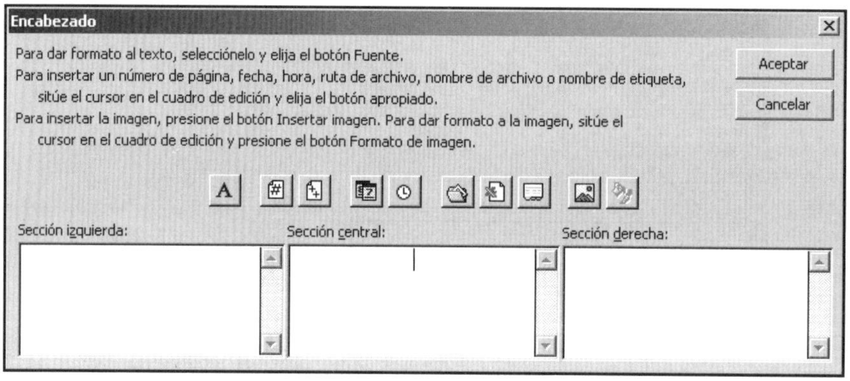

Figura 12.4. Cuadro de diálogo Encabezado.

Este cuadro de diálogo presenta tres secciones para distribuir el texto a la izquierda, el centro o la derecha respectivamente.

Todo el texto se imprimirá en una sola línea, a menos que pulse la tecla **Intro** para empezar una nueva línea.

Advertencia:

Evite introducir cadenas de texto muy largas en varias secciones a la vez, ya que podrían superponerse al imprimirlos.

En la tabla 12.1 explicamos las funciones de los botones que permiten introducir códigos especiales automáticamente en el encabezado y el pie de página.

Tabla 12.1. Botones de Encabezado y Pie de página.

Botón	Nombre	Función
	Fuente	Abre el cuadro de diálogo Fuente para modificar el tipo de fuente, el tamaño, el estilo y el efecto del texto seleccionado.
	Número de página	Inserta el número de página actual.
	Páginas totales	Inserta el número total de páginas de impresión.
	Fecha	Inserta la fecha actual.
	Hora	Inserta la hora actual.
	Ruta de acceso	Inserta la ruta de acceso al libro de trabajo.
	Archivo	Inserta el nombre de archivo del libro.
	Etiqueta	Inserta el nombre de la hoja de trabajo.
	Insertar imagen	Inserta una imagen.
	Formato de imagen	Abre el cuadro de diálogo Formato de imagen que permite modificar el tamaño, la escala, el color y otras propiedades de la imagen. Este botón sólo estará disponible después de insertar una imagen en el encabezado o en el pie de página.

Truco:

Utilice alguno de los encabezados y pies de página incorporados como base para personalizarlos, seleccionándolos antes de hacer clic en Personalizar encabezado *o* Personalizar pie de página.

Para insertar una imagen, haga clic en el botón Insertar imagen que activa el cuadro de diálogo Insertar imagen de la figura 12.5. A continuación localice la ubicación de la imagen que desea insertar y haga clic en **Insertar**.

Las posibilidades de búsqueda que ofrece esta herramienta las explicamos en los primeros capítulos de este libro.

El botón Formato de imagen no se activa mientras no se inserte una imagen en el encabezado o en el pie de página. Una vez insertada la imagen, haga clic en este botón para abrir el cuadro de diálogo Formato de imagen que mostramos en la figura 12.6.

Figura 12.5. Cuadro de diálogo Insertar imagen.

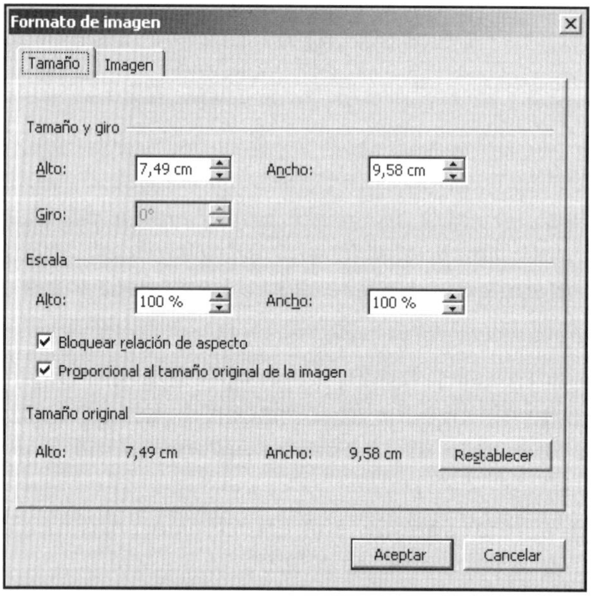

Figura 12.6. Cuadro de diálogo Formato de imagen.

Este cuadro de diálogo consta de las fichas **Tamaño** e **Imagen** y permite modificar el tamaño y la escala y ajustar otras propiedades de la imagen. En el capítulo dedicado a las imágenes en Excel explicamos más detalladamente cómo trabajar con él.

Ficha Hoja

La última ficha del cuadro de diálogo **Configurar página**, que mostramos en la figura 12.7, consta de las secciones: **Área de impresión**, **Imprimir títulos**, **Imprimir** y **Orden de las páginas**.

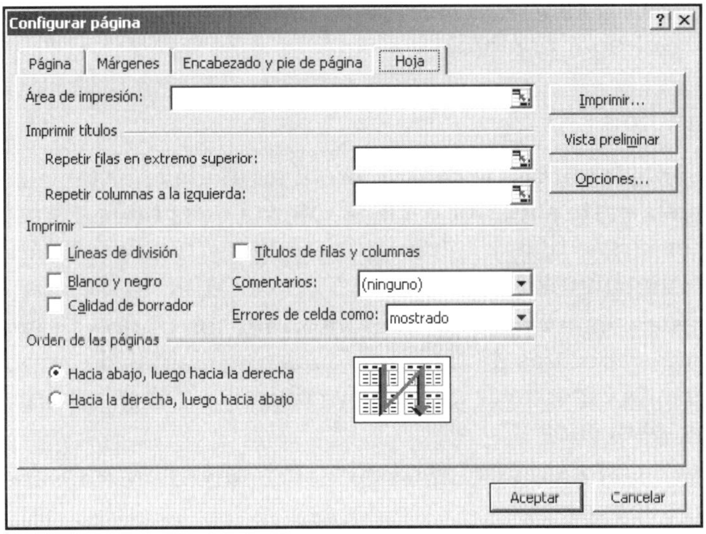

Figura 12.7. Ficha Hoja del cuadro de diálogo Configurar página.

Área de impresión

Este cuadro de texto permite seleccionar fácilmente las áreas de la hoja de cálculo que se desea imprimir. Si no se indica nada, Excel presupone que se imprimirá la hoja completa.

Truco:

También puede definir el área de impresión haciendo clic en el botón Contraer y seleccionando, directamente, los rangos en la hoja de cálculo; si necesita imprimir varios rangos, mantenga pre-

sionada la tecla ***Control*** *mientras selecciona los rangos deseados. Excel imprimirá cada rango en una página independiente.*

Para configurar esta opción una vez seleccionada la ficha Hoja:

1. Escriba los rangos deseados separados entre sí por puntos y comas (;).
2. Haga clic en el botón **Aceptar**.

Truco:

Otra forma rápida de introducir rangos con nombre, consiste en situar el cursor en el cuadro de texto Área de impresión, *pulse la tecla* ***F3*** *y seleccione el nombre del rango en el cuadro de diálogo* Pegar nombre.

Imprimir títulos

Habitualmente las hojas de cálculo están formadas por tablas, con títulos ubicados en la parte superior o a la izquierda de la tabla. Estas tablas suelen contener largas filas y columnas de datos y requieren varias páginas para poder imprimirse.

Gracias a este comando, se pueden imprimir los títulos de las filas y columnas como cabeceras de tabla en todas las páginas de impresión. Esta sección permite especificar qué filas y columnas deben repetirse en todas las páginas, para ello:

1. Haga clic en el botón Contraer del cuadro de texto Repetir filas en extremo superior.
2. Haga clic en cualquier lugar de la fila o filas que desea seleccionar (deberán ser filas consecutivas), Excel las incluye en el cuadro de texto como referencia absoluta.
3. Haga clic en el botón Expandir .
4. Haga clic en el botón Contraer del cuadro de texto Repetir columnas a la izquierda.
5. Haga clic en cualquier lugar de la columna o columnas que quiera seleccionar (deberán ser también columnas consecutivas), Excel las incluye en el cuadro de texto como referencia absoluta.
6. Haga clic en el botón Expandir .
7. Haga clic en **Aceptar**.

Es posible seleccionar sólo filas, sólo columnas o ambas.

La sección Imprimir

Esta sección consta de varias casillas de verificación y dos cuadros de listas desplegables:

- **Líneas de división**: Activa la impresión de las líneas de división de la hoja de cálculo.
- **Blanco y negro**: Se utiliza cuando se va a imprimir una hoja de cálculo que contiene colores, en una impresora en blanco y negro; Excel maneja los colores en la forma necesaria.
- **Calidad de borrador**: En este caso Excel omite la impresión de gráficos, líneas de división y muchos de los formatos establecidos y, de esta forma, la impresión se ejecuta rápidamente.
- **Títulos de filas y columnas**: Cuando se selecciona esta opción, se imprimen los títulos de fila (1, 2, 3...) y de columnas (A, B, C...) y resulta muy sencillo identificar la ubicación del contenido dentro de la hoja de cálculo.
- **Comentarios**: Este cuadro de lista ofrece tres opciones: **ninguno** (es la opción predeterminada y no imprime ningún comentario), **Al final de la hoja** (imprime todos los comentarios al final de la hoja) y **Como en la hoja** (imprime los comentarios en la misma ubicación que tienen en la hoja de cálculo).
- **Errores de celda como**: Con esta opción, en el lugar de las celdas que contienen errores, se imprimirá una de las siguientes opciones: el error mostrado, un espacio en blanco, dos guiones (--) o #N/A.

Orden de las páginas

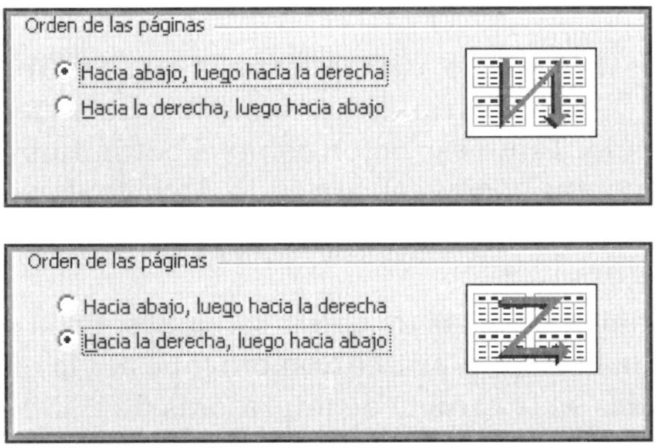

Figura 12.8. Orden de las páginas.

Esta sección da la posibilidad de decidir en qué orden imprimir las hojas de cálculo que contienen varias páginas. El diagrama de la derecha varía en relación con la opción seleccionada:

- Hacia abajo y luego a la derecha.
- Hacia la derecha y luego hacia abajo.

En la figura 12.8 se puede apreciar cómo se ejecuta la impresión en cada caso.

Botones del cuadro de diálogo Configurar página

Como habrá observado hay tres botones que se repiten a lo largo de todas las fichas del cuadro de diálogo Configurar página, que son los siguientes:

- **Imprimir**: Abre el cuadro de diálogo Imprimir que explicamos más abajo.
- **Vista preliminar**: Muestra la vista previa del documento, una de las características más ventajosas relacionadas con la impresión.
- **Opciones**: Abre el cuadro de diálogo Propiedades de la impresora, que depende de la impresora configurada; este cuadro de diálogo muestra las propiedades de la impresora, que en muchos casos coinciden con las propiedades especificadas en los cuadros de diálogo Configurar página e Imprimir. Esta ventana contiene varias fichas que permiten definir las características del papel, la definición de los gráficos y el acabado de la impresión.

Imprimir

Al principio de este capítulo, comentábamos que bastaba hacer clic en el botón Imprimir , de la barra de herramientas Estándar, para imprimir una hoja de cálculo. Tanto ese botón como el botón **Imprimir** del cuadro de diálogo Configurar página, el comando Archivo>Imprimir y la combinación de teclas **Control-P** activan el cuadro de diálogo Imprimir, que se muestra en la figura 12.9.

Este cuadro de diálogo consta de varias secciones. En la sección Impresora, el cuadro de la lista desplegable Nombre muestra la relación de impresoras configuradas en la carpeta de impresoras de Windows.

En el cuadro Nombre, seleccione la impresora que desea utilizar. Puede que dicha impresora no aparezca en la lista, recurra entonces al botón

Buscar impresora (nuevo en Excel 2003), que permite buscar la impresora deseada y agregarla a la lista del cuadro Nombre y a la carpeta Impresoras del equipo.

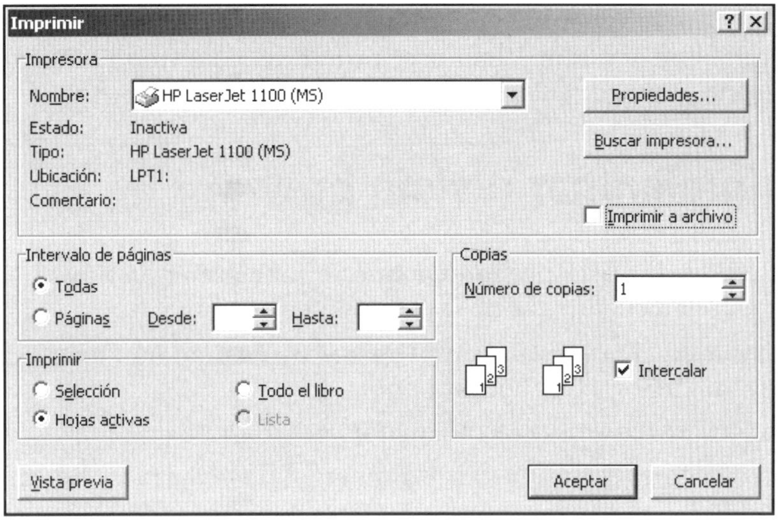

Figura 12.9. Cuadro de diálogo Imprimir.

Nota:

Active Directory es un servicio de red que almacena información acerca de los recursos, como equipos e impresoras. Si Active Directory no se utiliza en su sitio o no es compatible con su sistema operativo, el botón ***Buscar impresora*** *no estará disponible.*

A continuación aparece información sobre el estado (si está activa o inactiva), el tipo, la marca y la ubicación de la impresora y algunos comentarios, si proceden.

En esta sección aparece también el botón **Propiedades**, que explicamos más adelante.

La siguiente sección, Intervalo de páginas, permite elegir entre imprimir todas las páginas o definir un intervalo.

La sección Imprimir ofrece la posibilidad de escoger entre imprimir las hojas activas (predeterminada), todo el libro o una selección, que corresponde al rango de celdas seleccionado previamente.

En la sección Copias se especifica el número de copias a imprimir. Cuando va a imprimir más de una copia, si activa la casilla Intercalar, Excel imprimirá páginas consecutivas de cada copia y no todas las copias de cada página cada vez.

Por último, aparece también el botón **Vista previa**, que funciona exactamente igual que el botón **Vista preliminar**,del cuadro de diálogo Configurar página, y que detallamos a continuación.

Vista preliminar o vista previa

Para acceder a la Vista preliminar que se muestra en la figura 12.10, se puede recurrir a cualquiera de las siguientes opciones:

- Hacer clic en el botón **Vista preliminar** de cualquiera de las fichas del cuadro de diálogo Configurar página.
- Seleccionar Archivo>Vista preliminar en la barra de menús.
- Hacer clic en el botón Vista preliminar de la barra de herramientas Estándar.

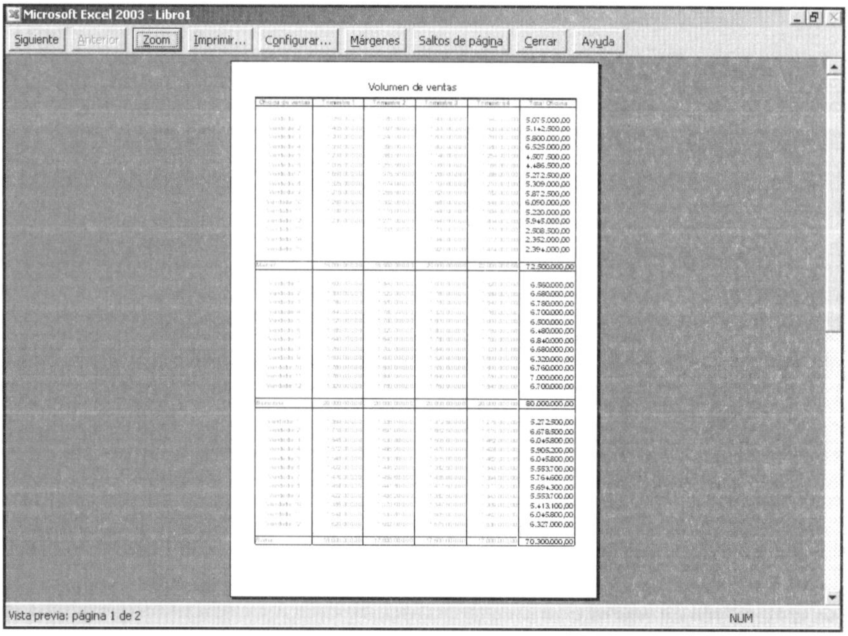

Figura 12.10 Vista preliminar.

La vista preliminar contiene los botones:

- **Siguiente**: Muestra la vista preliminar de la página siguiente. En caso de que sólo existiera una página o de que la mostrada fuera la última, este botón aparecería desactivado. También puede usar la tecla **AvPág**.
- **Anterior**: Muestra la vista prelimar de la página anterior. También aparecería desactivado si sólo existiera una página o la mostrada fuera la primera. También puede usar la tecla **Re Pág**.
- **Zoom**: Muestra alternativamente la imagen ampliada o reducida.
- **Imprimir**: Abre el cuadro de diálogo Imprimir que explicamos en la sección anterior.
- **Configurar**: Abre el cuadro de diálogo Configurar página que explicamos al inicio del capítulo.
- **Márgenes**: Muestra las líneas de los márgenes. Arrastrando estas líneas puede modificar la posición de los márgenes.

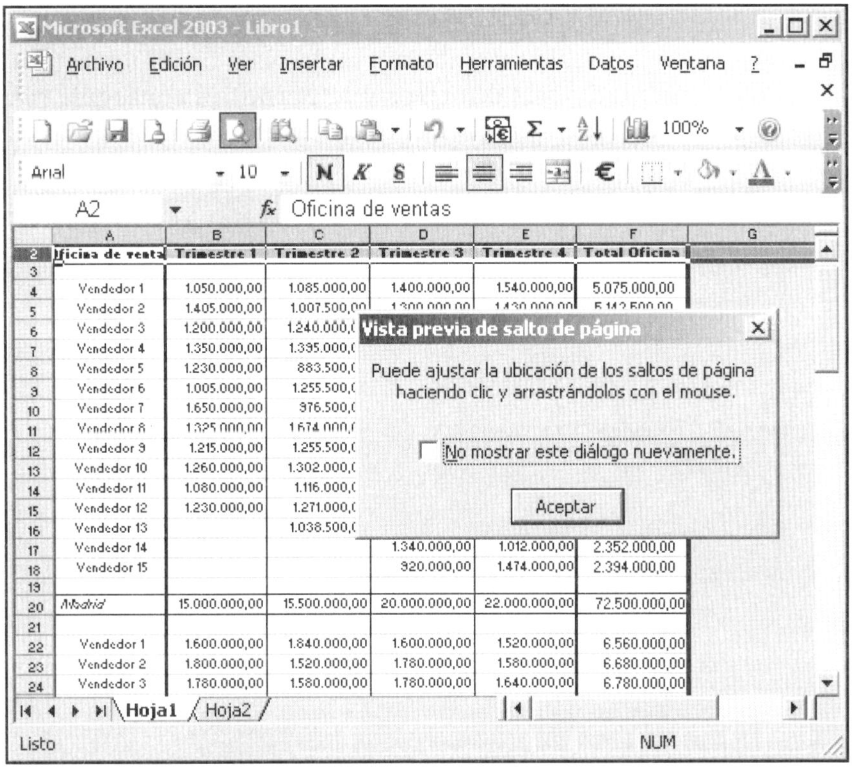

Figura 12.11. Ajustar los saltos de página.

- **Saltos de página/Vista normal**: Muestra los saltos de página durante la impresión y ofrece la posibilidad de ajustarlos, arrastrándolos con el ratón, como se muestra en la figura 12.11. Aparece el cuadro de diálogo Vista previa de salto de página, que explica cómo ajustar los saltos de página. Una vez ajustados los saltos de página, es necesario hacer clic en el botón Vista preliminar de la barra de herramientas para regresar a la vista preliminar. Entonces, en lugar del botón **Saltos de página**, se mostrará el botón **Vista normal**; al hacer clic en él, Excel regresa a la **Vista normal** sin indicar los saltos de página.
- **Cerrar**: Cierra la ventana Vista preliminar.
- **Ayuda**: Muestra la ayuda relacionada con la vista preliminar.

Resumen

A estas alturas ya puede diseñar la presentación de la página, personalizar el encabezado y el pie de página, paginar las impresiones, seleccionar diferentes áreas de impresión y trabajar con la vista preliminar, todo ello sumará profesionalidad a sus informes y le permitirá conseguir resultados muy interesantes. A continuación estudiaremos el gran potencial de Excel para gestionar bases de datos.

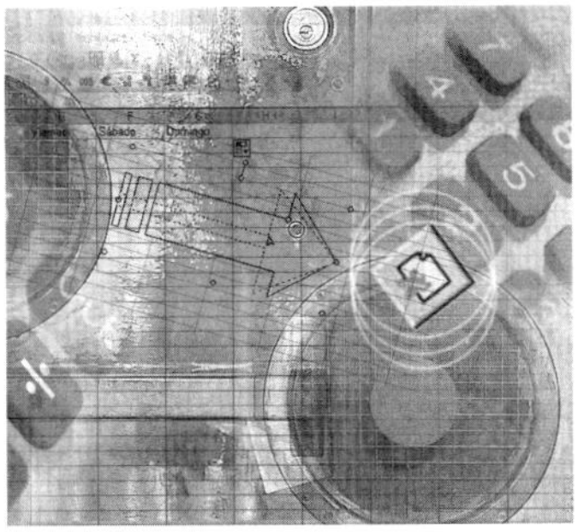

Capítulo 13

Las bases de datos en Excel

En este capítulo aprenderá a:

- Crear una base de datos.
- Introducir datos mediante un formulario.
- Utilizar criterios para localizar determinados filtros.
- Validar datos.
- Organizar una base de datos utilizando el comando Ordenar.
- Filtrar datos.

Introducción

Aunque Excel está especializado en sus funciones como hoja de cálculo, también puede utilizarse para gestionar bases de datos de forma eficiente. Excel añade a sus magníficas herramientas de hoja de cálculo, un grupo de instrumentos que permiten crear, ordenar y filtrar bases de datos. Por tanto, podemos decir que Excel además de organizar números, permite organizar datos. A lo largo de este capítulo trabajaremos con bases de datos.

¿Qué son las bases de datos?

Una base de datos es una tabla que contiene un conjunto de datos, organizado de tal forma que es posible acceder a la información necesaria cuando se necesite. Las hojas de cálculo de Excel proporcionan un formato ideal para crear bases de datos sencillas. Comencemos por conocer la terminología propia de las bases de datos, para poder trabajar de forma eficiente. Veamos una lista de conceptos que utilizaremos a lo largo de este capítulo:

- Campos: En la forma habitual de trabajo de Excel se conocen como columnas.
- Registros: En el argot de las bases de datos, se llama registro a lo que denominamos filas en las hojas de cálculo.
- Formularios: Se conocen como formularios los documentos que se usan para introducir entradas en las bases de datos.
- Ordenar: Como su nombre indica, es el método que se utiliza para organizar una base de datos.
- Filtros: Con ayuda de los filtros se puede seleccionar un grupo de registros que cumpla un determinado criterio.
- Tabla dinámica: Se trata de una tabla resumen que permite consolidar el contenido de una base de datos para simplificar su análisis. En el siguiente capítulo trataremos este tema más detalladamente.

Crear una base de datos

Una base de datos es una hoja de cálculo muy elemental. Generalmente, la primera fila debe contener los rótulos de los campos y los registros irán debajo de estos. Veamos algunas reglas importantes a tener en cuenta para crear una base de datos:

- Los rótulos de los campos deben ubicarse en la parte superior de la base de datos. Como ya explicamos, deben definir el contenido del campo. Como ocurre con los nombres de celdas, los rótulos deben ser cortos y explícitos para facilitar el trabajo, especialmente si se van a utilizar formularios para introducir datos. El texto completo del rótulo debe quedar visible en el ancho de la columna, nunca divida el texto para incluirlo en dos columnas; si fuera necesario ajuste el ancho de columna.
- Los registros van a continuación de la fila donde se han escrito los rótulos de los campos, no salte una fila entre ambos, porque Excel perderá la relación entre los registros y los nombres de los campos.
- Introduzca cada registro en una fila independiente, sin dejar filas en blanco entre ellos.
- Las celdas de una misma columna deben contener el mismo tipo de información.
- Todos los registros deben estar en la misma hoja de cálculo.
- En una hoja de cálculo destinada a una base de datos no debe incluirse ninguna información que no sea la propia base de datos, con excepción de las listas de ordenación, que veremos más adelante. Para ello, deje al menos una columna en blanco entre la base de datos y las mencionadas listas.

Una vez aclaradas estas cuestiones, podemos empezar a crear una base de datos. El primer paso consiste en introducir los rótulos de los campos.

Introducir rótulos de campos

Teniendo en cuenta que Excel utiliza estos rótulos para localizar, organizar y filtrar la información, veamos cómo introducir y dar formato a dichos rótulos para evitar cualquier problema en el futuro:

1. Seleccione la fila donde va a introducir los rótulos haciendo clic en la etiqueta de fila.
2. Ejecute Formato>Celdas para activar el cuadro de diálogo Formato de celdas.
3. Seleccione la ficha Número.
4. Seleccione Texto en el cuadro Categoría.

5. Aplique el formato que desea a dicho texto, por ejemplo, **Negrita**, para diferenciarlo del resto de entradas.
6. Haga clic en **Aceptar**.
7. Escriba los nombres de los campos.

Dar formato a los campos de la base de datos

Existen determinados tipos de datos que admiten un formato específico, por ejemplo fechas, códigos postales, números de teléfono, tipos de moneda, etc. Si desea especificar estos formatos, una vez creadas las condiciones para los rótulos de campo proceda a dar formato a los campos:

1. Seleccione las celdas debajo del rótulo de campo.
2. Ejecute Formato>Celdas para activar el cuadro de diálogo Formato de celdas.
3. Seleccione la ficha Número.
4. Seleccione Personalizada en el cuadro Categoría.
5. Seleccione el formato que se ajuste a las necesidades del campo.
6. Haga clic en **Aceptar**.

Formularios

Una vez que ha introducido los rótulos y ha dado formato a los campos, ya puede empezar a introducir los datos en la tabla, algo que puede hacer directamente ayudándose con las funciones Autocompletar y Elegir de la lista. Pero teniendo en cuenta que, trabajar con una base de datos cuando existen demasiados campos, puede resultar frustrante, porque es preciso desplazarse constantemente de una pantalla a otra, Excel ha incluido la herramienta Formulario. Excel puede identificar los rótulos de campo que ha introducido antes y los utiliza para crear el formulario necesario para introducir datos. Para activar y usar el formulario haga lo siguiente:

1. Seleccione cualquiera de las celdas donde ha introducido los rótulos de campo.
2. Ejecute Datos>Formulario, Excel muestra el cuadro de diálogo que se muestra en la figura 13.1, explicando que no puede determinar qué fila contiene los rótulos de columna, aunque asume que debe ser la primera.

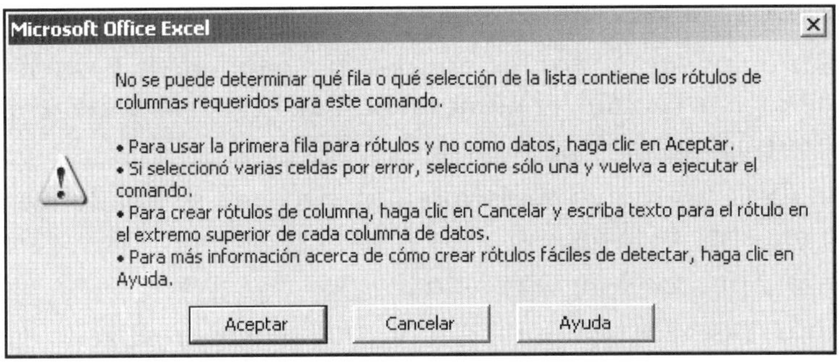

Figura 13.1. Cuadro de diálogo de Excel para determinar la fila de rótulos de campo.

3. Haga clic en **Aceptar** y se activará el cuadro de diálogo que aparece en la figura 13.2. Como apreciará, Excel ha utilizado los rótulos de campo que haya escrito en su base de datos.

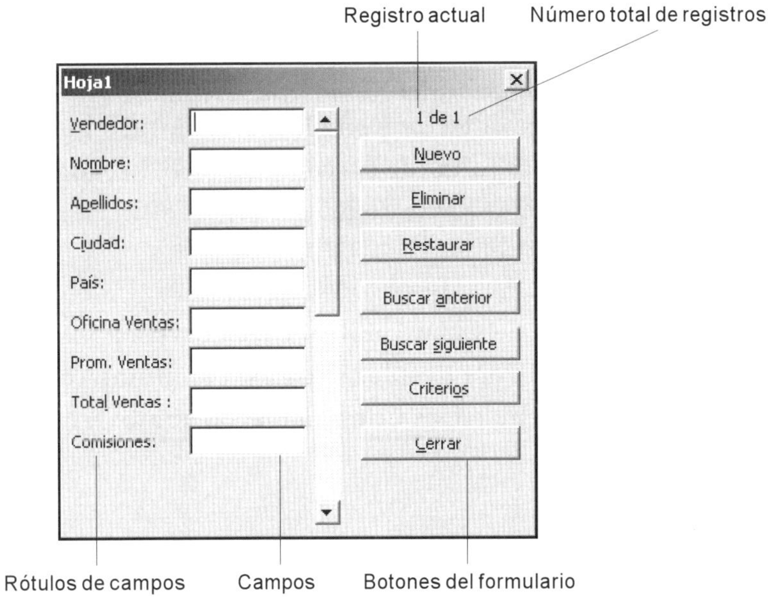

Figura 13.2. Formulario.

4. Introduzca los datos que desea. Pulse **Tab** para pasar de un campo a otro.
5. Utilice los botones de la derecha para moverse de un registro a otro. A continuación los explicamos con detalle.

6. Haga clic en **Cerrar** para terminar.

El formulario muestra todos los campos que contiene la base de datos, el número de registro actual, el número total de registros y un grupo de botones que explicamos a continuación:

- **Nuevo**: Crea un nuevo registro en blanco que se añade después del último registro de la lista.
- **Eliminar**: Elimina el registro actual.
- **Restaurar**: Deshace cualquier cambio que se haya realizado en el registro actual antes de pasar a otro registro. No deshace la acción Eliminar.
- **Buscar anterior**: Salta al registro inmediato anterior.
- **Buscar siguiente**: Pasa al registro siguiente de la lista.
- **Criterios**: Permite especificar criterios, de modo que se muestren sólo aquellos registros que coincidan con el criterio especificado.
- **Cerrar**: Cierra el formulario y regresa a la hoja de cálculo.

Además de los botones explicados antes, puede usar otros instrumentos para trabajar con el formulario:

- La barra de desplazamiento vertical: Al hacer clic en **Flecha arriba**, pasará al registro anterior y en **Flecha abajo**, al siguiente.
- La tecla **Tab**: Para saltar de un campo a otro de cada registro.
- La tecla **Intro**: Para pasar de un registro a otro, cuando ha terminado de introducir los datos del registro actual.
- La tecla **Re Pág**: Para desplazarse al primer registro.
- La combinación de teclas **Control-Flecha arriba**: Igual que el anterior.
- La tecla **Av Pág**: Para desplazarse hasta el último registro.
- La combinación de teclas **Control-Flecha abajo**: Igual que el anterior.

Criterios

En una base de datos extensa, puede resultar muy difícil encontrar un determinado registro. Veamos qué hacer para localizar los registros que cumplen determinados criterios:

1. Seleccione una celda de la base de datos.
2. Ejecute Datos>Formulario.
3. Haga clic en el botón **Criterios** del formulario.

4. Escriba el criterio que desea buscar en el campo correspondiente. Se pueden utilizar nombres completos o sólo las primeras letras. En los campos numéricos puede utilizar los signos mayor que (>), menor que (<) o distinto que (<>); este último también puede usarse en los campos de texto. También puede usar los símbolos (?) para especificar un carácter y (*) para especificar varios caracteres. Por ejemplo, para buscar todos los registros que empiecen por la letra M, puede escribir M* y para encontrar todos los valores de 3 cifras que terminen en 50 escriba ?50.
5. Haga clic en **Buscar siguiente**. Para volver a un registro buscado anteriormente, haga clic en **Buscar anterior**.
6. Cuando haya encontrado todo lo que necesita, haga clic en **Cerrar**.

Validación

Es imposible trabajar con una base de datos si los datos no son coherentes. Por ejemplo, el nombre de un mismo país se puede introducir de diferentes formas: Estados Unidos, EE.UU., EUA, etc. En este caso, al intentar ordenar la base de datos por países, se obtendrían resultados irreales. Para evitar esos errores se utiliza el comando Validación, que garantiza que no se introduzcan valores que no correspondan en un campo determinado.

Para validar las entradas de las celdas debe hacer lo siguiente:

1. Seleccione la celda a la que va a aplicar la validación.
2. Ejecute Datos>Validación, para abrir el cuadro de diálogo Validación de datos.
3. Especifique los criterios de validación.
4. Haga clic en **Aceptar**.

El cuadro de diálogo Validación de datos contiene las siguientes fichas:

- Configuración: En esta ficha se especifican los datos que se pueden introducir en la celda y el rango de datos numéricos. También se puede especificar una lista (que deberá crear en la propia hoja de cálculo) para seleccionar la entrada desde ella.
- Mensaje entrante: Crea el mensaje que se mostrará cuando seleccione la celda.
- Mensaje de error: Crea el mensaje que se mostrará cuando introduzca una entrada no válida.

Configuración

El cuadro de lista Permitir despliega una lista para seleccionar el tipo de datos.

Según el tipo de datos que seleccione en este campo, se modificará el cuadro de diálogo para especificar los criterios de validación. En la figura 13.3 aparece la ficha Configuración del cuadro de diálogo Validación de datos.

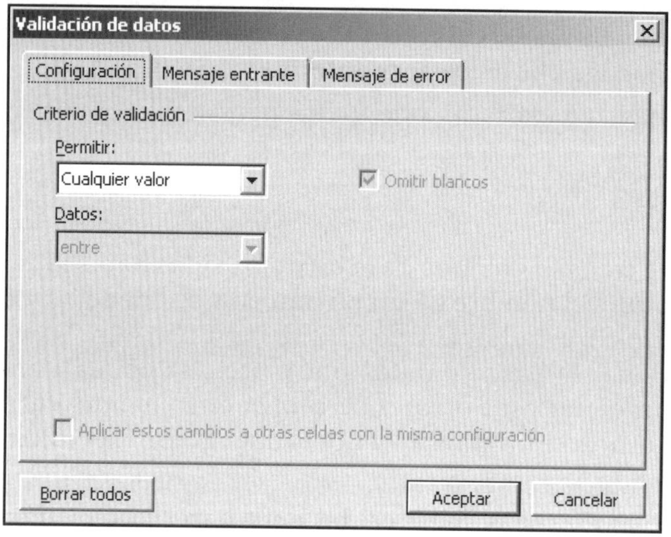

Figura 13.3. Ficha Configuración del cuadro de diálogo Validación de datos.

La lista Permitir contiene las siguientes opciones:

- Cualquier valor: Autoriza cualquier entrada, pero permite mostrar un mensaje entrante.
- Decimal: Sólo admite números enteros y fracciones.
- Lista: Obliga a realizar la entrada a partir de una lista.
- Fecha: Sólo admite entradas de fechas válidas.
- Hora: Sólo admite entradas de horas válidas.
- Longitud del texto: Permite determinar la longitud del texto que va a introducir.
- Personalizada: Una vez introducida una función lógica, sólo admite su entrada si la solución de la fórmula es verdadera.

Para eliminar la validación de datos existen dos opciones:

- Seleccionar la celda o rango de celdas y ejecutar Edición>Borrar>Todo.
- Seleccionar la celda o rango de celdas, ejecutar Datos>Validación y hacer clic en el botón **Borrar todos**.

Definir mensaje entrante

Una vez restringidos los datos que se pueden introducir en una celda, conviene informar al usuario qué tipo de datos son los permitidos, mediante un mensaje que se muestra cuando se selecciona la celda. Para definir ese mensaje es necesario seleccionar la ficha Mensaje entrante, que se muestra en la figura 13.4. Este cuadro de diálogo contiene dos campos:

- Título: En este cuadro de texto se puede incluir el nombre del campo, o algo relacionado con el tema.
- Mensaje entrante: Se utiliza para escribir el mensaje que debe aparecer, especificando los valores límite para que sirvan de información al usuario.

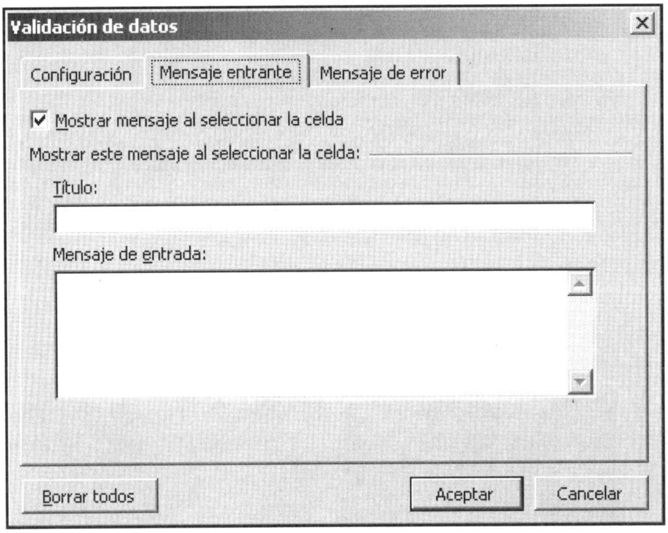

Figura 13.4. Ficha Mensaje entrante del cuadro de diálogo Validación de datos.

Definir mensaje de error

En la figura 13.5 se muestra la ficha Mensaje de error del cuadro de diálogo Validación de datos.

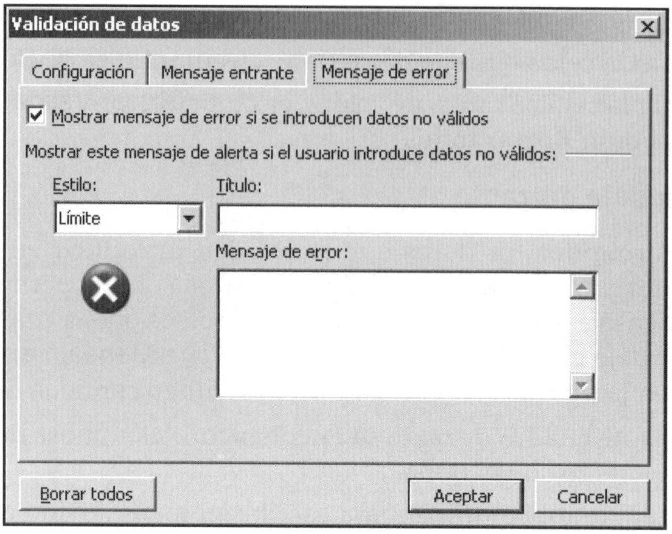

Figura 13.5. Ficha Mensaje de error, del cuadro de diálogo Validación de datos.

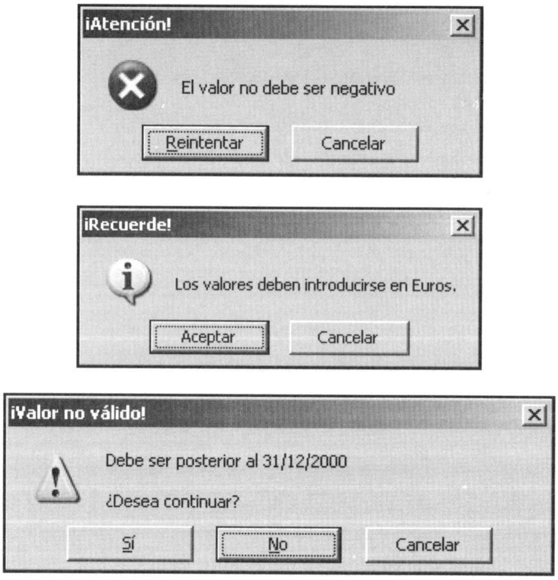

Figura 13.6. Tres mensajes de error diferentes.

Como podrá apreciar, en ella aparecen tres campos:

- Estilo: Despliega una lista con los tres estilos posibles: Límite, Advertencia e Información, que veremos en este mismo apartado.

- Título: Es un cuadro de texto donde puede incluir el nombre del campo, o algo relacionado con el tema.
- Mensaje de error: Se utiliza para escribir el mensaje que desea que aparezca.

Los estilos de la lista proporcionan tres opciones diferentes:

- Límite: Muestra un cuadro de diálogo con las opciones **Reintentar** y **Cancelar** e impide que el usuario introduzca una entrada no válida.
- Advertencia: Muestra el mensaje escrito junto a la pregunta **¿Desea continuar?** y las opciones **Sí**, **No** y **Cancelar**, lo que permite que el usuario introduzca los datos, revise la entrada o cancele la operación.
- Información: Muestra el mensaje escrito y los botones **Aceptar** y **Cancelar**, que permiten introducir los datos o cancelar la entrada.

En la figura 13.6 se muestran los tres estilos de mensaje de error.

Ordenar

A veces, ordenar los datos puede ayudar a localizar determinados registros. Excel permite ordenar y agrupar los registros de varias formas. La manera más sencilla de hacerlo consiste en activar una celda y hacer clic en los botones Orden ascendente u Orden descendente de la barra de herramientas Estándar y Excel organizará automáticamente los registros. Sólo quedan incluidos los datos de la base de datos, las celdas situadas a derecha e izquierda de ésta no se incluirán en el ordenamiento.

Para aplicar métodos de clasificación más avanzados haga lo siguiente:

1. Seleccione todos los registros (no incluya la fila de rótulos).
2. Ejecute Datos>Ordenar para activar el cuadro de diálogo Ordenar, que aparece en la figura 13.7.

El cuadro de diálogo Ordenar permite ordenar la base de datos hasta por tres campos de una sola vez.

Advertencia:

Cerciórese de no incluir la fila de rótulos en la base de datos antes de validar la operación, aunque siempre se puede deshacer la última operación ejecutando Edición>Deshacer.

3. Despliegue la lista del cuadro Ordenar por y seleccione un campo.
4. Haga clic en Ascendente o Descendente según proceda.
5. Si desea ordenar por otro campo, despliegue la lista del cuadro Luego por y seleccione Ascendente o Descendente según proceda.

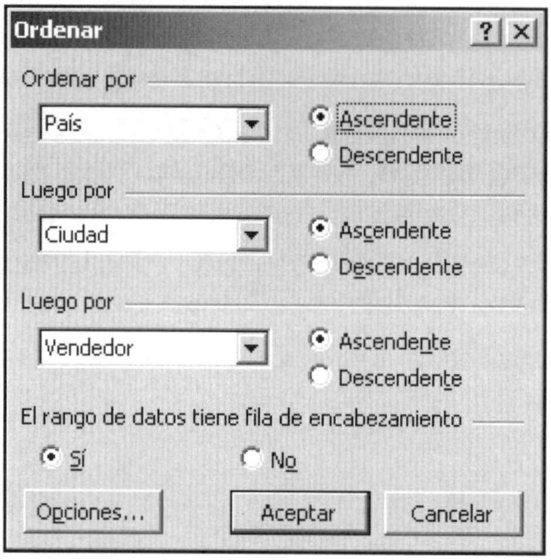

Figura 13.7. Cuadro de diálogo Ordenar.

6. Para una tercera ordenación, repita el paso anterior en la segunda lista desplegable Luego por.
7. Haga clic en **Aceptar**.

Opciones de ordenación

Al hacer clic en el botón **Opciones** del cuadro de diálogo Ordenar, se abre el cuadro de diálogo Opciones de ordenación de la figura 13.8, que presenta las siguientes opciones:

- Primer criterio de ordenación: Despliega una lista que incluye las listas personalizadas incluidas en el libro. La selección Normal ordena alfabética o numéricamente.
- Distinguir mayúsculas de minúsculas: Si activa esta opción, las letras mayúsculas seguirán a las letras minúsculas correspondientes (aA-bBcC...).
- Orientación: Determina la dirección en que se ordenarán los datos.

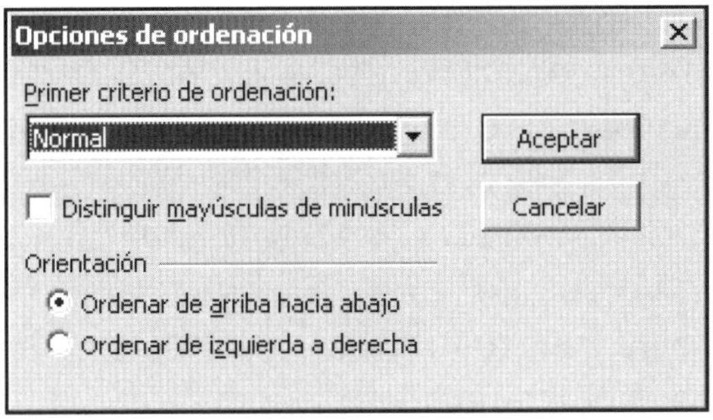

Figura 13.8. Cuadro de diálogo Opciones de ordenación.

Filtros

La herramienta Autofiltro permite mostrar sólo aquellos registros que cumplen un criterio determinado. Para ello:

1. Active una celda de la base de datos.

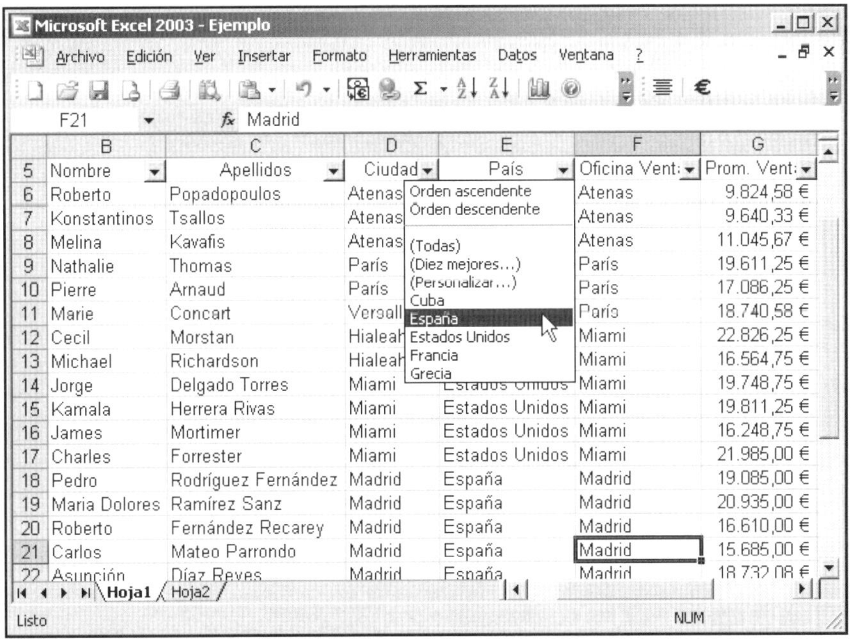

Figura 13.9. Opciones de filtro.

2. Ejecute Datos>Filtro>Autofiltro, para que Excel active un control desplegable en cada uno de los rótulos.
3. Haga clic en uno de dichos controles para apreciar el grupo de opciones de filtro posibles, vea la figura 13.9.
4. Seleccione la opción que necesite y haga clic en ella.

Para volver a mostrar todos los registros, ejecute Datos>Filtro>Mostrar todo y, para que se desactive el Autofiltro, ejecute Datos>Filtro>Autofiltro.

En los campos con datos numéricos, cuando seleccione la opción Diez mejores, se mostrará el cuadro de diálogo Autofiltro de las diez mejores, que aparece en la figura 13.10.

La primera lista permite elegir entre superiores e inferiores, la lista central permite elegir la cantidad de registros que desea mostrar y la última lista permite elegir entre elementos y porcentajes.

La opción Personalizar, que activa el cuadro de diálogo Autofiltro personalizado y se muestra en la figura 13.11, permite seleccionar entre dos criterios para filtrar los datos.

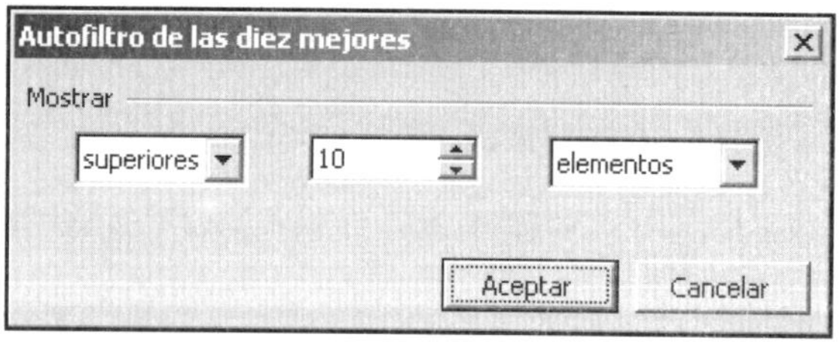

Figura 13.10. Cuadro de diálogo Autofiltro de las diez mejores.

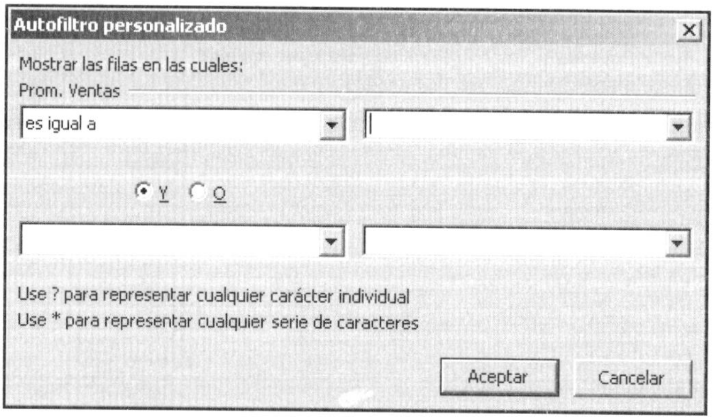

Figura 13.11. Opción Personalizar.

Filtros avanzados

Los filtros avanzados, como su nombre indica, están más allá del ámbito de este libro, por tanto nos limitaremos a comentar que este comando ofrece varias ventajas, entre las que podemos citar las que permiten:

- Incluir fórmulas en los criterios de comparación.
- Copiar los registros que cumplen determinados criterios en otro sitio.
- Crear varios criterios de comparación.
- Crear criterios de comparación para sólo un rango de celdas.

Resumen

Después de conocer todas las herramientas que proporciona Excel para organizar y gestionar datos, comprenderá las ventajas que ofrecen para manipular hojas de cálculo con gran cantidad de información. Una vez familiarizado con ellas, podrá optimizar su tiempo al máximo. En el capítulo siguiente, estudiaremos las fantásticas posibilidades que proporciona Excel para totalizar y comparar datos con esquemas, tablas y gráficos dinámicos.

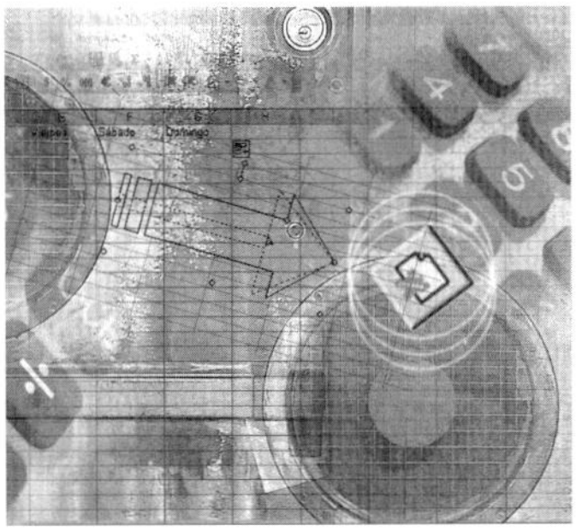

Capítulo 14

Totalizar y comparar datos

En este capítulo aprenderá a:

- Trabajar con la función esquemas.
- Configurar esquemas.
- Consolidar datos.
- Crear tablas y gráficos dinámicos.
- Utilizar la barra de herramientas Tabla dinámica.
- Crear y manipular gráficos dinámicos.

Introducción

En el capítulo anterior explicamos cómo crear bases de datos en Excel. Una vez recopilada la información, es necesario presentarla de forma que se pueda entender fácilmente. Precisamente con ese objetivo Excel pone a su disposición los esquemas y las tablas y gráficos dinámicos. Muchos de los usuarios de Excel han oído hablar de ellos pero no saben cómo utilizarlos, en este capítulo explicaremos cómo hacerlo.

Subtotales

La forma más simple de conseguir un subtotal consiste en hacer clic en el botón Autosuma Σ, después de filtrar un campo por algún criterio.

La mayor parte de las funciones no se pueden aplicar a datos filtrados, porque incluyen los rangos de celda ocultos. En este caso, la función SUBTOTALES sí es aplicable a los datos filtrados. Para ejecutar esta función existen dos opciones:

- Ejecutar el comando Datos>Subtotales.
- Ejecutar la función SUBTOTALES como cualquier otra, según se explica en el capítulo de funciones.

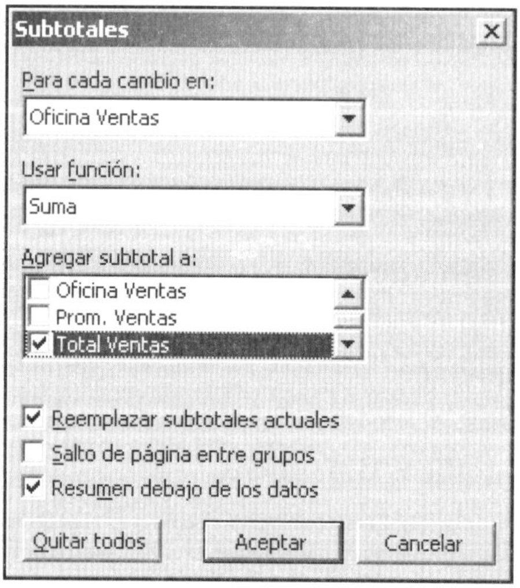

Figura 14.1. Cuadro de diálogo Subtotales.

Antes de ejecutar este comando es necesario ordenar los datos según el criterio deseado:

1. Ordene la base de datos por el campo en el que quiera crear el subtotal.
2. Ejecute Datos>Subtotales para activar el cuadro de diálogo Subtotales, que se muestra en la figura 14.1.
3. En la lista desplegable Para cada cambio en, seleccione el campo ordenado en el primer paso.
4. Seleccione un tipo de subtotal de la lista Usar función.
5. En el cuadro Agregar subtotal a, seleccione todos los campos que quiera añadir al subtotal.
6. Si fuera necesario, modifique las opciones Reemplazar subtotales actuales (si los ha usado anteriormente), Salto de página entre grupos y Resumen debajo de los datos.
7. Haga clic en **Aceptar**.

Nota:

Para eliminar los subtotales, ejecute Datos>Subtotales *y haga clic en el botón* ***Quitar todos*** *del cuadro de diálogo* Subtotales.

Usar esquemas

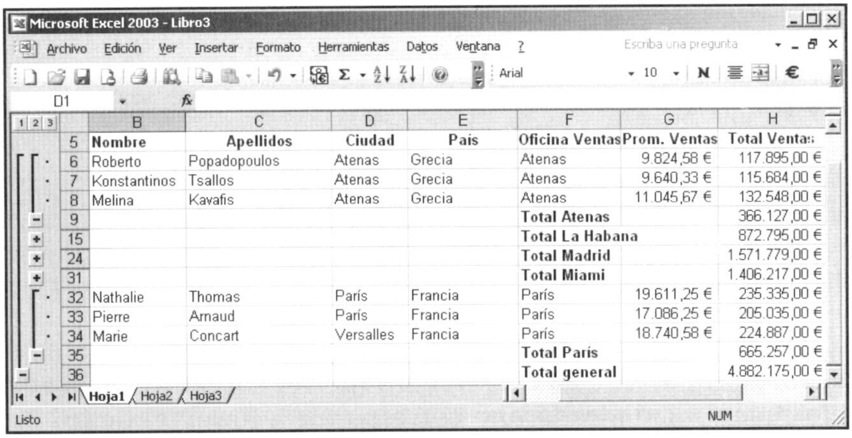

Figura 14.2. Esquemas creados automáticamente por Excel.

Las hojas de cálculo que contienen varios totales y subtotales son adecuadas para utilizar esquemas. Al ejecutar la función SUBTOTALES, Excel creó automáticamente un esquema, como se aprecia en la figura 14.2; para desactivarlo, ejecute Datos>Agrupar y esquema>Borrar esquema y para activarlo nuevamente, ejecute Datos>Agrupar y esquema>Autoesquema. Los esquemas pueden ser tanto horizontales como verticales.

Mostrar y ocultar niveles

Para ocultar los detalles de cada nivel, basta hacer clic en el signo menos (-) que aparece en los extremos de cada corchete, para volver a mostrarlos, haga clic en cada uno de los signos más (+) que aparecen después de ocultar los niveles y que se muestran en la figura 14.3.

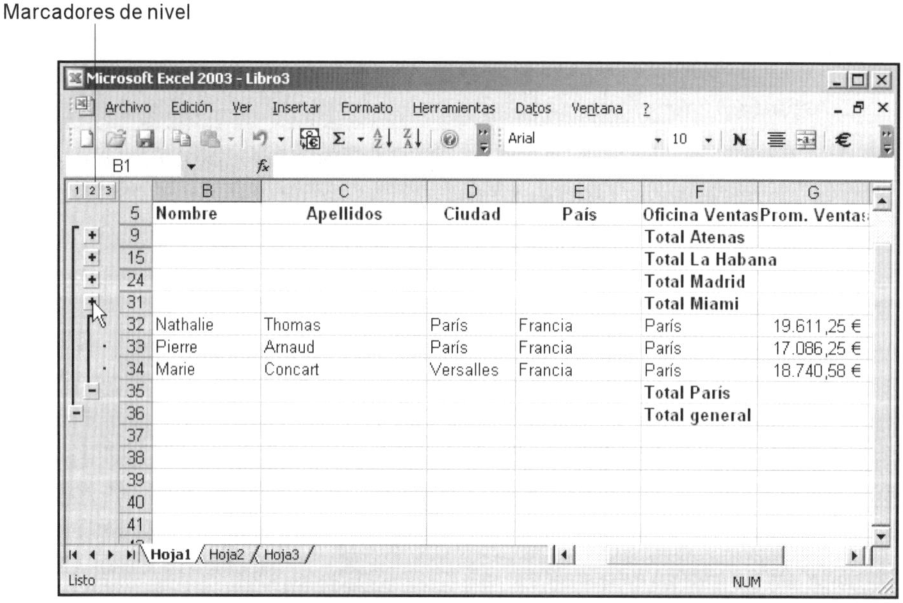

Figura 14.3. Mostrar niveles de esquema.

En la figura también se pueden apreciar los marcadores de nivel numerados, que aparecen en el extremo superior izquierdo de la zona de trabajo cuadriculada, cada uno corresponde a un nivel de los que ha creado Excel. Al hacer clic en estos marcadores se contraen los niveles correspondientes.

También se puede utilizar el menú Datos para ocultar y mostrar los detalles:

1. Active una celda.
2. Ejecute Datos>Agrupar y esquema>Ocultar detalle, Excel ocultará todas las filas correspondientes al mismo nivel de la celda activa.

Ocultar los marcadores

A veces los marcadores de esquema ocupan mucho espacio y resulta más práctico ocultarlos, sin que por ello se desactive la función esquema. Para ello:

1. Ejecute Herramientas>Opciones para abrir el cuadro de diálogo Opciones.
2. Seleccione la ficha Ver.
3. Desactive la casilla Símbolos del esquema, como se muestra en la figura 14.4.

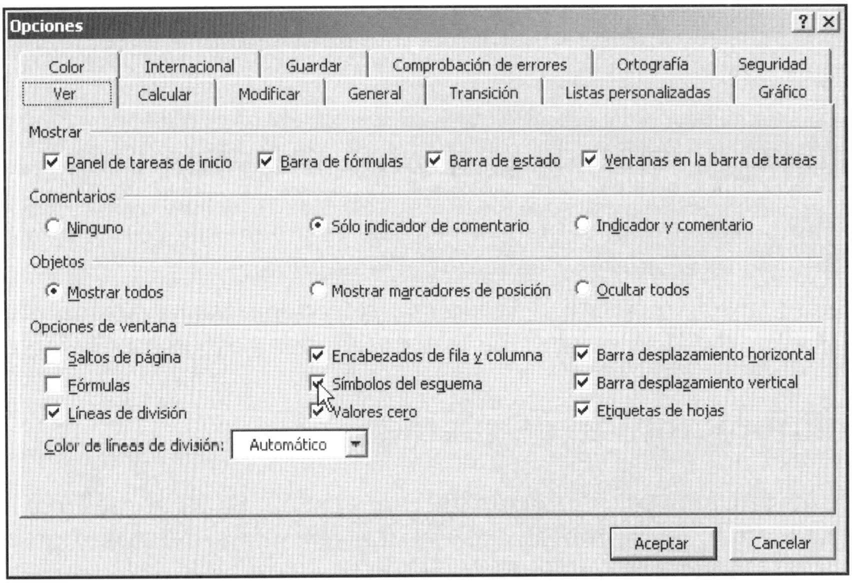

Figura 14.4. Ocultar los marcadores del esquema.

Eliminar el esquema

Para eliminar todos los esquemas de la hoja de cálculo:

1. Ejecute Datos>Agrupar y esquemas>Borrar esquema.

Para borrar todos los esquemas del libro de trabajo hay que seleccionar hoja a hoja y repetir este paso. Si desea eliminar el esquema de un grupo de filas o columnas:

1. Seleccione las filas o columnas donde desee eliminar el esquema.
2. Ejecute Datos>Agrupar y esquemas>Desagrupar.

Crear un esquema manualmente

Cuando la hoja de cálculo contiene pocas fórmulas, a veces resulta más conveniente crear los niveles de esquema manualmente. Para ello agrupe las filas con ayuda del comando Agrupar:

1. Asegúrese de cuáles son las filas que desea que queden ocultas, para sólo incluir éstas en la selección.
2. Ejecute Datos>Agrupar y esquema>Agrupar.

Si después de crear un esquema necesita incorporar nuevos datos, puede hacerlo, para ello inserte una fila encima del subtotal y Excel la incluirá automáticamente en el esquema.

Eliminar niveles de esquema manualmente

Para eliminar manualmente los niveles de esquema, seleccione una celda y ejecute Datos>Agrupar y esquema>Desagrupar.

Para eliminar sólo una parte del esquema, seleccione las filas o columnas que desee sacar del esquema y ejecute Datos>Agrupar y esquema>Desagrupar.

Configuración de esquemas

Puede modificar la configuración del esquema mediante el cuadro de diálogo Esquema, que se muestra al ejecutar el comando Datos>Agrupar y esquema>Configuración. Este cuadro de diálogo, que se muestra en la figura 14.5, controla la forma en que se agruparán los datos en el esquema; si desactiva las casillas de opciones, los datos se agruparán contrariamente a como se indica, o sea, que las filas de resumen se mostrarán encima del detalle y las columnas a la izquierda. Con este cuadro de diálogo también puede definir si se aplicarán, o no, los estilos integrados de Excel. Haciendo clic en el botón **Crear** se crea automáticamente el esquema.

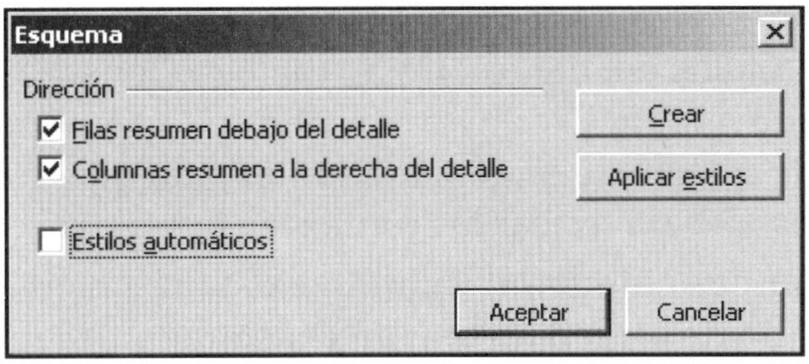

Figura 14.5. Cuadro de diálogo Esquema.

Consolidación de datos

Mientras que todos los comandos que hemos explicado hasta ahora en este capítulo funcionan solamente en el ámbito de una única hoja de trabajo, la consolidación de datos permite reunir datos desde distintas ubicaciones. Para activar esta herramienta, ejecute Datos>Consolidar. En la figura 14.6 se muestra el cuadro de diálogo Consolidar, que se activa al ejecutar este comando. Una vez terminada la tarea, Excel muestra los resultados en una Tabla de consolidación.

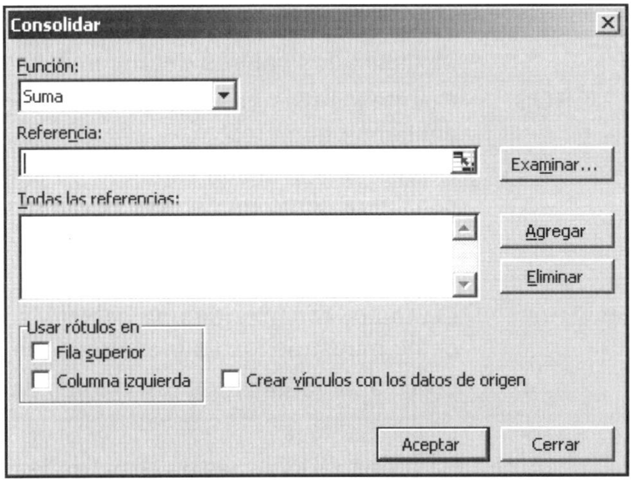

Figura 14.6. Cuadro de diálogo Consolidar.

Existen dos tipos de consolidación:

- Consolidación por posición: Este tipo se utiliza cuando la configuración de los datos es exactamente igual en todas las fuentes desde las que se van a consolidar los datos. En este caso, no se activa ninguna casilla en la sección **Usar rótulos en**, del cuadro de diálogo **Consolidar**, debido a que, como su nombre indica, Excel va a consolidar los datos por sus posiciones en las hojas de cálculo de origen. Por tanto, para que los resultados sean comprensibles, deberá teclear los rótulos en la tabla de consolidación.

- **Consolidación por categoría**: Cuando exista la posibilidad de que las hojas de cálculo de origen no tengan exactamente la misma configuración, es preferible utilizar este método. En ese caso, sí se activan las casillas en la sección **Usar rótulos en**, para comunicarle a Excel cuáles son los rótulos que necesita.

En la tabla 14.1 se explican las funciones del comando **Consolidar**.

Tabla 14.1. Las funciones del comando Consolidar.

Nombre de la función	Tarea que Ejecuta
SUMA	Suma los valores de origen.
CONTAR	Cuenta los elementos.
PROMEDIO	Calcula el promedio de los valores de origen.
MÁX	Muestra el valor mayor de los valores de origen.
MÍN	Muestra el valor menor de los valores de origen.
PRODUCTO	Multiplica los valores de origen.
CONTAR NÚMEROS	Cuenta las filas de los valores de origen que contienen números.
DESVEST	Estima la desviación estándar de una población, considera como muestras los valores de origen.
DESVESTP	Calcula la desviación estándar de los valores de origen.
VAR	Estima la varianza de una población, considera como muestras los valores de origen.
VARP	Calcula la varianza de los valores de origen.

De forma predeterminada las consolidaciones no se actualizan automáticamente, para actualizarlas es necesario ejecutar nuevamente el comando. Pero, si activa la casilla **Crear vínculos con los datos de origen**, se actualizará automáticamente. Excel genera vínculos con los datos de origen por si estos cambian, todo ello modifica la tabla de consolidación, al incluir en la misma los datos de origen. Para ello, Excel genera un esquema automático donde se ocultan los datos de origen contrayendo el esquema.

Tablas dinámicas

Las tablas dinámicas son tablas interactivas, que resumen gran cantidad de datos y permiten compararlos entre sí de manera rápida y eficaz, gracias a su versatilidad, que permite filtrar la información a la vez que rotar filas y columnas.

Excel suministra una herramienta muy eficaz para crear los informes de tablas dinámicas: el Asistente para tablas y gráficos dinámicos que consta de tres pasos:

1. Selección del origen de datos y del tipo de informe.
2. Localización de los datos.
3. Ubicación del informe.

Para activar este asistente:

1. Ejecute Datos>Informe de tablas y gráficos dinámicos, hecho lo cual se mostrará el primer paso del asistente, que aparece en la figura 14.7, donde deberá elegir un origen de datos entre:

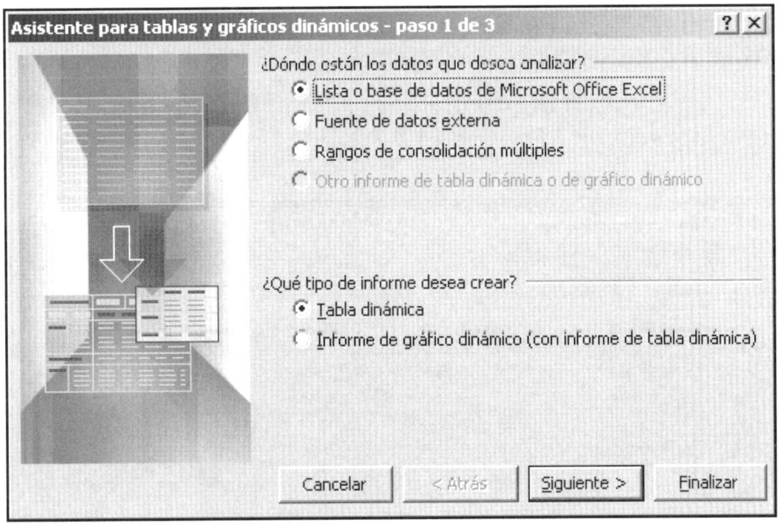

Figura 14.7. Asistente para tablas y gráficos dinámicos – paso 1 de 3.

- Lista o base de datos de Microsoft Excel: Los datos pueden estar en el libro activo o en cualquier otro.
- Fuente de datos externa.

- **Rangos de consolidación múltiples**: Puede tomar los datos de varios rangos y consolidarlos en un solo informe.
- **Otra tabla o gráfico dinámico**: Puede generar varios informes basados en el mismo origen de datos.

2. Indique el tipo de informe que desea crear: una tabla o un gráfico.
3. Haga clic en **Siguiente** para activar el siguiente paso del asistente que se muestra en la figura 14.8.

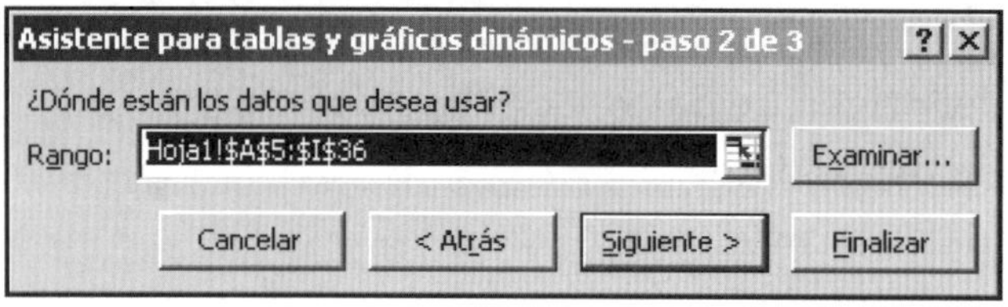

Figura 14.8. Asistente para tablas y gráficos dinámicos – paso 2 de 3.

4. Si los datos se encuentran en el mismo libro de trabajo, seleccione el rango de datos, que desea incluir en la tabla dinámica, con ayuda del botón Contraer, si los datos se encuentran en otro libro, use el botón **Examinar** para abrir la fuente de datos.
5. Haga clic en el botón **Siguiente** para activar el último paso del asistente, que se aprecia en la figura 14.9.

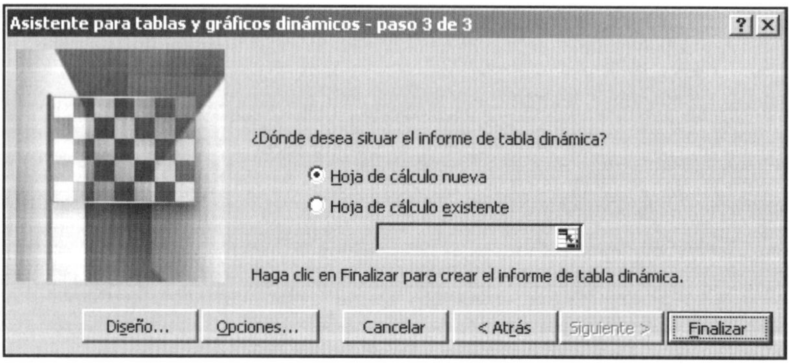

Figura 14.9. Asistente para tablas y gráficos dinámicos – paso 3 de 3.

6. Seleccione la ubicación de la tabla dinámica, que puede ser en una nueva hoja de cálculo, que Excel creará automáticamente, o bien dentro de

otra ya existente, para lo que deberá seleccionar la celda donde se ubicará el extremo superior izquierdo de la tabla.

7. Haga clic en el botón **Finalizar**.

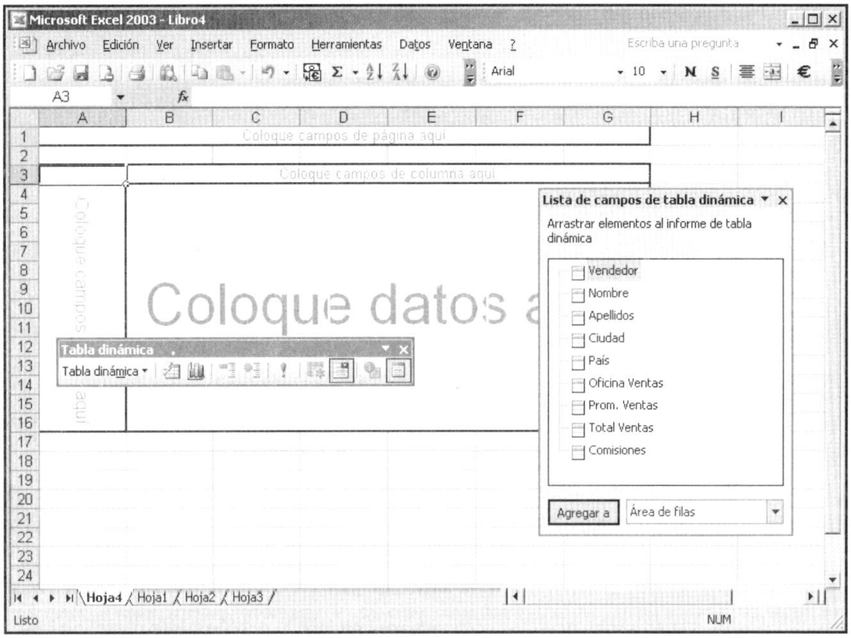

Figura 14.10. Lista de campos de Tabla dinámica y barra de herramientas.

Excel creará automáticamente la tabla y activará la barra de herramientas Tabla dinámica, además se mostrará una ventana con la lista de campos de la tabla dinámica, como se aprecia en la figura 14.10.

La barra de herramientas Tabla dinámica

La barra de herramientas Tabla dinámica, que mostramos en la figura 14.11, facilita el trabajo de diseño de los informes de tabla dinámica.

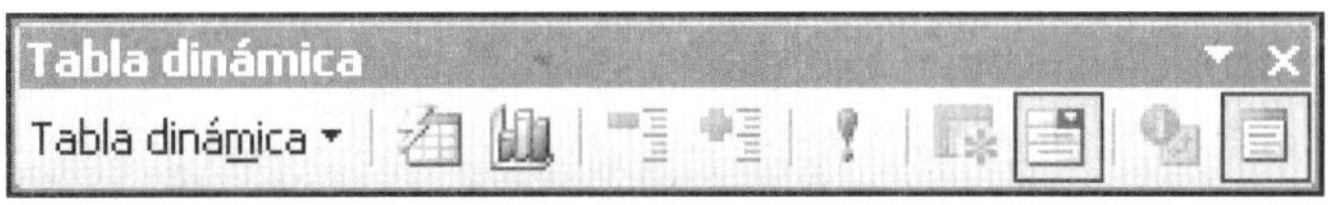

Figura 14.11. Barra de herramientas Tabla dinámica.

Esta barra contiene una serie de botones, algunos de los cuales ya le resultarán familiares, incluye también el submenú **Tabla dinámica**. Todo ello lo detallamos en la tabla 14.2.

Tabla 14.2. Los botones de la barra de herramientas Tabla dinámica.

Botón	Nombre	Función
Tabla dinámica ▾	Menú Tabla dinámica	Contiene la lista de comandos del menú Tabla dinámica.
	Formato de informe	Abre el cuadro de diálogo Autoformato para seleccionar un formato predefinido.
	Asistente para gráficos	Genera un gráfico del informe.
	Ocultar detalle	Oculta los detalles de un campo.
	Mostrar detalle	Muestra los detalles de un campo.
	Actualizar datos	Actualiza el informe con las modificaciones aplicadas a los datos.
	Incluir elementos ocultos en los detalles	Permite incluir o excluir los elementos ocultos al calcular subtotales y totales generales en los informes de tabla dinámica.
	Mostrar siempre elementos	Muestra siempre los elementos de los niveles inferiores.
	Configuración de campo	Abre el cuadro de diálogo Campo de la tabla dinámica.
	Ocultar lista de campos	Muestra u oculta el cuadro Lista de Campos.

Diseño de pantalla

Para completar la tabla dinámica, será necesario definir el diseño de los campos que la conforman. Para ello deberá seleccionar cada campo en la lista de campos y arrastrarlo sobre la tabla, o pulsar el botón **Agregar a**, una vez definida el área en la lista de áreas ubicada a la derecha de este botón. A medida que arrastre el ratón sobre las distintas áreas de la tabla, el icono del ratón se transforma dinámicamente mostrando el área, a la vez que las áreas presentan un borde en color azul. Al soltar el ratón el campo se ubica en la zona seleccionada de la tabla.

Después de explicar los botones de la barra de herramientas Tabla dinámica, veamos cómo utilizarlos en una tabla dinámica. Suponga que tiene una pequeña base de datos que contiene los campos: Vendedor, Nombre, Apellidos, Ciudad, País, Oficina Ventas, Promedio Ventas, Total Ventas y Comisiones. Crearemos una tabla dinámica que permita mostrar las ventas por país y por ciudades y que, también, le permita, por otra parte, mostrar las ventas de cada vendedor. Después de ejecutar el Asistente para tablas y gráficos dinámicos, obtendrá el resultado que se muestra en la figura 14.10.

Como desea los resultados por país, coloque el campo País en el cuadro Coloque campos de página aquí, para ello:

1. Seleccione el campo País en la Lista de campos y arrástrelo hasta el cuadro Coloque campos de página aquí, como se muestra en la figura 14.12.

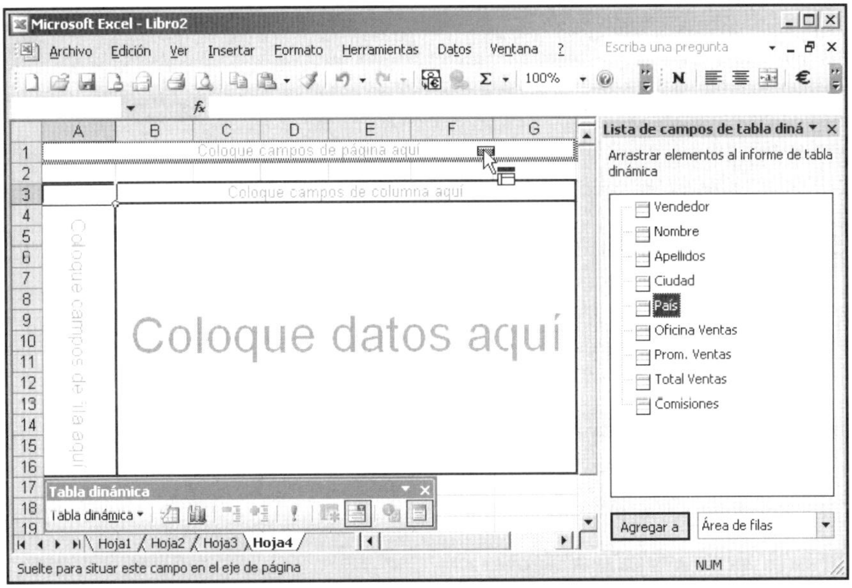

Figura 14.12. Arrastrar el campo país hasta la tabla dinámica.

2. Ahora arrastre el campo Ciudad hasta Coloque campos de columna aquí.
3. Lleve los campos Vendedor, Nombre y Apellidos hasta Coloque campos de fila aquí.
4. Finalmente arrastre el campo Total Ventas hasta Coloque datos aquí. Ahora la tabla tendrá el aspecto que se muestra en la figura 14.13.

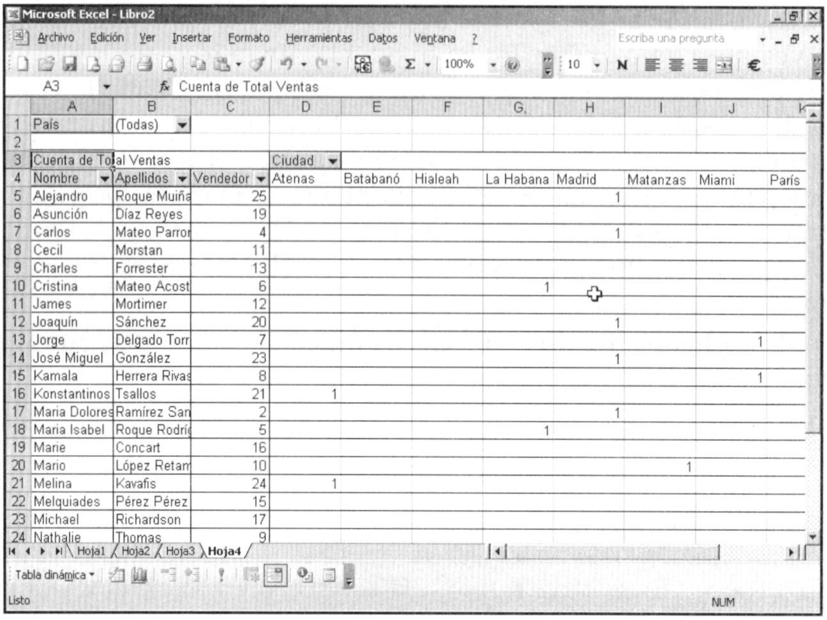

Figura 14.13. El aspecto de la tabla dinámica después de arrastrar los campos deseados hasta ella.

Ahora es necesario modificar las propiedades de los campos para mostrar los resultados de la forma que resulte más conveniente. En la figura 14.13 se puede apreciar que los datos muestran la cuenta de las ventas y no la suma, para modificar esto:

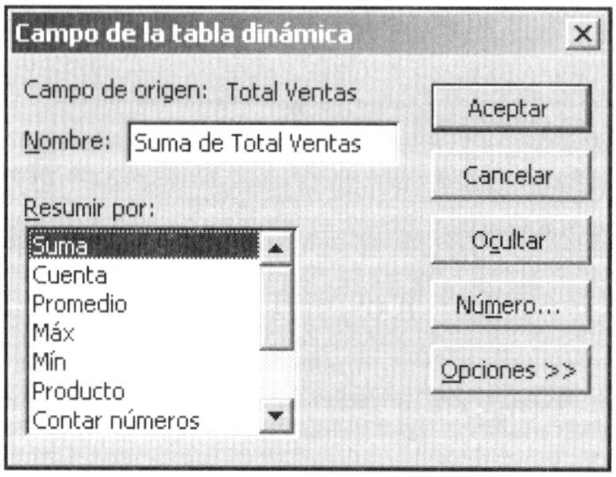

Figura 14.14. Cuadro de diálogo Campo de la tabla dinámica.

5. Seleccione el campo **Total ventas** en la lista de campos y, a continuación, haga clic en el botón Configuración de campo de la barra de

herramientas **Tabla dinámica**, que activará el cuadro de diálogo **Campo de la tabla dinámica**, que se aprecia en la figura 14.14.

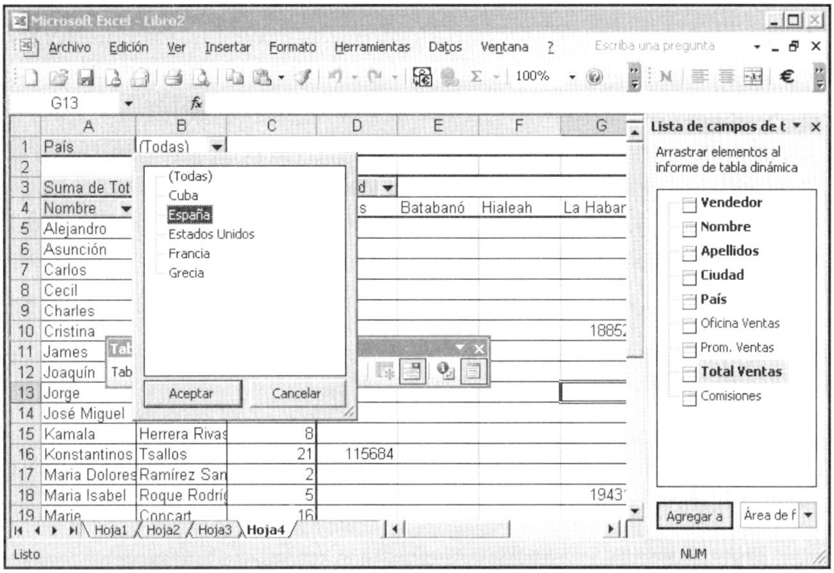

Figura 14.15. Mostrar las ventas de España.

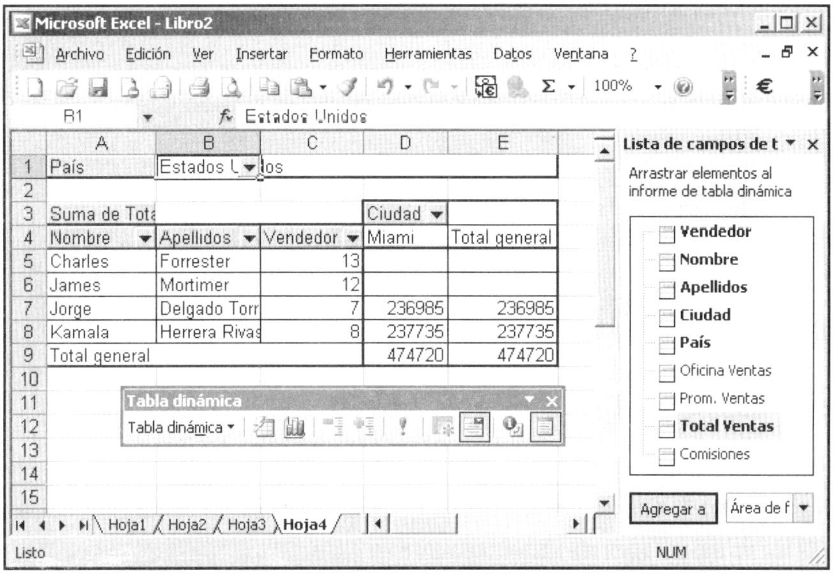

Figura 14.16. Las ventas de la ciudad de Miami.

6. Seleccione Suma en el cuadro Resumir por y haga clic en **Aceptar**.

Ahora, si desea ver las ventas de un país, por ejemplo España, sólo es necesario hacer lo siguiente:

7. Haga clic en el triángulo invertido, que aparece a la derecha del cuadro País y seleccione España en el cuadro que se activa, como se muestra en la figura 14.15. A continuación haga clic en **Aceptar**.

Para mostrar las ventas de una ciudad específica o de un vendedor determinado, sólo tiene que seleccionar en la ventana que se activa al hacer clic en el pequeño triángulo invertido, que aparece a la derecha de los nombres de los campos respectivos. Por ejemplo en la figura 14.16 se muestran las ventas de la ciudad de Miami, por cada vendedor.

Gráficos dinámicos

Los gráficos dinámicos hacen que la información de una base de datos resulte mucho más comprensible.

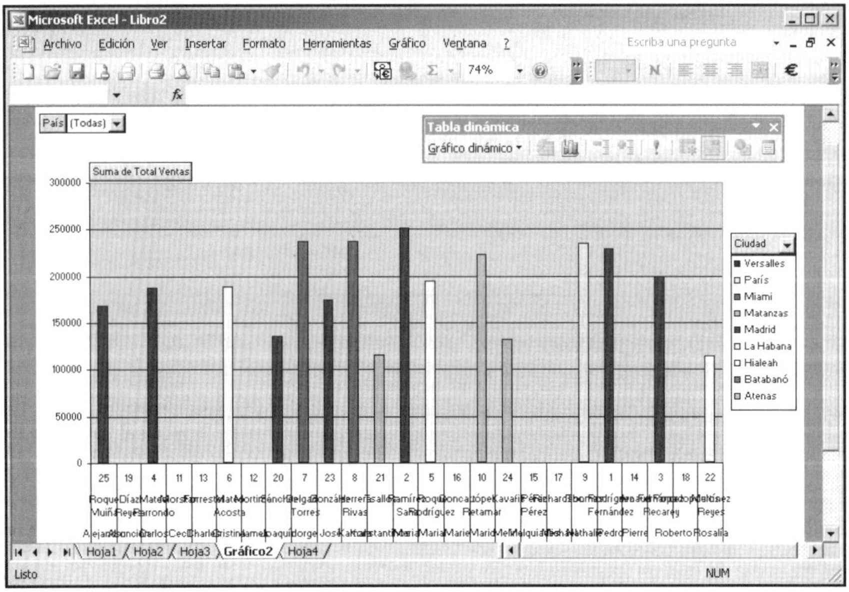

Figura 14.17. Gráfico dinámico creado a partir de la tabla dinámica.

Se puede crear un gráfico dinámico a partir de una tabla dinámica o directamente desde una base de datos. Tenga en cuenta que Excel genera automáticamente una tabla dinámica antes de crear el gráfico, así que, si el objetivo que persigue al crear la tabla es crear un gráfico dinámico, puede ahorrarse ese paso.

Para crear un gráfico dinámico desde una base de datos, los pasos a seguir son básicamente los mismos que para crear una tabla dinámica, la única diferencia consiste en que, en el paso 1 del asistente, debe activar el botón **Informe de gráfico dinámico (con informe de tabla dinámica)** en lugar de activar el botón **Tabla dinámica**.

Por otra parte, si desea crear el gráfico a partir de una tabla dinámica, basta hacer clic en el botón Asistente para gráficos y Excel creará, automáticamente, un gráfico dinámico en una hoja aparte. En la figura 14.17 se muestra el gráfico que se crea automáticamente a partir de la tabla dinámica que configuramos en este capítulo.

Como puede apreciar, el hecho de que se muestren los nombres y apellidos de los vendedores en el eje de categorías, hace que el gráfico resulte muy cargado, para solucionar esta cuestión vaya a la tabla dinámica y elimine los campos arrastrándolos de vuelta a la lista de campos; una vez hecho esto, el gráfico mostrará el aspecto que se aprecia en la figura 14.18.

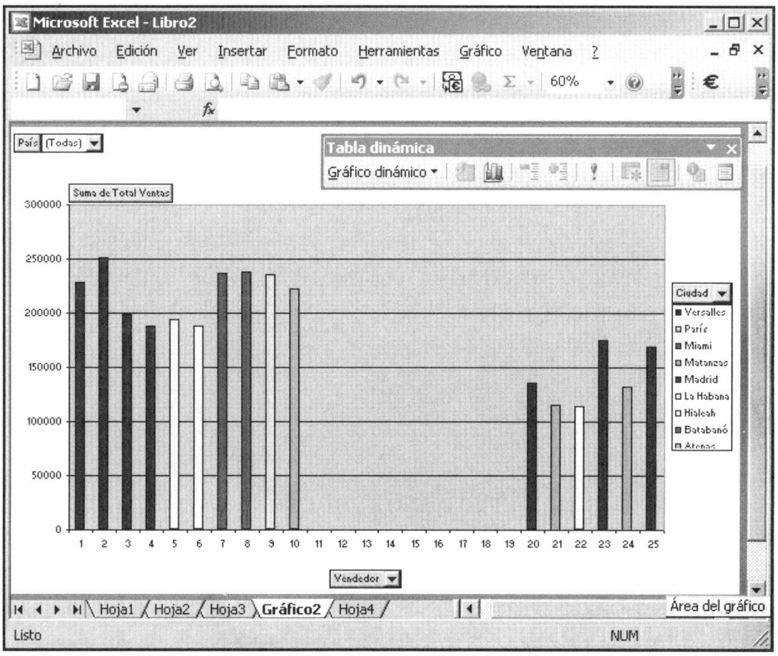

Figura 14.18. Gráfico dinámico después de modificar la tabla dinámica.

Puede modificar los datos que se muestran en el gráfico, seleccionando los elementos deseados en la lista que se muestra al hacer clic en los triángulos invertidos, que aparecen a la derecha de los botones de campo como se aprecia en la figura 14.19.

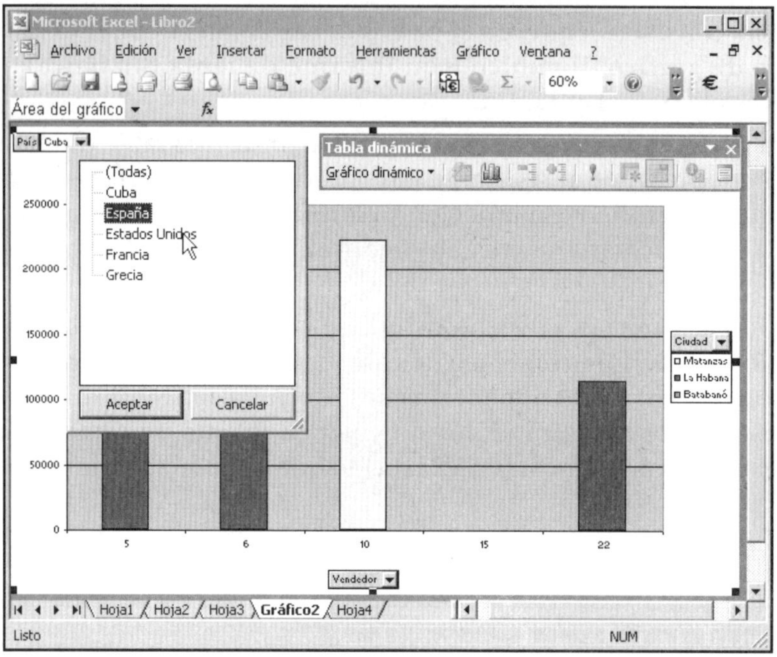

Figura 14.19. Seleccionar los campos deseados con ayuda de los botones de campo.

Para modificar otras propiedades del gráfico, vea el capítulo dedicado a gráficos en este mismo libro.

Resumen

Al terminar este capítulo, le resultará mucho más fácil trabajar con gran cantidad de datos, porque ya podrá utilizar las funciones de esquemas y podrá trabajar también con tablas y gráficos dinámicos. En el capítulo siguiente, hablaremos de cómo personalizar el entorno de Excel para que le resulte más cómodo realizar cualquier tarea.

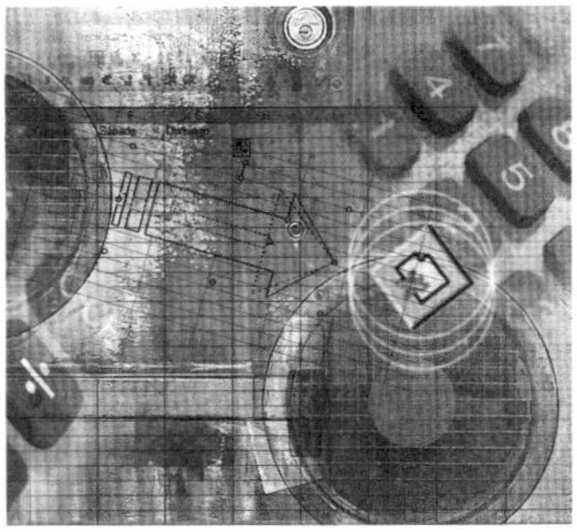

Capítulo 15

Personalizar

En este capítulo aprenderá a:

- Personalizar las barras de herramientas.
- Adicionar y eliminar botones a las barras de herramientas.
- Crear una barra de herramientas.
- Reconfigurar los menús del programa.
- Variar el comportamiento predefinido del programa.

Introducción

Excel presenta un alto nivel de personalización, que permite mostrar y ocultar sus componentes en la ventana de trabajo. Su sistema de menús y barras de herramientas puede adaptarse a las necesidades de trabajo y accesibilidad de cada usuario. Las opciones por defecto del programa también pueden modificarse. En este capítulo aprenderá a personalizar el programa.

Personalizar las barras de herramientas

Excel posee más de 30 barras de herramientas, aunque sólo hay dos predeterminadas que se muestran en pantalla cuando se ejecuta el programa: la barra de herramientas **Estándar** y la barra de herramientas de **Formato** que muestra la figura 15.1. Ellas contienen los comandos más usados del programa en forma de botones.

Figura 15.1. Barras de herramientas Estándar y Formato.

En ocasiones, los usuarios que comienzan con el programa piensan que estas barras son fijas e invariables, pero la realidad es diferente: las barras de herramientas son completamente adaptables, es posible redimensionarlas, alternarlas, añadirles y eliminarles botones e incluso crear barras de herramientas personalizadas.

Las barras de herramientas se muestran por defecto en una fila única de botones, aunque si lo desea puede mostrarlas también en dos filas cuando no se muestren todos los botones de la barra. El icono Opciones de la barra de herramientas, situado en el extremo derecho de la barra y representado por una doble flecha, permite ver todos los botones haciendo clic en él.

Las barras de herramientas se pueden anclar, es decir, colocarse en cualquier borde de la pantalla o se pueden dejar flotar sobre cualquier sitio de ésta.

Para cambiar de posición la barra de herramientas, coloque el cursor en el extremo izquierdo de la barra. Tomará el aspecto de una flecha de cuatro puntas. Haga clic y arrástrela hasta la posición deseada.

Si mueve el cursor por encima de los botones de la barra, observará, como muestra la figura 15.2, una descripción de la función del botón.

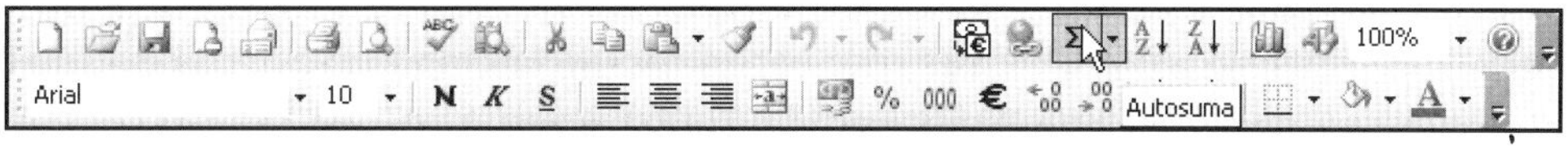

Figura 15.2. Cuando mueve el cursor por encima de los botones se describen sus funciones.

Cuadro de diálogo Personalizar

Para hacer estas modificaciones el programa cuenta con el cuadro de diálogo Personalizar, que muestra la figura 15.1 y al que se accede de varias formas, como se explica a continuación:

- Ejecute Herramientas>Personalizar...
- Haga clic con el botón derecho del ratón en cualquier parte de las barras de menús o de herramientas y seleccione Personalizar... en el menú emergente que se despliega.

En ambos casos se abre el cuadro de diálogo Personalizar, que contiene las fichas Barras de herramientas, Comandos y Opciones y que muestra la figura 15.3.

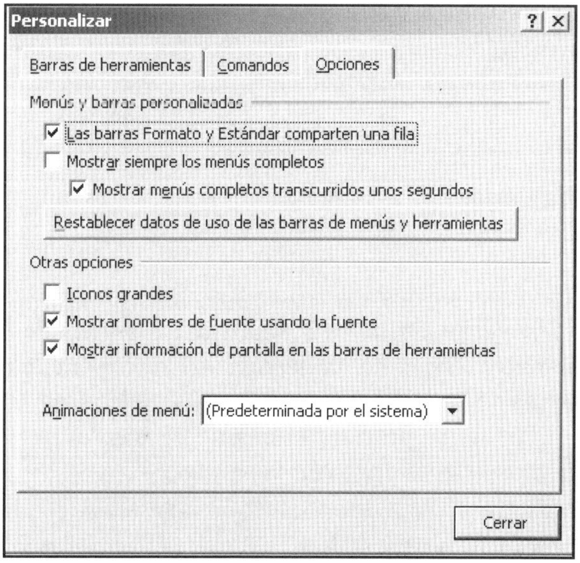

Figura 15.3. Cuadro de diálogo Personalizar.

Ficha Barras de herramientas

La ficha Barras de herramientas del cuadro de diálogo Personalizar que muestra la figura 15.4, presenta en la lista de la izquierda treinta y dos barras de herramientas, en las que están incluidas las dos barras de menús (los menús de la hoja y el menú Gráfico), además de las barras de herramientas Estándar y Formato que ya conoce. Marcando las casillas de verificación puede activar las diferentes barras de herramientas. Pruebe activar algunas barras, haga clic en el botón **Cerrar** y se mostrarán todas las barras activadas.

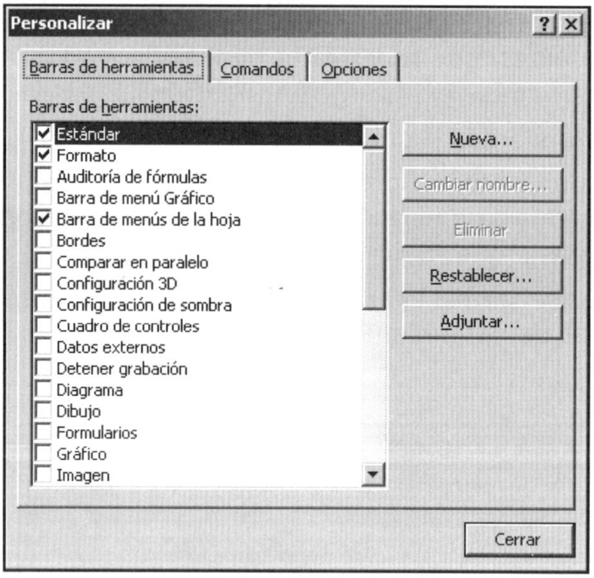

Figura 15.4. Ficha Barras de herramientas del cuadro de diálogo Personalizar.

Truco:

También puede activar o desactivar las barras de herramientas haciendo clic con el botón derecho del ratón en cualquier sitio de las barras de herramientas o de menús. Seleccione la barra deseada en la lista que muestra el menú emergente. Las barras de herramientas activas aparecen marcadas.

Con los botones de esta ficha puede crear una nueva barra, cambiar el nombre de las barras que haya creado, eliminarlas, restablecer los cambios que haya realizado en las barras existentes o adjuntar barras a un libro. Una vez creada una nueva barra, ésta queda guardada en el archivo de configuración de herramientas de Excel.

Puede eliminar un icono de cualquiera de las barras, haciendo clic en él con el botón derecho del ratón y seleccionando en el menú emergente la opción Eliminar, que muestra la figura 15.5.

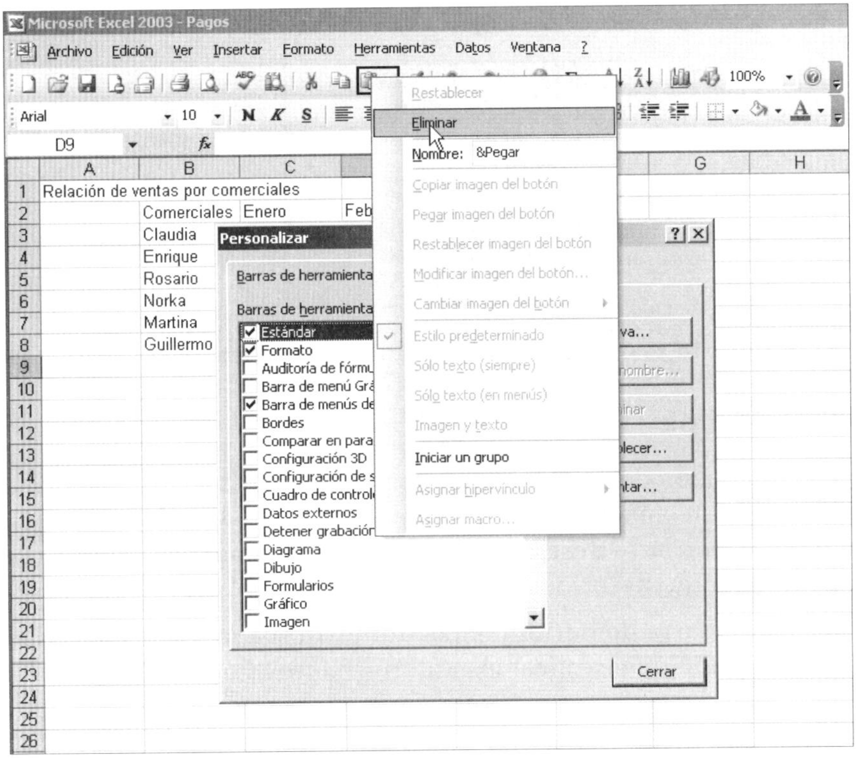

Figura 15.5. Eliminar un botón de la barra.

Nota:

Los botones eliminados siempre pueden restablecerse nuevamente.

El nombre de un botón es el que aparece cuando pasa el cursor sobre él. Para cambiar el nombre de un botón haga clic con el botón derecho del ratón, y en el cuadro de texto **Nombre** que muestra la figura 15.6, introduzca el nuevo nombre.

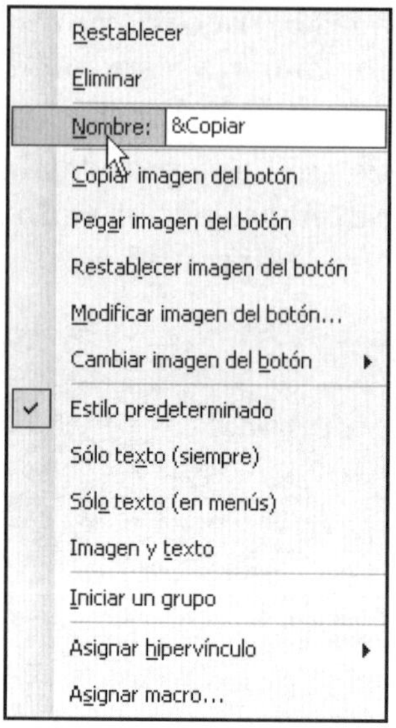

Figura 15.6. Cambiar el nombre de los botones de la barra.

Ficha Comandos

La ficha Comandos del cuadro de diálogo Personalizar que muestra la figura 15.7, permite añadir o quitar comandos a una barra de herramientas. En su parte superior se describen las instrucciones para realizar la operación. Veamos cómo hacerlo:

1. Visualice la barra de herramientas donde desea insertar nuevos botones de la forma que explicamos anteriormente. Puede dejarla flotando en la ventana.
2. Seleccione la ficha Comandos del cuadro de diálogo Personalizar.
3. Seleccione una categoría en el cuadro Categorías y un comando dentro de dicha categoría.
4. Haga clic en el comando seleccionado y arrástrelo hasta la barra de herramientas, manteniendo presionado el botón izquierdo del ratón.
5. Haga clic en el botón **Cerrar**.

Truco:

Para retornar una barra de herramientas a su condición original, en el cuadro de diálogo Personalizar, *ficha* Barra de herramientas, *haga clic en el botón* ***Restablecer...****.*

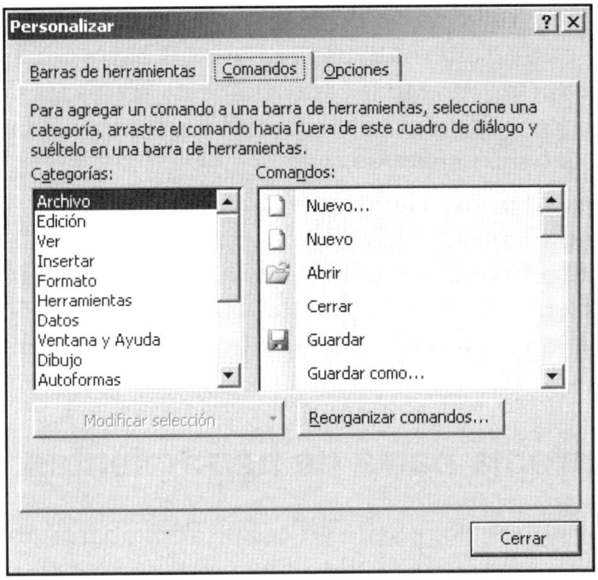

Figura 15.7. Ficha Comandos del cuadro de diálogo Personalizar.

Ficha Opciones

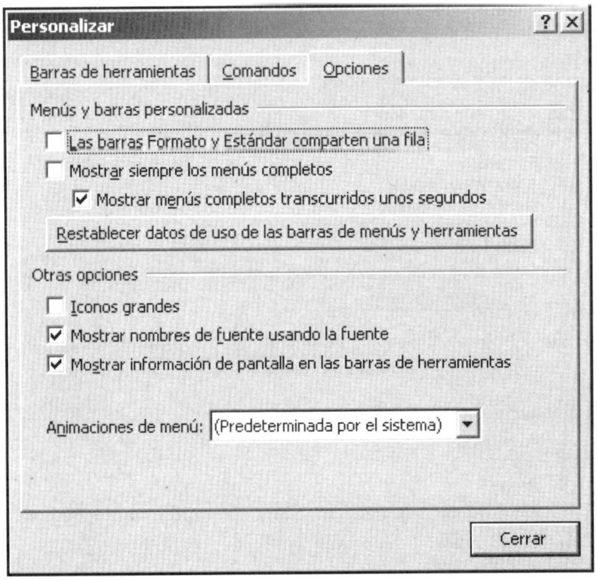

Figura 15.8. Ficha Opciones del cuadro de diálogo Personalizar.

La ficha Opciones, del cuadro de diálogo Personalizar, permite seleccionar entre una serie de alternativas para que las barras de herramientas se muestren en la forma deseada, para ello basta activar las casillas correspondientes y hacer clic en el botón **Cerrar**. La figura 15.8 muestra las posibilidades de la ficha Opciones.

Estas opciones le permiten colocar las barras de formato y estándar compartiendo una fila, mostrar los menús completos, restablecer los comandos predeterminados en los menús y las barras de herramientas, mostrar información descriptiva del comando, cuando pasa el cursor sobre los botones y establecer diferentes formas de desplegar los menús en pantalla.

Crear su propia barra de herramientas

Para optimizar el trabajo, puede crear su propia barra de herramientas, incluyendo los botones más usados. Los pasos son los siguientes:

1. Ejecute Herramientas>Personalizar... y luego haga clic en la ficha Barra de herramientas.
2. Haga clic en el botón **Nueva...** que activa el cuadro de diálogo Nueva barra de herramientas que muestra la figura 15.9.

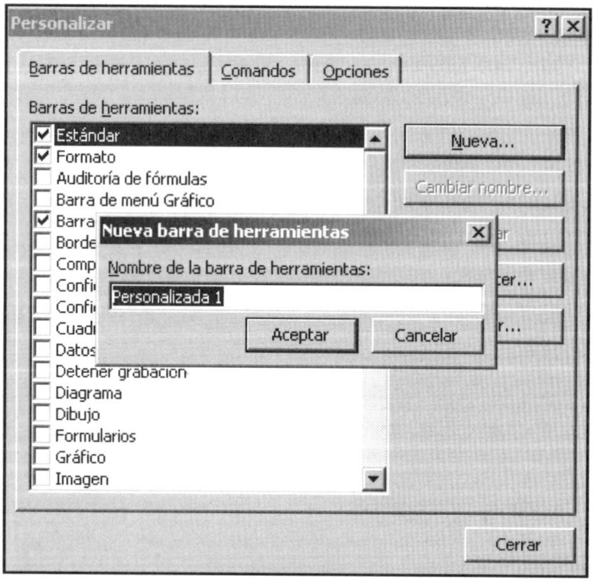

Figura 15.9. Introducir un nombre para la nueva barra de herramientas.

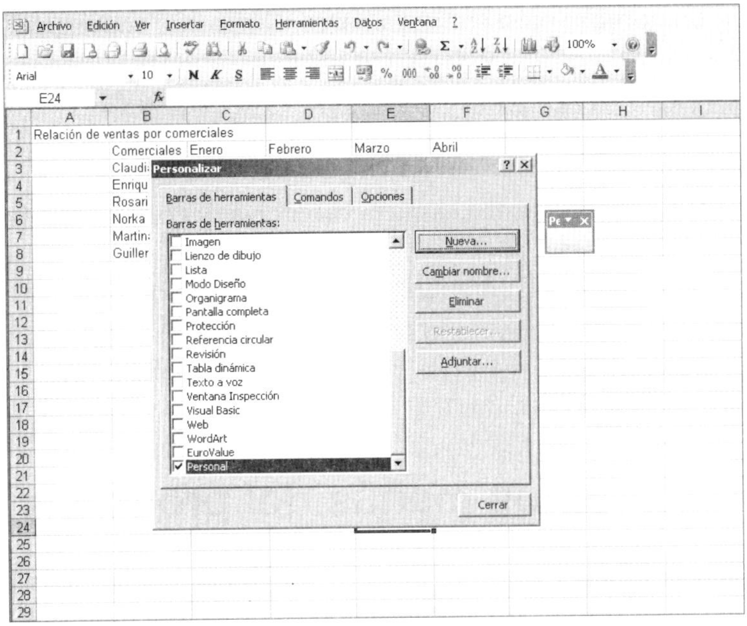

Figura 15.10. La nueva barra flotando en pantalla.

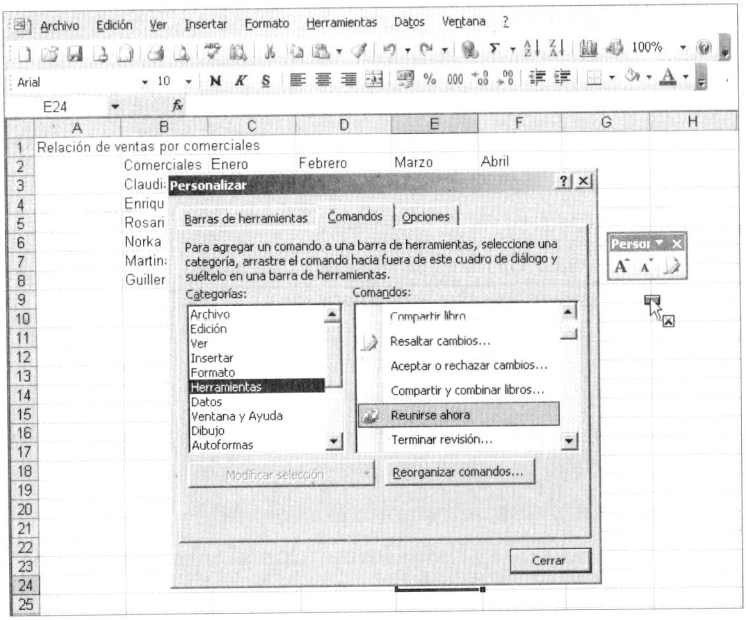

Figura 15.11 Seleccionar los botones para la nueva barra desde la lista de Comandos.

3. Escriba un nombre para la nueva barra y haga clic en **Aceptar**. El nombre de la nueva barra aparece en la lista de las barras de herramientas, con la casilla de verificación activada y la nueva barra se presenta flotando en pantalla, como muestra la figura 15.10.
4. A continuación haga clic en la ficha Comandos.
5. En la lista Categorías seleccione la categoría del botón que quiere adicionar a su barra.
6. Seleccione en la lista Comandos el comando que quiere incluir.
7. Arrastre el botón del comando seleccionado sobre la nueva barra y suéltelo. El proceso de arrastrar lo muestra la figura 15.11.
8. Cuando haya incluido todos los botones que necesita, haga clic en **Cerrar**.

Reconfigurar los menús del programa

Los comandos, que muestra por defecto el sistema de menús, son los más frecuentemente usados. Si abre un menú por más de 5 segundos, o hace clic en la doble flecha que se encuentra en el extremo inferior del menú, emergen todos los comandos que contiene ese menú.

El sistema de menús puede personalizarse como las barras de herramientas. Puede mover, adicionar y eliminar comandos de los menús para adaptarlos a sus necesidades:

1. Ejecute Herramientas>Personalizar..., que activa el cuadro de diálogo Personalizar.

Para cambiar un comando de posición:

1. Abra el menú que contiene el comando y arrastre el comando a la posición deseada, como muestra la figura 15.12.

Para adicionar comandos al menú:

1. Haga clic en la ficha Comandos.
2. En la lista Categorías, haga clic en la categoría del comando que desea adicionar.
3. En la lista de Comandos seleccione el comando.
4. Arrastre el comando de la lista Comandos al menú deseado.

Para borrar un comando del menú:

1. Haga clic con el botón derecho y seleccione la opción Eliminar del menú emergente.

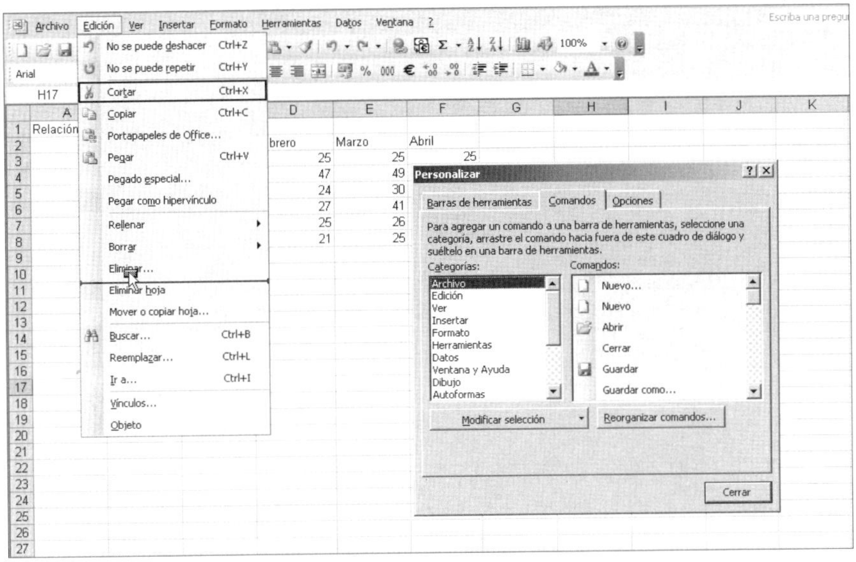

Figura 15.12. Mover los comandos del menú.

Cuando termine de personalizar sus sistemas de menú, cierre el cuadro de diálogo Personalizar haciendo clic en el botón **Cerrar**.

Modificar las opciones predefinidas por el programa

Cuando trabaja con Excel, las tareas del programa se ejecutan siguiendo comportamientos establecidos por el programa, que también puede personalizar. Para ello el programa cuenta con el cuadro de diálogo Opciones.

Ejecute Herramientas>Opciones para activar el cuadro de diálogo Opciones, que muestra la figura 15.13.

Este cuadro ofrece muchas posibilidades, que puede ir probando para conocer hasta dónde puede influir en la configuración de las características del programa. La siguiente relación es un resumen de estas opciones por fichas:

- Ficha Ver: Controla la apariencia de las hojas de trabajo; los elementos que se visualizan, la barra de estado, la barra de fórmulas, los comentarios, las imágenes, las líneas divisorias, las barras de desplazamientos y otros objetos de la pantalla. La figura 15.13 muestra las opciones de esta ficha.

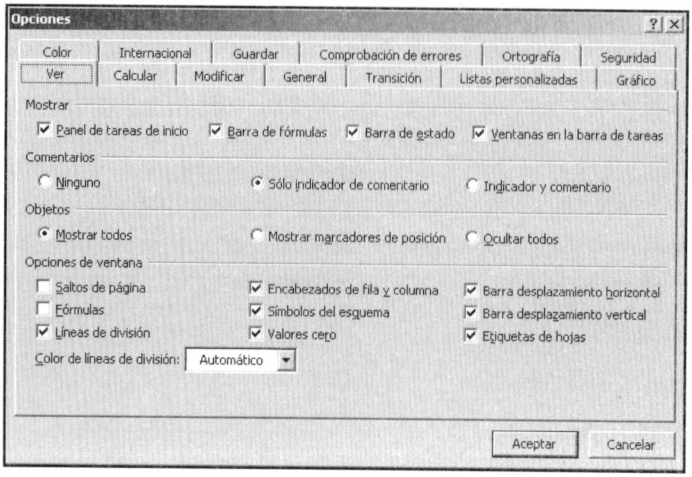

Figura 15.13. Ficha Ver del cuadro de diálogo Opciones.

- Ficha Calcular: Controla cómo el programa efectúa los cálculos de fórmulas y funciones. Establece el cálculo automático siempre que se edita un valor o manual, pulsando **F9** para recalcular. La figura 15.14 muestra las opciones de esta ficha.

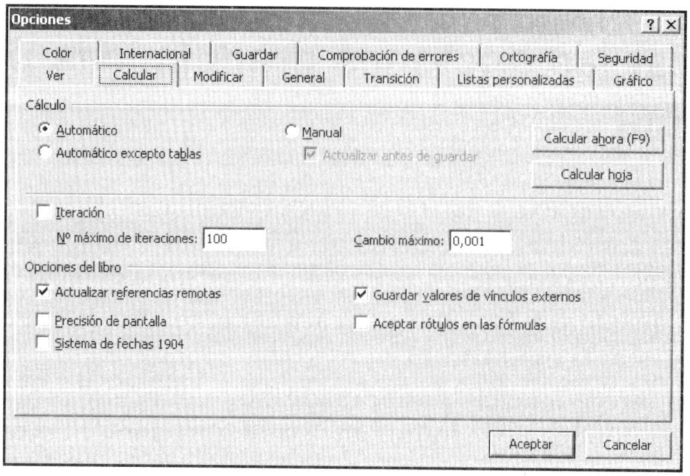

Figura 15.14. Ficha Calcular.

- Ficha Modificar: Controla el comportamiento del programa cuando introduce o edita datos. Con esta ficha puede controlar hacia dónde mover el selector de celdas después de las entradas. También puede activar la función Autocompletar y permitir arrastrar y colocar datos, entre otras opciones ya estudiadas en este manual. La figura 15.15 muestra las características de esta ficha.

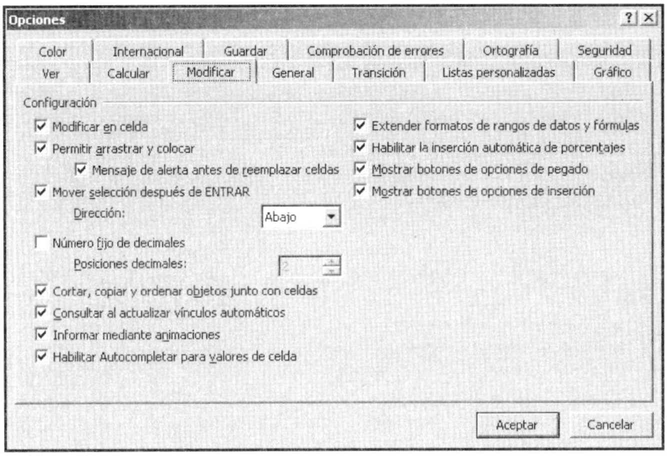

Figura 15.15. Ficha Modificar.

- Ficha General: Controla las características generales del programa; la cantidad de hojas por defecto en un nuevo libro, la cantidad de archivos usados recientemente que aparecerán en el menú Archivo, la fuente estándar y la ubicación predeterminada del archivo en disco. La figura 15.16 muestra todas las opciones de esta ficha.

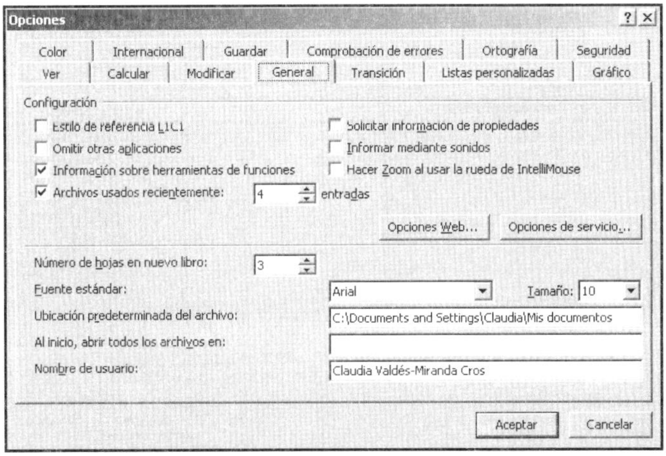

Figura 15.16. Ficha General.

- Ficha Transición: Está pensada para ayudar a los usuarios de Lotus 1-2-3 que quieran llevar su trabajo a Excel. Su principal característica es que permite definir el formato con que se guardarán los libros de trabajo. La figura 15.17 muestra las posibilidades de esta ficha.

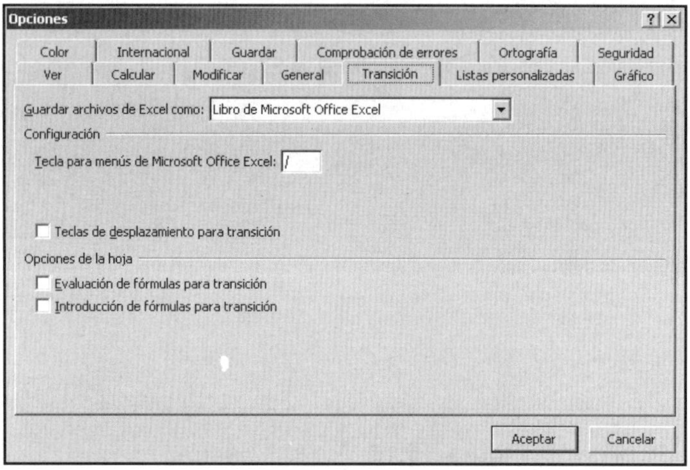

Figura 15.17. Ficha Transición.

- Ficha Listas Personalizadas: Muestra las listas que Excel contiene para rellenar y permite crear nuevas listas. La figura 15.18 muestra esta ficha que ya se estudió anteriormente.

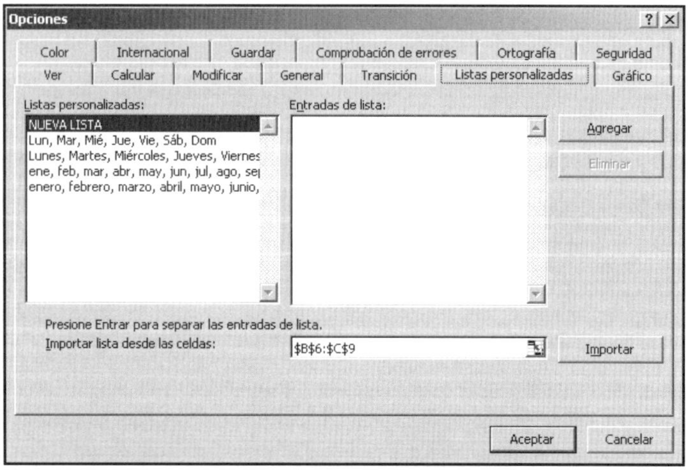

Figura 15.18. Ficha Listas Personalizadas.

- Ficha Gráfico: Permite controlar las opciones que determinan cómo tratar los gráficos. La figura 15.19 muestra esta ficha con un gráfico activado.

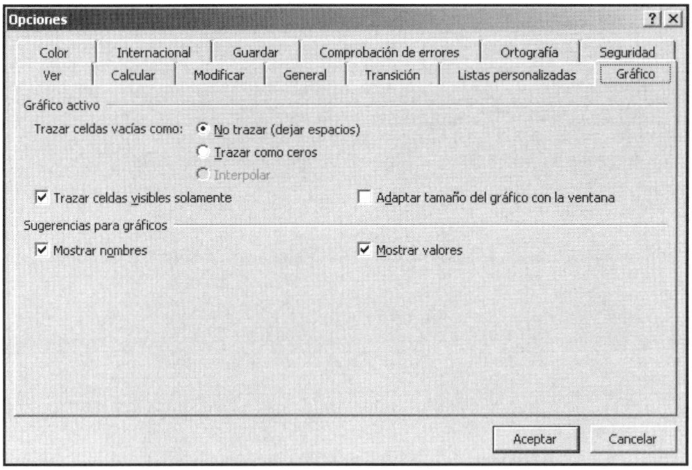

Figura 15.19. Ficha Gráfico.

- Ficha Color: Controla todo lo relacionado con el color; establece los colores estándar, los colores de relleno de los gráficos y los colores de las líneas. La figura 15.20 muestra las opciones de esta ficha.

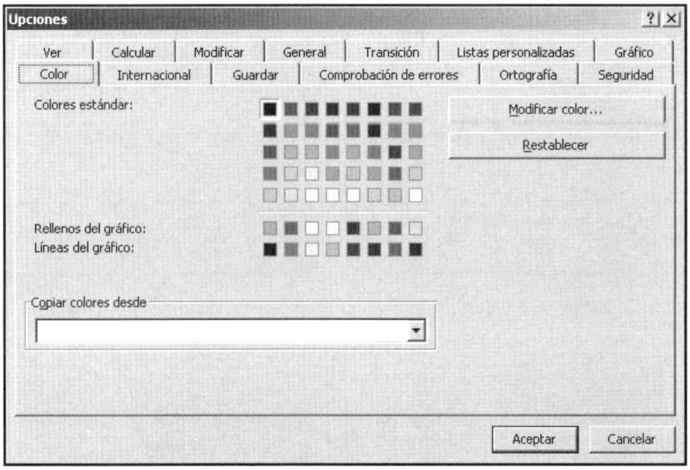

Figura 15.20. Ficha Color.

- Ficha Internacional: Ofrece una serie de opciones para crear y adaptar su hoja a las peculiaridades de otros países. La figura 15.21 muestra esta ficha.

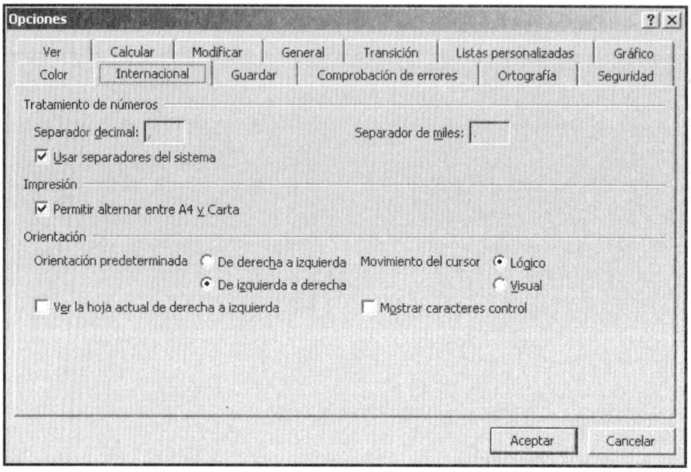

Figura 15.21. Ficha Internacional.

- Ficha Guardar: Permite establecer un intervalo de tiempo, para guardar los datos que introduce la llamada información de Autorrecuperación y definir la ubicación que tendrá en el disco. Ante un desperfecto del ordenador, el programa podrá recuperar la información. La figura 15.22 muestra esta ficha.

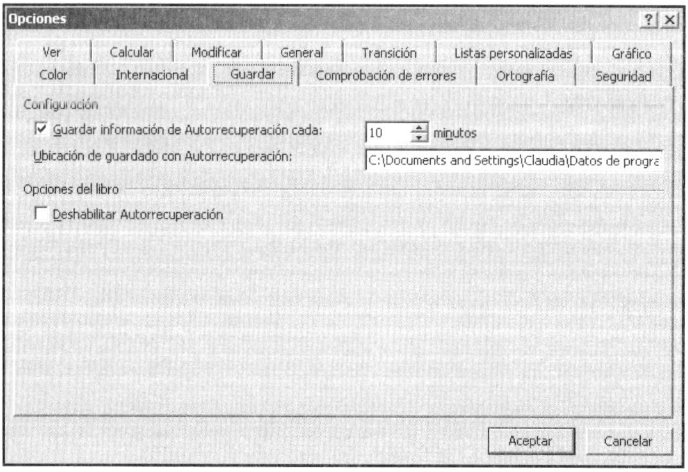

Figura 15.22. Ficha Guardar.

- **Comprobación de errores**: Permite establecer un chequeo automático de los errores más comunes, fundamentalmente de fórmulas y funciones. La figura 15.23 muestra los errores que puede chequear.

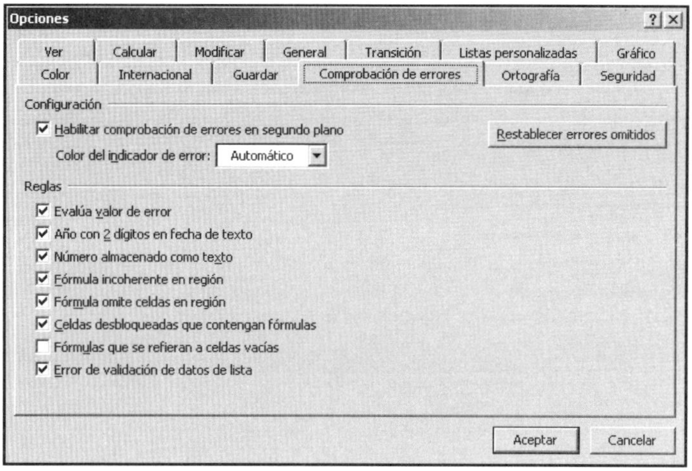

Figura 15.23. Ficha Comprobación de errores.

- **Ficha Ortografía**: Permite revisar la ortografía de su hoja. Puede indicar qué diccionario quiere utilizar y establecer criterios para que Excel ignore algunas palabras con errores y, en otros casos, las sustituya por la palabra correcta. La figura 15.24 muestra las opciones de esta ficha.

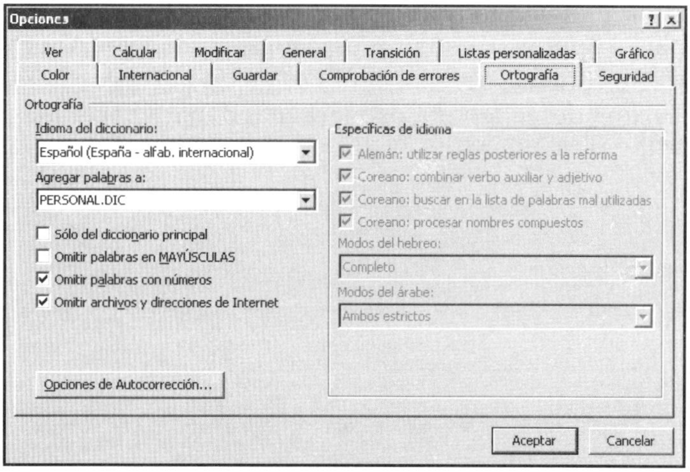

Figura 15.24. Ficha Ortografía.

- **Ficha Seguridad**: Permite establecer una contraseña de apertura del archivo, posibilitando así la protección del documento. La figura 15.25 muestra esta ficha.

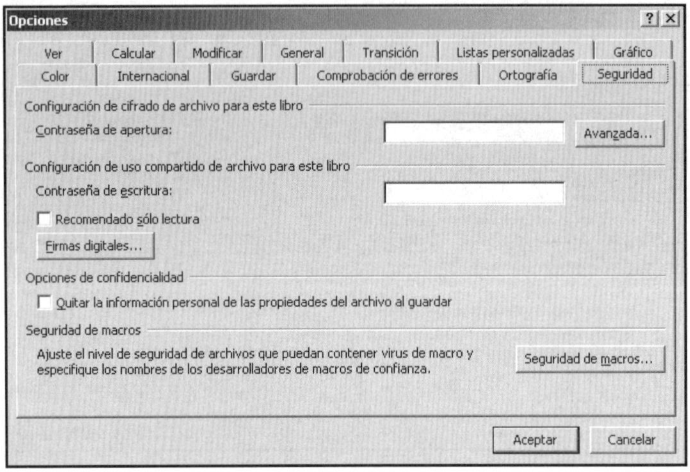

Figura 15.25. Ficha Seguridad.

Resumen

Después de haber estudiado las principales herramientas del programa a lo largo de este manual, en este capítulo ha aprendido a personalizar el programa para adaptarlo a sus necesidades de trabajo. Ahora puede tener un completo control sobre los botones de las barras de herramientas y los comandos que desea tener a primera mano, para hacer más rápido así su trabajo.

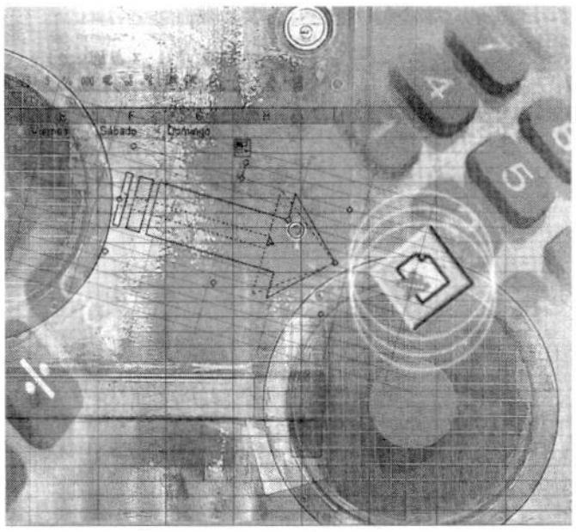

Capítulo 16

Integración con otras aplicaciones

En este capítulo aprenderá a:

- Copiar y vincular documentos de Excel a Word.
- Exportar archivos de Excel.
- Importar archivos de texto.
- Usar la barra de herramientas Datos externos.
- Crear una hoja de cálculo de Excel dentro de Word.

Introducción

Excel es una aplicación versátil que permite solucionar múltiples tareas, fundamentalmente de cálculos matemáticos. El programa cuenta con excelentes herramientas para la importación y exportación de archivos, que garantizan su integración con el resto de aplicaciones de Office. Para el procesamiento de textos, administración de bases de datos y creación de presentaciones, Microsoft Word, Access y PowerPoint ofrecen excelentes perspectivas.

En este capítulo conocerá algunas de las principales herramientas de integración.

Cómo compartir información

El portapapeles de Office y la conocida técnica de arrastrar y soltar son las formas más comunes de compartir información. La técnica de Copiar y Pegar, que explicamos para copiar datos dentro de un libro de trabajo, también se usa para intercambiar datos entre Excel y otras aplicaciones.

Copiar y vincular

Para pasar datos de una aplicación a otra, se utilizan fundamentalmente las operaciones de mover, copiar y vincular. Aprenderá a copiar y vincular datos de Excel a otros documentos de Office, como por ejemplo Word.

Copiar de Excel a Word

Los pasos para copiar de Excel a Word son muy sencillos:

1. En una hoja de trabajo de Excel, seleccione las celdas que desea copiar en el documento de Word.
2. Haga clic en el botón Copiar de la barra de herramientas, como muestra la figura 16.1.
3. En un documento en blanco de Word, haga clic en el botón Pegar.
4. Las celdas se copian en el documento de Word, como muestra la figura 16.2.

Truco:

Es muy sencillo trasladarse de una aplicación a otra con el botón correspondiente de la barra de tareas.

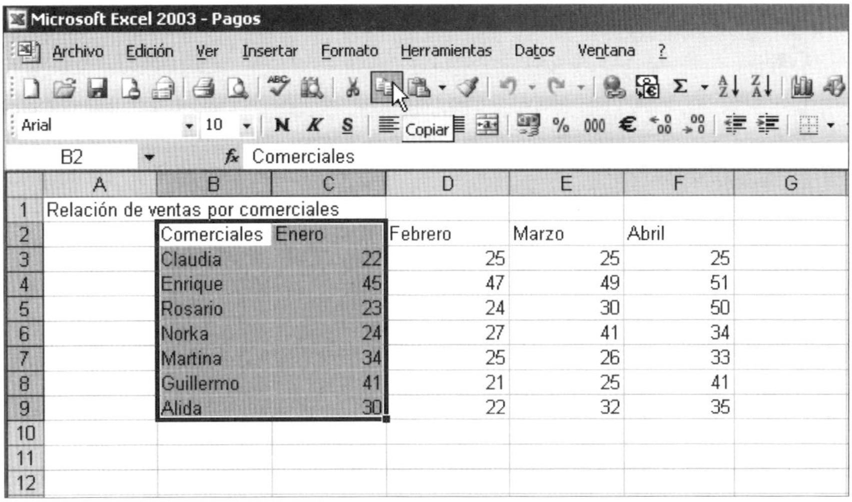

Figura 16.1. Copiar datos desde Excel.

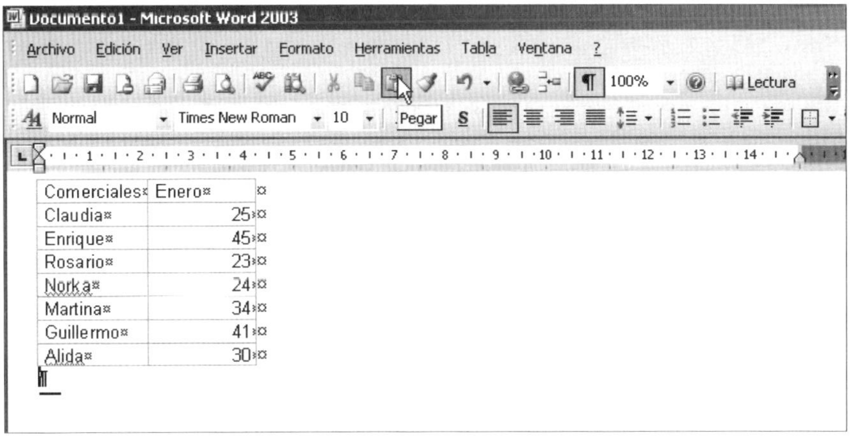

Figura 16.2. Pegar datos en Word.

Vincular datos

La herramienta Vincular hace una copia de datos creando un vínculo. Los cambios que realice en la aplicación de origen, se mostrarán inmediatamente en la aplicación de destino.

Nota:

Vincular datos implica que cualquier cambio, que realice en el archivo de origen, se refleje en el documento final.

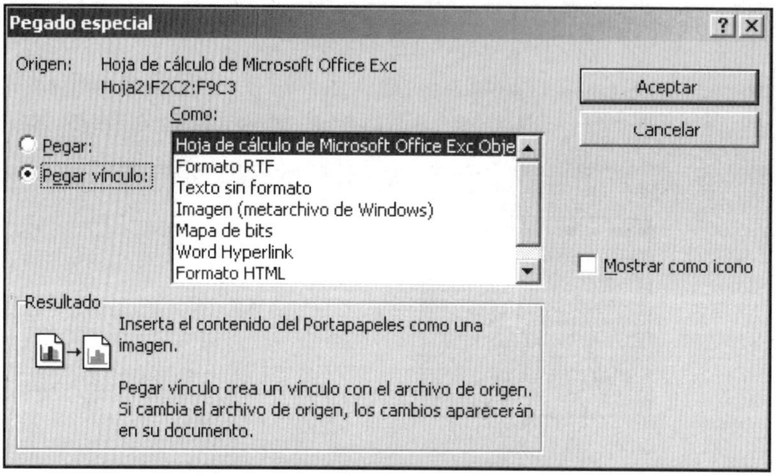

Figura 16.3. Cuadro de diálogo Pegado especial.

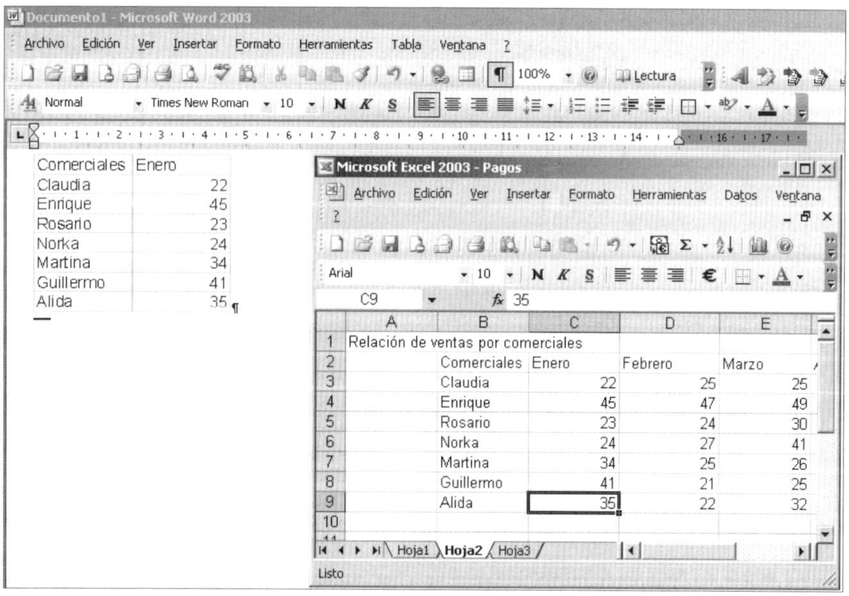

Figura 16.4. Documentos de Excel y Word vinculados.

Los pasos para vincular datos entre documentos son los siguientes:

1. En una hoja de trabajo de Excel, seleccione las celdas que desea copiar en el documento de Word.
2. Haga clic en el botón Copiar de la barra de herramientas.
3. En el documento de Word ejecute Editar>Pegado especial..., que activa el cuadro de diálogo Pegado especial que muestra la figura 16.3.
4. Haga clic en la casilla Pegar Vínculo y, en el campo Como:, seleccione **Hoja de cálculo de Microsoft Office Exc Obje**.
5. Para terminar haga clic en el botón **Aceptar**.

La figura 16.4 muestra el resultado de vincular dos documentos. Observe que, al variar el valor **35** de la celda **C9** del documento de Excel, inmediatamente se actualiza el dato en el documento de Word.

Exportar archivos

Excel proporciona una opción para guardar las hojas de cálculo con otros formatos.

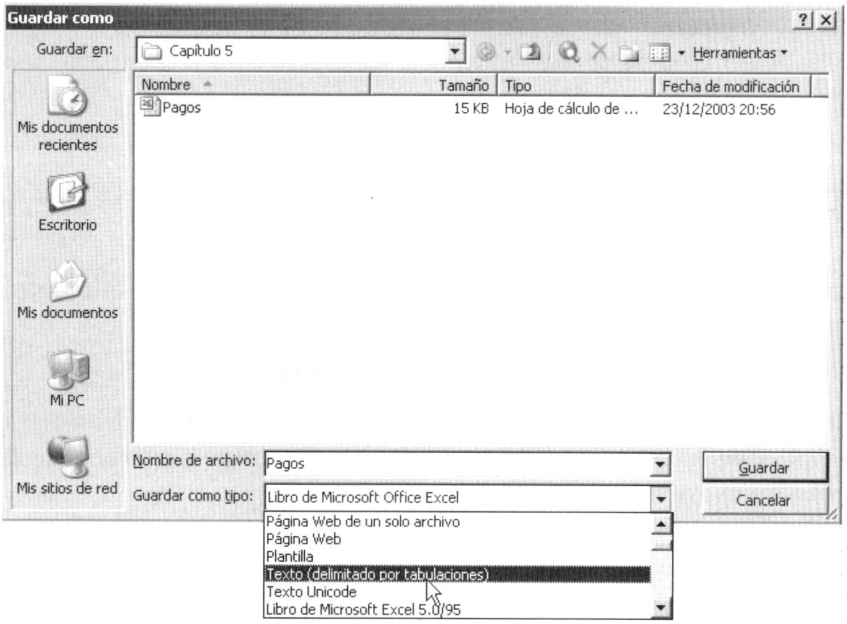

Figura 16.5. Opción Guardar como tipo.

Uno de los más utilizados son los formatos de texto. Este tipo de formato impone algunas limitaciones como pueden ser la imposibilidad de almacenar un libro completo dentro de un sólo archivo de texto y el no funcionamiento de las fórmulas.

Por esta razón no es conveniente guardar una hoja de cálculo como archivo de texto. De todos modos, si precisa realizar este tipo de conversión, siga los pasos siguientes:

1. Seleccione Archivo>Guardar como..., para abrir el cuadro de diálogo Guardar como.
2. Haga clic en la lista del cuadro Guardar como tipo, que muestra todas las opciones de formato de archivo disponibles, como muestra la figura 16.5.
3. Seleccione el formato que desee.
4. Haga clic en **Guardar**.

Advertencia:

Mientras más compleja es una hoja de cálculo, más probabilidades existen de que tenga que realizar modificaciones para trasladarla a otras aplicaciones. Existen varios factores que dificultan el proceso de conversión de archivos, como pueden ser el formato, las funciones, las macros, los comentarios y las imágenes gráficas.

Importar archivos de texto

La importación de archivos en Excel es sencilla si utiliza el Asistente para importar texto, que lo guía a lo largo de todo el proceso.

Para activar el asistente siga los pasos siguientes:

1. Ejecute Archivo>Abrir para abrir el cuadro de diálogo Abrir.
2. Despliegue la lista Tipo de archivos y seleccione **Archivos de texto**, como muestra la figura 16.6.
3. Seleccione el archivo que quiere abrir.
4. Haga clic en el botón **Abrir**.
5. Automáticamente se activa el Asistente para importar texto que se muestra en la figura 16.7.

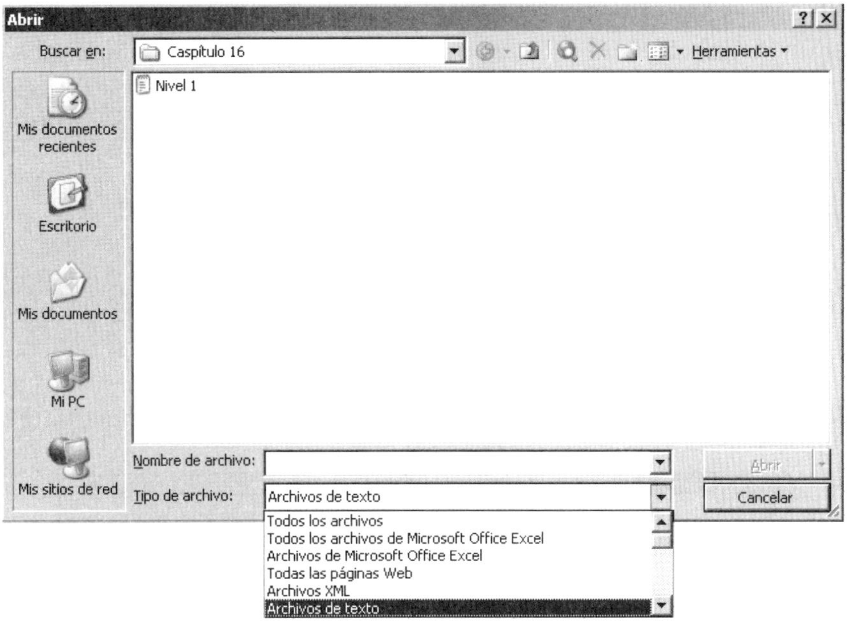

Figura 16.6. Abrir un archivo de texto.

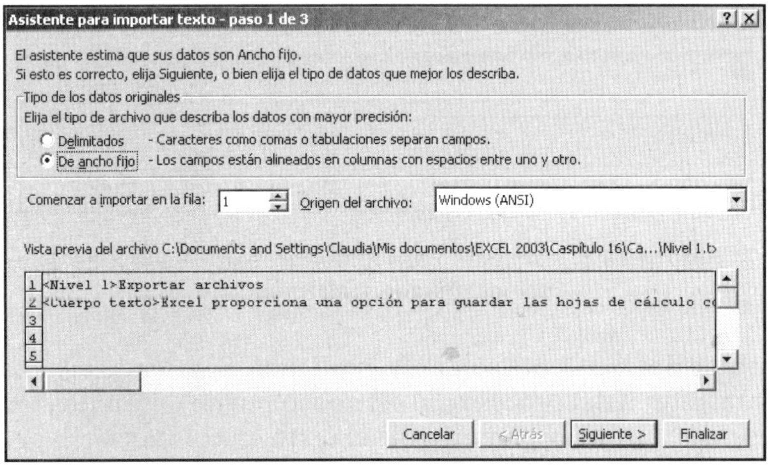

Figura 16.7. Asistente para importar texto. Paso 1 de 3.

Asistente para importar texto. Paso 1 de 3

En este primer paso generalmente sólo tiene que hacer clic en **Siguiente**. En este paso puede ver una lista previa del archivo. Puede decidir en qué fila empezará a pegar el texto, definiéndola en el cuadro Comenzar a importar en la fila, elegir el método de organizar los datos: Delimitados o De ancho fijo y verificar el origen del archivo. **ANSI** es la predeterminada de Windows. Una vez seleccionadas las opciones haga clic en **Siguiente**.

Asistente para importar texto. Paso 2 de 3

En este paso debe indicarle a Excel la forma en que deberá distinguir las columnas de datos. En dependencia del método de organizar datos que haya seleccionado en el paso 1, Delimitados o De ancho fijo será el cuadro de diálogo del Paso 2 de 3. En las figuras 16.8 y 16.9 se muestra el paso 2 del Asistente para importar texto, para uno y otro caso respectivamente.

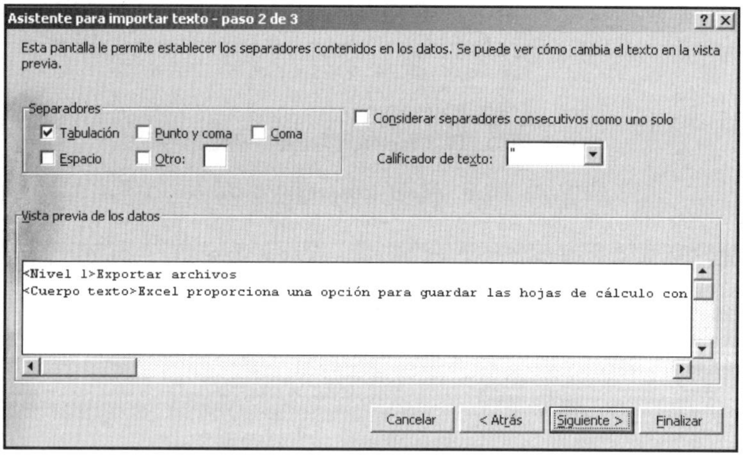

Figura 16.8. Asistente para importar texto. Paso 2 de 3 seleccionando Delimitados.

Las ventanas del Asistente son muy explícitas. Siguiendo sus indicaciones llegará al final del proceso. En este paso puede definir los separadores que se van a utilizar para dividir el texto en columnas. Experimente con los distintos tipos y verá cómo varía la presentación. Puede seleccionar varios separadores o uno sólo, dependiendo del resultado que desee. En este caso, sólo utilizamos tabulaciones para separar las columnas en la tabla incluida en el texto, por lo que sólo activamos esa casilla. Cuando el texto es de ancho fijo, la separación de las columnas se realiza marcando el sitio donde se ubicarán los saltos de columna. Para ello, simplemente haga clic con el botón izquierdo del ratón en la regleta, aparecerá una flecha que se desplaza manteniendo presionado el botón izquierdo del ratón.

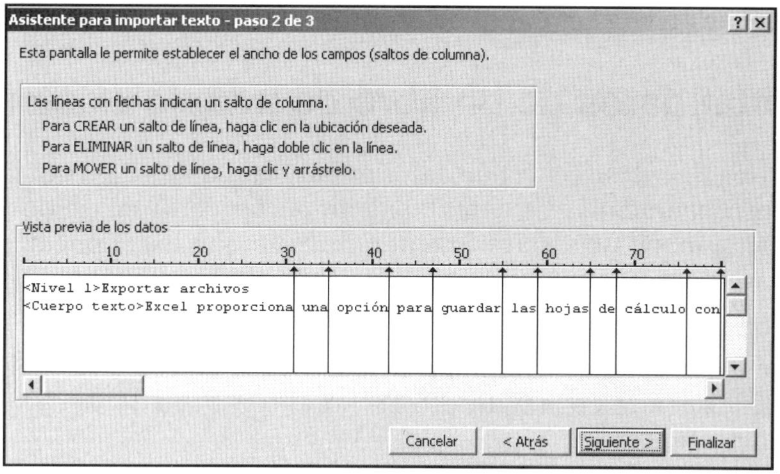

Figura 16.9. Asistente para importar texto. Paso 2 de 3 seleccionando De ancho fijo.

Asistente para importar texto. Paso 3 de 3

En este paso puede definir el formato de los datos que aparecen en cada columna.

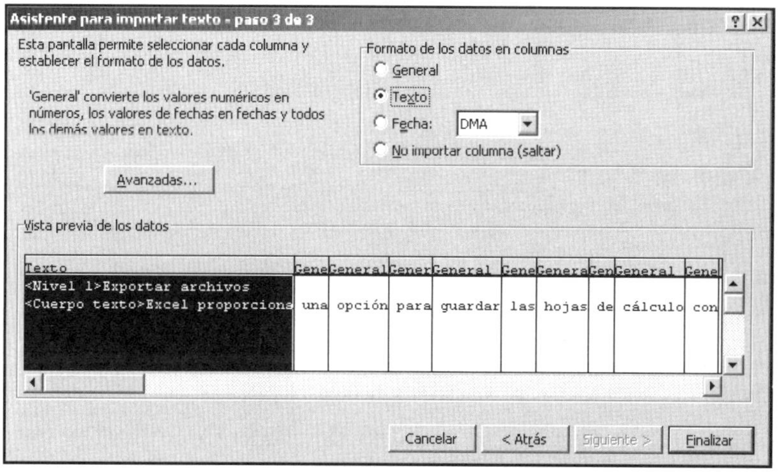

Figura 16.10. Asistente para importar texto. Paso 3 de 3.

Para activar una columna haga clic en ella con el botón izquierdo del ratón. Para seleccionar el formato, active la casilla correspondiente en la sección Formato de los datos en columnas, como se muestra en la figura 16.10. A continuación haga clic en **Finalizar**.

Importar datos de un libro de trabajo existente

Otra forma de transferencia de datos es importar datos desde otra aplicación a un documento existente. Puede importar datos de un documento de Word, aunque debe hacerlo en un formato que Excel pueda aceptar. Debe hacer lo siguiente:

1. Seleccione Datos>Obtener datos externos>Importar datos.
2. Se activa el cuadro de diálogo Seleccionar archivos de origen de datos, que aparece en la figura 16.11. Localice y haga doble clic en el archivo deseado.

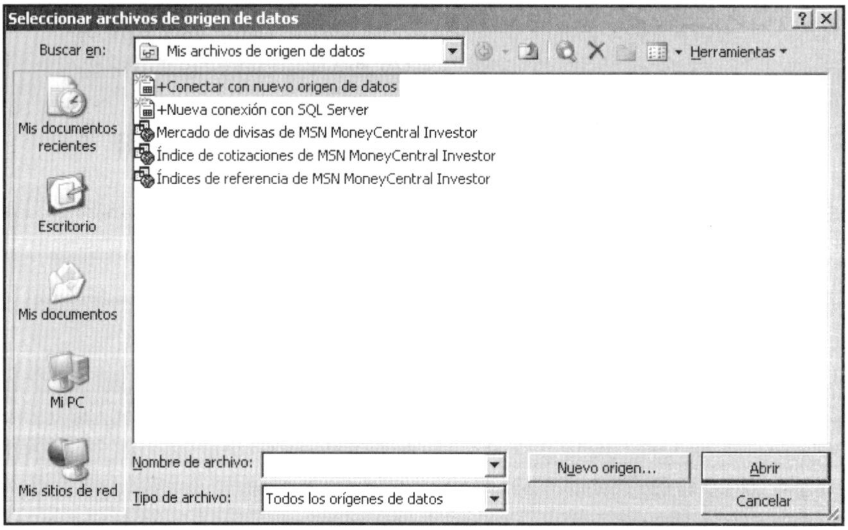

Figura 16.11. Cuadro de diálogo Seleccionar archivos de origen de datos.

3. Excel activa el Asistente para importar texto, siga entonces las instrucciones de las secciones anteriores hasta finalizar.
4. A continuación se abre el cuadro de diálogo Importar datos, que muestra la figura 16.12, donde puede definir dónde ubicar los datos en la hoja: escribiendo la referencia, o seleccionar la zona de ubica-

ción con ayuda del botón Contraer, como explicamos en capítulos anteriores.

5. Haga clic en **Aceptar**.

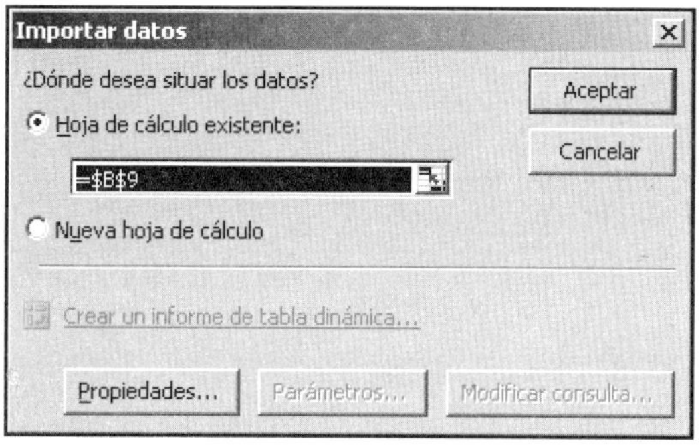

Figura 16.12. Cuadro de diálogo Importar datos.

La barra de herramientas Datos externos

Una vez importado el texto en la ubicación seleccionada, se muestra automáticamente la barra de herramientas Datos externos que muestra la figura 16.13. Esta barra contiene, entre otras, las siguientes herramientas:

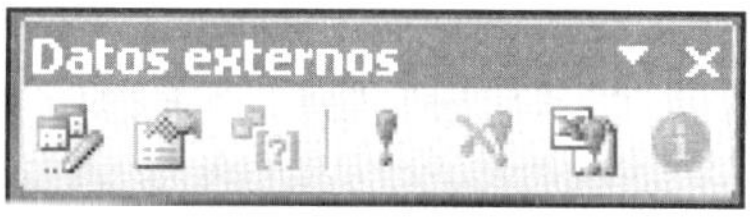

Figura 16.13. Barra de herramientas Datos externos.

1. Modificar texto importado: Cuando selecciona esta herramienta pone en marcha nuevamente el proceso explicado en el apartado Importar archivos de texto.
2. Propiedades del rango de datos: Abre el cuadro de diálogo Propiedades del rango de datos externo, que se muestra en la figura 16.14. Desde este cuadro de diálogo puede modificar las propiedades asociadas al rango de datos importado. Este rango recibe automáticamente un nombre durante el proceso de importación, que puede modificar en el campo Nombre.
3. Actualizar datos: Con esta herramienta se actualizan los datos del archivo. Según lo seleccionado en la sección Control de actualizaciones,

del cuadro de diálogo Propiedades del rango de datos, solicitará el nombre del archivo a actualizar o lo hará automáticamente.

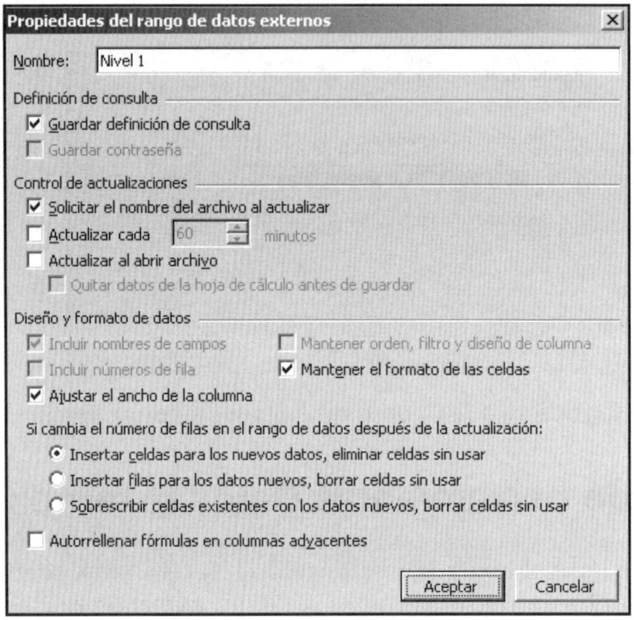

Figura 16.14. Cuadro de diálogo Propiedades del rango de datos externo.

Insertar libro de Excel en Word

Puede crear una hoja de cálculo dentro de un documento de Word. Cuando guarde el documento, la hoja de cálculo se guardará formando parte de ese mismo documento. Siga los siguientes pasos:

1. Abra un documento de Word.
2. Haga clic en el sitio donde desee insertar la hoja de cálculo.
3. Haga clic en el botón **Insertar Hoja de Microsoft Excel** de la barra de herramientas Estándar.
4. Mueva el puntero del ratón sobre la cuadrícula que muestra la figura 16.15, hasta seleccionar el número de filas y columnas que desea insertar en la hoja de cálculo y haga clic con el ratón. La tabla que se inserta en Word se muestra en la figura 16.16.
5. Introduzca los datos que necesite. Pulse la tecla **Intro** para cambiar de celda.

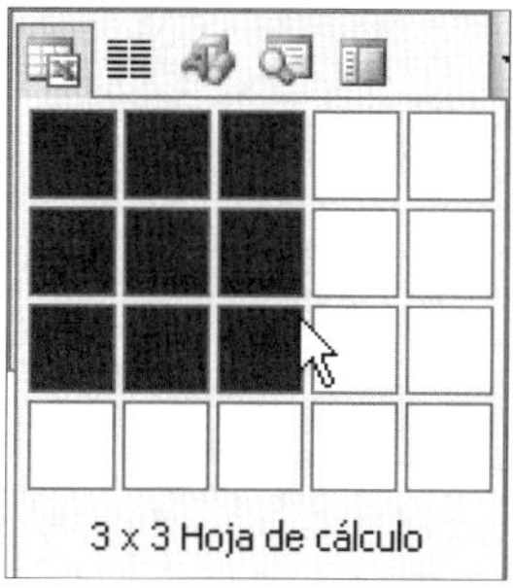

Figura 16.15. Seleccionar celdas en la cuadrícula.

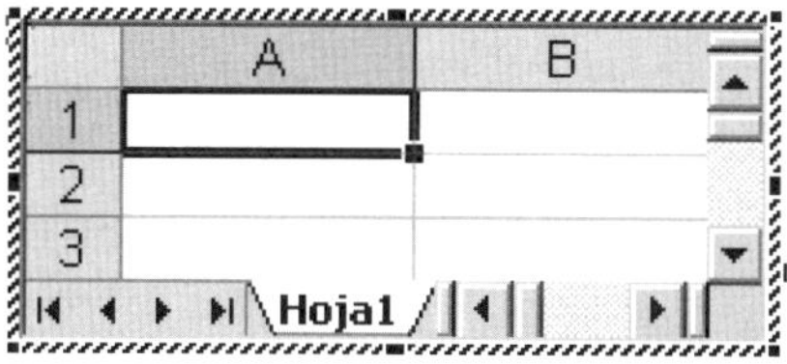

Figura 16.16. Hoja de cálculo de Excel en Word.

6. Haga clic fuera del área de la hoja de cálculo y observe los resultados. Mientras está activa la hoja de cálculo, las barras de herramientas que se activan son las de Excel. Puede utilizarlas para dar formato a la hoja de cálculo aunque esté trabajando con Word.

Resumen

Ahora ya sabe cómo exportar e importar archivos de Excel. Una de las características más destacadas de esta nueva versión de Office, es la compatibilidad entre todas sus aplicaciones. En el próximo capítulo aprenderá las principales técnicas para trabajar en equipo.

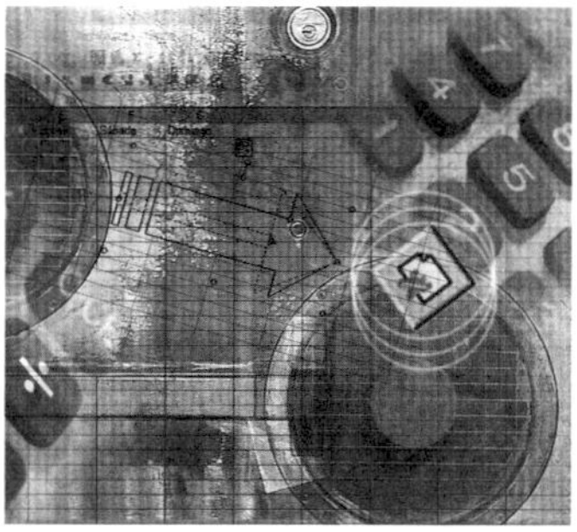

Capítulo 17

Colaboración y seguridad

En este capítulo aprenderá a:

- Compartir libros de trabajo.
- Configurar las opciones de un libro compartido.
- Controlar y resaltar los cambios.
- Proteger un libro de trabajo.
- Proteger una hoja y rangos de celdas.
- Bloquear y desbloquear celdas.

Introducción

Muchos proyectos demandan la participación de varios miembros de un equipo de trabajo. En este capítulo, estudiará las opciones más importantes de colaboración que contiene el programa para la manipulación simultánea de los datos.

Nota:

Un libro compartido permite el acceso, paralelo y en tiempo real, de varios usuarios.

El acceso múltiple de varios usuarios a los datos de un libro, implica ciertos riesgos relacionados con la posible alteración de los datos. Para evitar este problema, el programa cuenta con un excelente grupo de herramientas de protección. A lo largo de este capítulo, aprenderá a controlar las modificaciones que realizan otros usuarios y a configurar los parámetros de seguridad.

Compartir un libro de trabajo

La inserción de comentarios en las celdas, que puedan leer los demás colaboradores, es una técnica muy útil para trabajar en equipo, pero la forma más efectiva para alcanzar una óptima colaboración es compartir los libros de trabajo.

En un entorno de red con varios usuarios conectados, todos pueden editar paralelamente un libro de trabajo compartido. En estos casos, es importante prestar atención al control de los cambios que realiza cada usuario y a la aprobación de dichos cambios.

Para compartir un libro siga estos pasos:

1. Ejecute la opción Herramientas>Compartir libro..., que activa la ventana Compartir libro.
2. Active la casilla Permitir la modificación por varios usuarios a la vez. Esto también permite combinar libros de la ficha Modificación, que muestra la figura 17.1.
3. Haga clic en el botón **Aceptar**.
4. Confirme haciendo clic nuevamente en **Aceptar** cuando Excel comunique: Esta acción guardará el libro. ¿Desea continuar?.

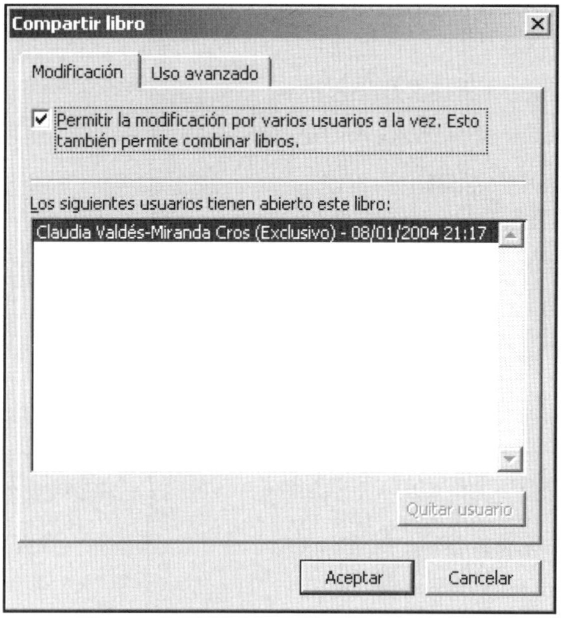

Figura 17.1. Cuadro de diálogo Compartir libro.

Nota:

Cuando un libro está compartido, aparece la palabra ***Compartido*** *acompañando al nombre del libro en la barra de título.*

Para que un libro deje de estar compartido, después de cerciorarse de que no hay nadie trabajando en él, haga lo siguiente:

1. Ejecute nuevamente el comando Herramientas>Compartir libro..., para abrir el cuadro de diálogo Compartir libro.
2. Desactive la casilla Permitir la modificación por varios usuarios a la vez en la ficha Modificación.
3. Haga clic en el botón **Aceptar**.

Restricciones al compartir un libro

Las funciones que enumeramos a continuación no están disponibles cuando un libro de trabajo está compartido:

- Aplicar cambios a los cuadros de diálogo y menús.
- Crear esquemas o escenarios con los datos.

- Cambiar o eliminar contraseñas.
- Combinar celdas.
- Crear o modificar tablas dinámicas.
- Definir o aplicar formatos condicionales.
- Eliminar hojas de cálculo.
- Insertar o modificar gráficos, imágenes, objetos o hipervínculos.
- Insertar o borrar bloques de celdas.
- Insertar subtotales automáticos.
- Trabajar con macros.

Nota:

Si necesita ejecutar cualquiera de estas funciones, deberá dejar de compartir el libro de trabajo, realizar las funciones y luego volver a compartirlo.

Uso avanzado de un libro de trabajo compartido

Usando las opciones de la ficha Uso avanzado, de la ventana Compartir libro que muestra la figura 17.2, puede determinar el tiempo en que desea guardar el historial, así como tomar decisiones cuando aparecen conflictos.

En esta ventana puede definir los siguientes controles:

- Control de cambios: Para definir un historial de cambios y durante cuántos días se conservarán los datos en él. Para desactivar esta opción active No guardar historial de cambios.
- Actualizar cambios: Para definir cómo actualizar los cambios, para que sean visibles para los demás usuarios. Permite dos posibilidades: Al guardar el archivo o Automáticamente cada: cierta cantidad de minutos. La opción Automáticamente también ofrece dos posibilidades: Sólo ver los cambios de otros usuarios y Guardar mis cambios y ver los cambios de otros.
- En caso de cambios conflictivos entre usuarios: Posibilita definir una forma para resolver los conflictos, con la opción Preguntar cuáles prevalecen, podrá acceder al cuadro de diálogo Resolver conflictos para obtener una lista de los conflictos existentes y seleccionar los valores definitivos. La opción Prevalecen los cambios guardados, hace que el usuario no reciba notificación de los conflictos y prioriza sus modificaciones.

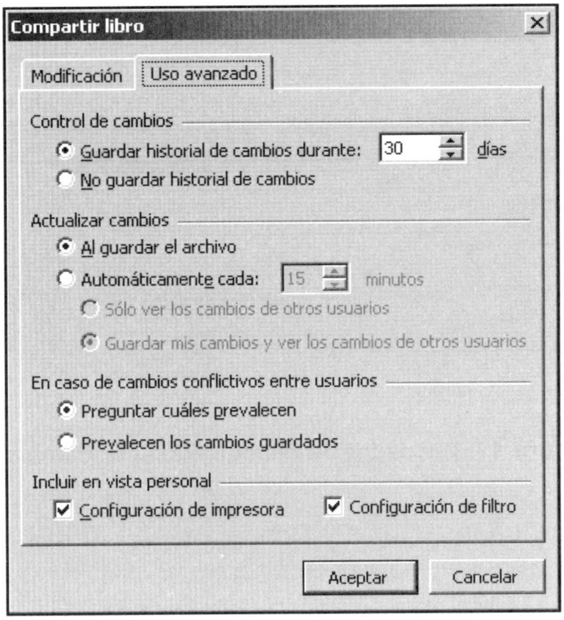

Figura 17.2. Ficha Uso avanzado del cuadro de diálogo Compartir libro.

Nota:

Cuando se guarda un libro compartido, los cambios realizados en un puesto de trabajo se transmiten al resto de los usuarios, generándose un documento de consolidación. Cuando un mismo dato ha sufrido más de una modificación, estamos en presencia de un conflicto.

Control de cambios en pantalla

El programa puede llevar un registro de todos los cambios realizados, donde cualquier modificación lleva asociado un comentario especial con información.

Para controlar los cambios en pantalla siga los pasos siguientes:

1. Ejecute la opción Herramientas>Control de cambios>Resaltar cambios..., para activar la ventana Resaltar cambios, que aparece en la figura 17.3.
2. Active la casilla Efectuar control de cambios al modificar. Esto también comparte el libro.

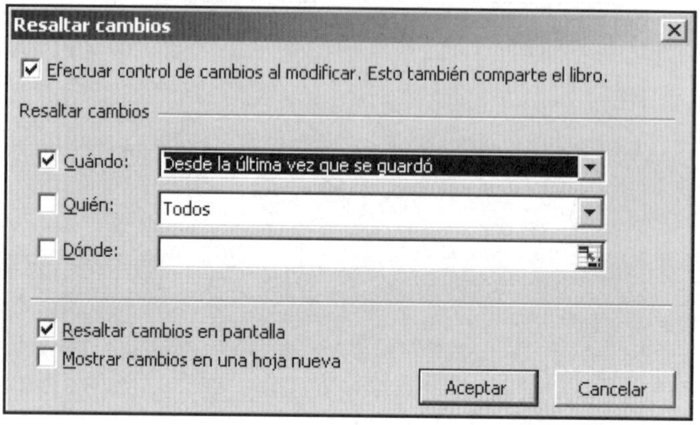

Figura 17.3. Cuadro de diálogo Resaltar cambios.

3. En las casillas Cuándo, Quién y Dónde, puede controlar las características de los cambios que desea resaltar.
4. Puede activar también las casillas Resaltar cambios en pantalla y Mostrar cambios en una hoja nueva.
5. Haga clic en **Aceptar**.

A partir de este momento quedarán reflejados todos los cambios.

En esta ventana se pueden definir las siguientes opciones para resaltar los cambios:

- Cuándo: Permite resaltar los cambios aplicados en dependencia de un intervalo de tiempo. Seleccione una opción entra las siguientes:
  - Desde la última vez que se guardó: Resalta las modificaciones hechas desde la última fecha en que se guardó el libro.
  - Todos: Resalta todas las celdas modificadas, en dependencia del tiempo elegido en Guardar historial de cambio durante de la ficha Uso avanzado.
  - Sin revisar: Resalta las celdas que contienen modificaciones aún no revisadas, con la función Aceptar o Rechazar cambios.
  - Desde la fecha...: Resalta las celdas modificadas desde una fecha determinada.
- Quién: Resalta los cambios según el usuario que los haya aplicado. Puede elegir Un usuario, Todos o Todos excepto yo.
- Dónde: Resalta los cambios aplicados a rangos de celdas especificados.

Si está activada la casilla Resaltar cambios en pantalla, cada vez que realice un cambio en una celda aparecerá un pequeño triángulo en su parte superior izquierda. Excel asigna un color para cada usuario que realiza modificaciones en un libro compartido, para identificarlo rápidamente. Cada vez que pase el cursor sobre la celda, se mostrará un comentario resaltando el cambio.

Revisión de los cambios

Cuando active este sistema, debe haber un responsable que revise los cambios aceptando, o rechazando, las modificaciones aplicadas. Para llevar a cabo el proceso de revisión haga lo siguiente:

1. Ejecute el comando Herramientas>Control de cambios>Aceptar o rechazar cambios....
2. En el cuadro de diálogo Seleccionar cambios para aceptar o rechazar, que muestra la figura 17.4, puede definir qué tipo de cambios desea revisar, habitualmente todos.

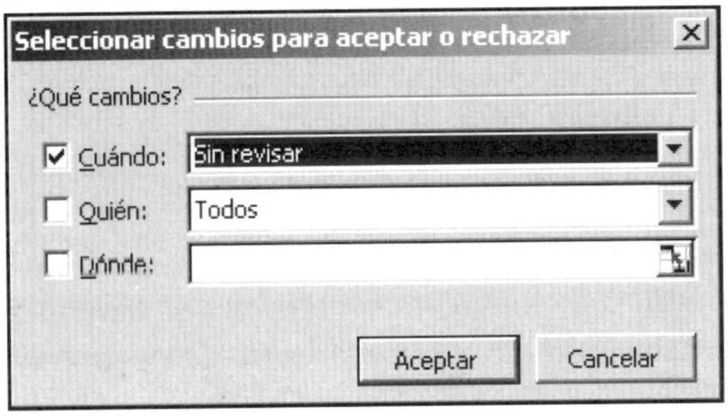

Figura 17.4. Ventana Seleccionar cambios para aceptar o rechazar.

3. Una vez definidos los criterios, haga clic en **Aceptar**.

Una vez que haga clic en **Aceptar** por cada cambio encontrado, Excel activa el cuadro de diálogo Aceptar o rechazar cambios que muestra la figura 17.5. En él aparece quién realizó el cambio y en qué consistió.

Esta ventana ofrece en su zona inferior botones para tomar decisiones. Las opciones son las siguientes:

- Aceptar: Acepta la modificación aplicada.
- Rechazar: Restablece el valor original.
- Aceptar todos: Acepta todos los cambios del documento.
- Rechazar todos: Rechaza todos los cambios del documento y restaura los valores originales.

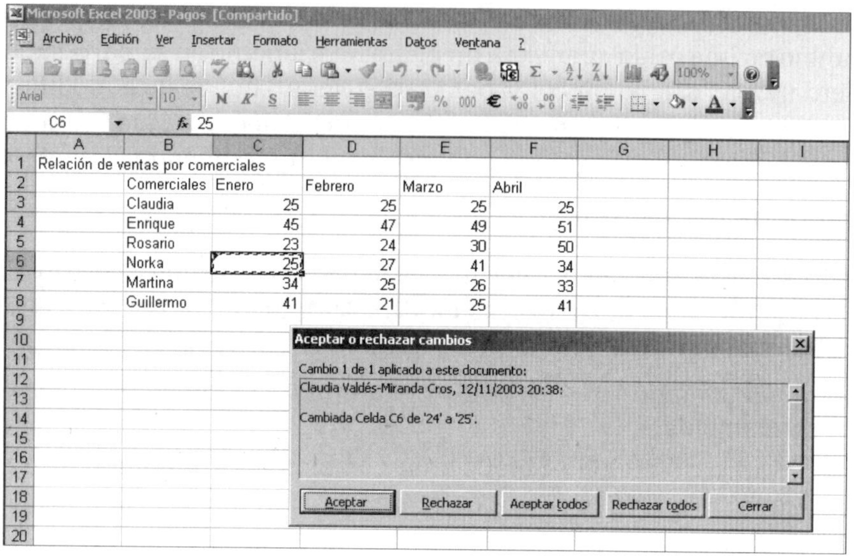

Figura 17.5. Cuadro de diálogo Aceptar o rechazar cambios.

- Cerrar: Cierra el cuadro de diálogo.

Nota:

Si se ha realizado más de un cambio en una misma celda, está en presencia de un conflicto. Es el momento de elegir cuál es el definitivo.

Si quiere desactivar el control de cambio, desactive la casilla de verificación Efectuar control de cambios al modificar en el cuadro de diálogo Resaltar Cambios.

La seguridad en Excel

Cuando haya invertido tiempo y esfuerzo en la creación de una hoja de cálculo, deseará tener la seguridad de que nadie puede introducir ninguna alteración en sus datos. Excel permite proteger los documentos a diferentes niveles, estableciendo limitaciones para acceder al libro en general o a alguna de sus hojas, e incluso protegiendo zonas especificas de datos con claves de acceso. La protección del libro es un elemento cardinal cuando está disponible para varios usuarios.

Nota:

La protección de los datos tiene especial importancia cuando se transfieren datos a través de Internet o de cualquier soporte físico.

Proteger un libro en el momento de guardar

Puede proteger un libro en el momento en que lo guarda por primera vez, o utilizando la opción Archivo>Guardar como.... En ambos casos se activa el cuadro de diálogo Guardar como que, en su esquina superior derecha, tiene el menú Herramientas. Allí seleccione Opciones generales.

Se activa el cuadro de diálogo Opciones para guardar, que permite introducir dos contraseñas, una para abrir el libro y otra para autorizar modificaciones. La primera contraseña bastará para abrir el libro y editarlo. En este cuadro de diálogo también encontrará dos casillas de verificación: Crear siempre una copia de seguridad y Se recomienda sólo lectura. En la figura 17.6 se muestra el cuadro de diálogo Opciones para guardar.

Figura 17.6. Cuadro de diálogo Opciones para guardar.

Nota:

Cada vez que abra un libro protegido, aparecerá una ventana solicitando la contraseña. Asegúrese de elegir una contraseña que pueda recordar, así, en caso de perderla, podrá tener siempre acceso a los elementos protegidos de la hoja de cálculo.

Advertencia:

Si activa la protección Se recomienda sólo lectura, *aunque conozca la contraseña para escritura no podrá introducir ni realizar cambios en los datos. Aparecerá una información comunicándole que el libro se abrirá sólo para lectura.*

Proteger un libro de trabajo

Otra forma de proteger un libro de trabajo en Excel es utilizando el comando Herramientas>Proteger>Proteger libro..., donde puede proteger la estructura del libro y sus ventanas; al ejecutarlo se activa el cuadro de diálogo Proteger libro, que muestra la figura 17.7 y que permite activar dos casillas de verificación:

- Estructura: Para proteger la estructura del libro y que sus hojas de trabajo no puedan moverse, eliminarse, ocultarse, mostrarse o cambiarse de nombre, ni tampoco puedan insertarse hojas nuevas.
- Ventana: Para proteger las ventanas de forma que siempre tengan el mismo tamaño y posición cada vez que se abra el libro de trabajo.

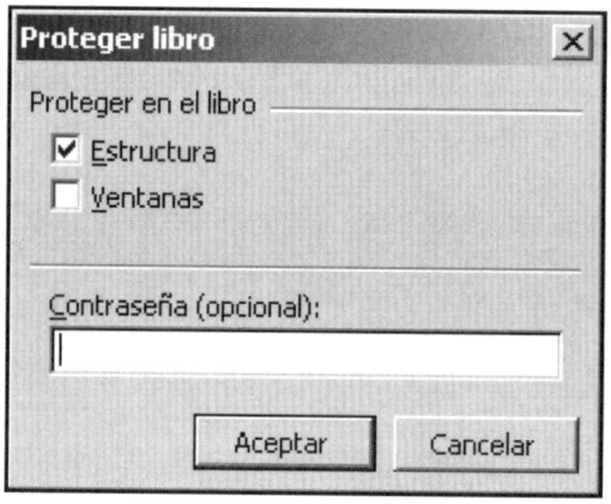

Figura 17.7. Cuadro de diálogo Proteger libro.

Proteger un libro de trabajo compartido

Cuando protege un libro compartido con una contraseña, impide que los usuarios que no disponen de esa contraseña puedan eliminar el historial de cambios. Los pasos para proteger un libro compartido son los siguientes:

1. Deje de compartir el libro de trabajo.
2. Ejecute el comando Herramientas>Proteger>Proteger y compartir libro..., que abre el cuadro de diálogo Proteger libro compartido.
3. Active la casilla Compartir con control de cambios.
4. Introduzca una contraseña y haga clic en **Aceptar**, se abrirá la ventana Confirmar contraseña.
5. Confirme la contraseña y haga clic en **Aceptar**. Aparece entonces una ventana solicitando continuar.

6. Haga clic en **Aceptar**. Excel guardará el libro y lo compartirá, permitiendo controlar los cambios.

Proteger hojas de trabajo

Además de las contraseñas para acceder y modificar un libro, puede utilizar otras contraseñas para proteger otros elementos. Tiene la posibilidad de introducir una contraseña para trabajar con una hoja e, incluso, para modificar determinados rangos de celdas.

Introducir la contraseña para proteger la hoja de trabajo se consigue con la opción Herramientas>Proteger>Proteger hoja..., que activa el cuadro de diálogo Proteger Hoja que muestra la figura 17.8. Esta ventana muestra una lista donde puede activar, o desactivar, las funciones que podrán ejecutar otros usuarios en la hoja protegida.

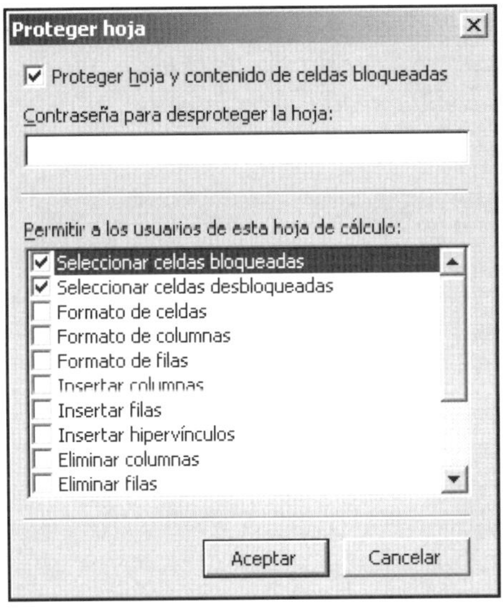

Figura 17.8. Cuadro de diálogo Proteger hoja.

Observe que la ventana tiene un cuadro para introducir la contraseña que luego se exigirá para desproteger la hoja. Conociendo esta contraseña de protección, puede ejecutar Herramientas>Proteger>Desproteger Hoja... para quitar la protección y realizar cualquier cambio.

Si desea permitir que otros usuarios editen o introduzcan información en algunas celdas, previamente deberá desbloquear las celdas correspondientes.

Nota:

Todas las celdas de una hoja de cálculo se encuentran bloqueadas por defecto, por lo que no podrán modificarse cuando la hoja de cálculo está protegida.

Los pasos para bloquear o desbloquear celdas o rangos de celdas, antes de proteger una hoja, son los siguientes:

1. Ejecute la opción Formato>Celdas... que abre el cuadro de diálogo Formato de celdas.
2. Seleccione la ficha Proteger que muestra la figura 17.9.
3. Desactive la casilla Bloqueada.
4. Haga clic en **Aceptar**.

Nota:

Recuerde que, una vez protegida la hoja, sólo podrá modificar aquellas celdas desbloqueadas previamente.

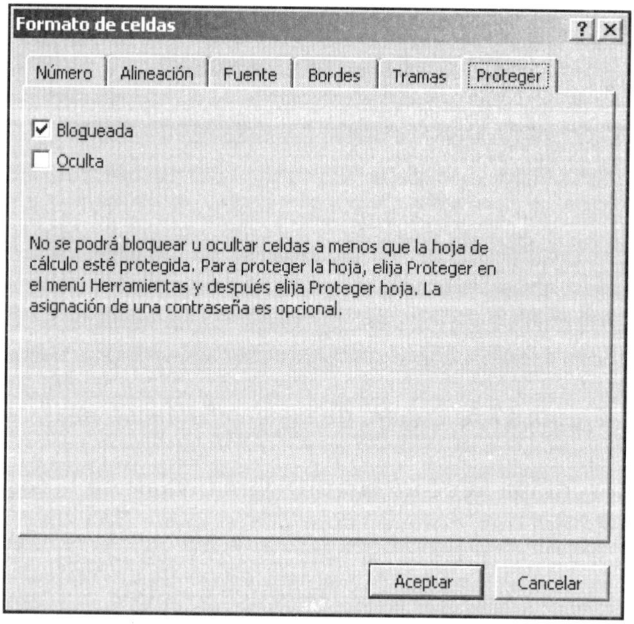

Figura 17.9. Formato de celdas.

Truco:

Haciendo clic en la tecla ***Tab*** *se desplazará sólo por las celdas desbloqueadas.*

Proteger rangos de celdas

Otra opción de protección del programa es desbloquear el acceso a determinados rangos de celdas. Puede introducir una contraseña para permitir la edición de esta información. Los pasos son los siguientes:

1. Ejecute la opción Herramientas>Proteger>Permitir que los usuarios modifiquen rangos...., que está sólo disponible cuando la hoja de cálculo no está protegida. Se abrirá el cuadro de diálogo Permitir que los usuarios modifiquen rangos que se muestra en la figura 17.10.

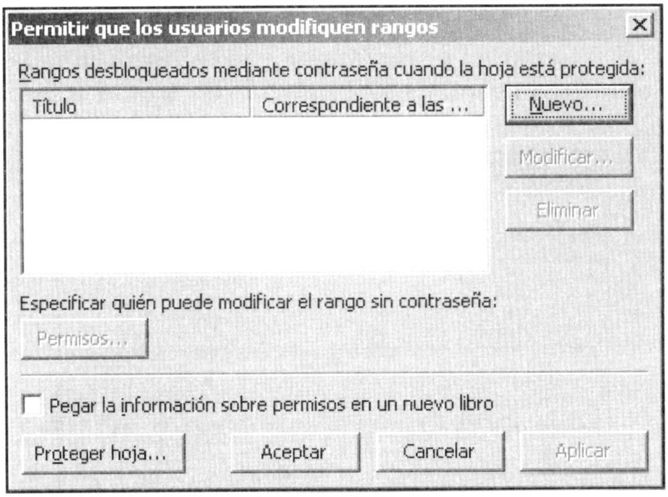

Figura 17.10. Cuadro Permitir que los usuarios modifiquen rangos.

2. Haga clic en el botón **Nuevo**.
3. En el cuadro de diálogo Nuevo rango que aparece en la figura 17.11, introduzca un título para el rango en el cuadro Título.
4. En el cuadro Correspondiente a las celdas introduzca el signo igual (=) y, a continuación, el rango. Puede usar el botón **Contraer**.
5. Escriba una contraseña que permita el acceso al rango, en el cuadro Contraseña del rango.

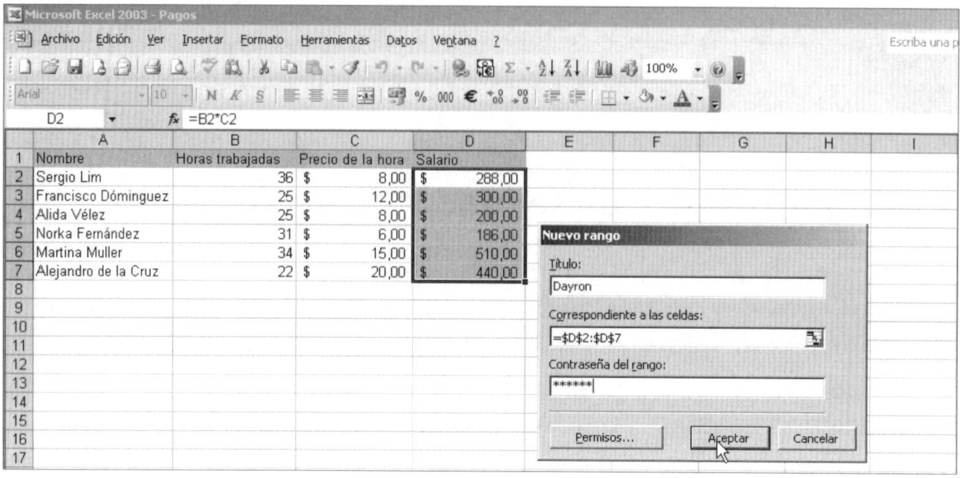

Figura 17.11. Ventana Nuevo Rango.

6. Haga clic en **Aceptar**. El programa pide la confirmación de la contraseña como muestra la ventana 17.12.

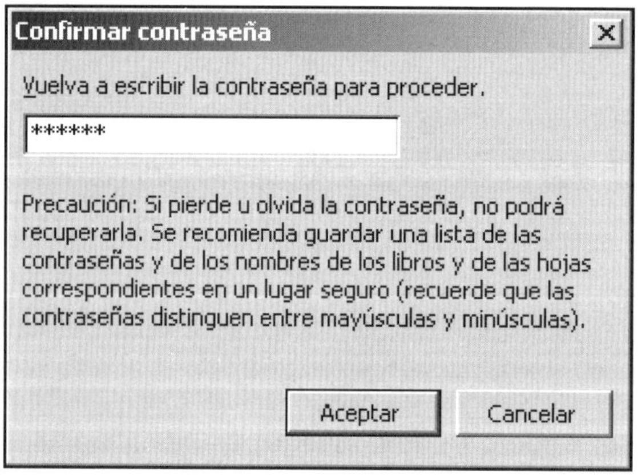

Figura 17.12. Confirmar contraseña.

7. Se vuelve a activar el cuadro Permitir que los usuarios modifiquen rangos.
8. Haga clic en **Aceptar**.

Si tiene una red equipada con Windows 2000 ó superior, puede usar el botón **Permisos** y después **Agregar**, para buscar y seleccionar aquellos usuarios a los que desea permitir el acceso a estos rangos. Si quiere seleccionar más de un usuario, mantenga presionada la tecla **Control** mientras hace clic en los nombres.

Resumen

En este capítulo hemos explicado cómo trabajar con libros compartidos, una herramienta esencial para la colaboración entre varios usuarios y cómo garantizar la seguridad y protección de su trabajo. ¿Ha oído hablar de las macros? En el próximo capítulo aprenderá a crear y luego ejecutar una macro.

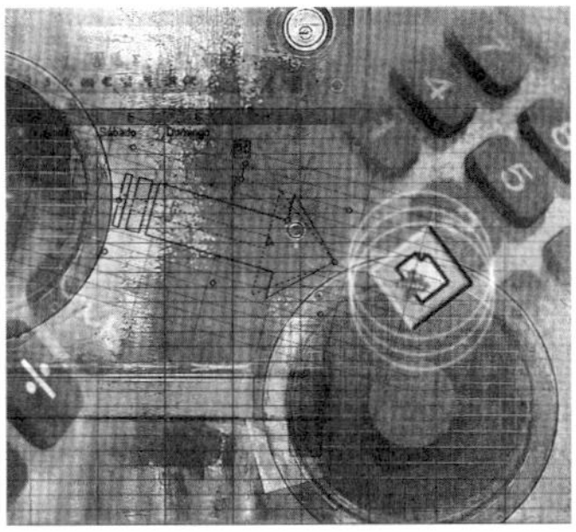

Capítulo 18

Macros

En este capítulo aprenderá a:

- Conocer las macros como medio de automatizar tareas.
- Crear y ejecutar una macro.
- Eliminar una macro.

Introducción

Ya conoce las herramientas más importantes del programa. Sabe introducir datos, aplicar formatos e imprimir, aplicar fórmulas y funciones. Algunos resultados implican la repetición de instrucciones y comandos: introducir los mismos encabezamientos, aplicar el mismo formato a las celdas, desarrollar las mismas fórmulas. En este capítulo aprenderá a automatizar una secuencia de tareas. Logrará que un grupo de instrucciones se ejecuten automáticamente a partir de una orden, lo mismo una combinación de teclas que un clic de ratón, o cualquier otra opción del programa.

Las macros

Cuando necesita automatizar tareas que incluyen secuencias de comandos, Excel utiliza las macros. Las macros son pequeños programas con nombre propio. Excel y otras aplicaciones de Microsoft Office utilizan el lenguaje VBA (*Visual Basic for Applications*) para trabajar con las macros, pero no necesita conocer este lenguaje para crearlas y ejecutarlas.

Si realiza frecuentemente una misma operación, puede crear una macro de tal forma que, al ejecutarla, se reproduzca toda la secuencia de comandos incluida, aumentando significativamente la productividad del trabajo. La macro creada podrá ejecutarse, modificarse o eliminarse.

Nota:

A partir de Excel 2003, puede utilizar el entorno de desarrollo Visual Studio .NET 2003 para automatizar tareas utilizando un conjunto de herramientas conocidas como Visual Studio .NET Tools for Office, *que encontrará en el CD-ROM de Office.*

Antes de crear una macro debe considerar qué diseño tendrá su procedimiento, qué instrucciones la compondrán y cuál será el resultado final.

Creación de una macro

La creación de una macro consiste en registrar un grupo de operaciones para reproducirlas posteriormente a partir del punto que seleccione.

Los pasos para crear una macro son los siguientes:

1. Ejecute el comando Herramientas>Macro.
2. Seleccione la opción Grabar nueva macro... en la lista de comandos que activa el cuadro de diálogo Grabar macro que muestra la figura 18.1.

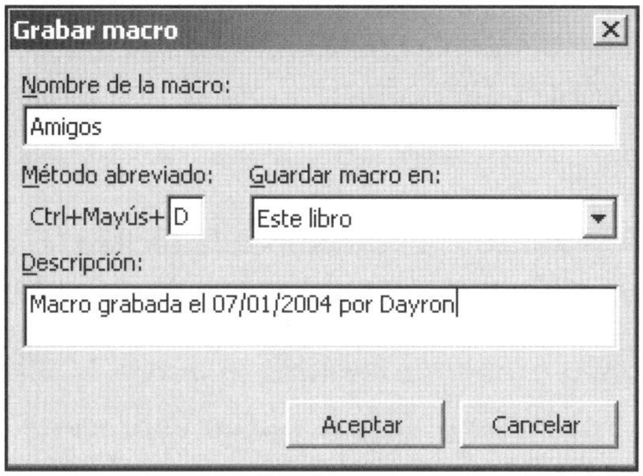

Figura 18.1. Cuadro de diálogo Grabar macro.

3. Escriba un nombre para la macro en el cuadro Nombre de la macro (Excel sugiere Macro1).

Advertencia:

El nombre de la macro debe empezar por una letra y puede incluir caracteres en mayúsculas y minúsculas.

4. Escriba una letra o un número en la casilla Método abreviado para definir una forma rápida de ejecutar la macro, de este modo, configura que cada vez que pulse la combinación de teclas seleccionada, se ejecute la macro. No olvide que el propio programa utiliza muchas combinaciones de teclas que incluyen la tecla **Control**. Sea cuidadoso al decidir la combinación.
5. Utilizando la lista desplegable Guardar macro en: seleccione dónde quiere guardar la macro. Esa ubicación determina la forma de acceso y ejecución de la macro. Tiene tres opciones disponibles:
   - Libros de macros personal: La macro será global y estará disponible siempre que utilice Excel.

- Libro nuevo: Disponible sólo para un libro nuevo que cree.
- Libro actual: Disponible de forma local, sólo para el libro que está trabajando.

Advertencia:

Si no va a utilizar una macro frecuentemente, almacénela en el libro actual. Aunque las macros globales son prácticas, Excel las carga cada vez que se inicia y, por tanto, consumen memoria, lo que puede ralentizar su trabajo.

6. En el cuadro Descripción: Excel coloca la fecha y el nombre del usuario, información que puede modificar. Esto se usa para el trabajo en equipo, de esa forma el resto de los usuarios puede acudir a la persona adecuada si tienen problema con una macro.
7. Haga clic en el botón **Aceptar** para iniciar el proceso de grabación de la macro. La barra de estado muestra el mensaje Grabando en el extremo izquierdo y se activa la barra Detener grabación.
8. Realice la secuencia de operaciones que va a tener la macro. El Grabador graba las operaciones, pero no los intervalos de tiempo en que se realizan. Esto significa que se puede tomar todo el tiempo que desee, para evitar errores que luego aparezcan durante la ejecución de la macro.
9. Haga clic en el botón **Detener grabación** que aparece en la pequeña barra Detener grabación. La barra cuenta con dos botones. El de la izquierda detiene la grabación de la macro, dándola por finalizada. El otro activa o desactiva las referencias relativas.
10. Para ejecutar la macro basta teclear la combinación de teclas que definió en el método abreviado.

Ejemplo de macro

Crearemos una macro paso a paso, en la que introduciremos un encabezado con imágenes para una hoja de trabajo con datos sobre los amigos en misión en Afganistán. El objetivo es demostrar que, una vez grabada una secuencia de comandos, en este caso, insertar texto e imágenes, al reproducir la macro la secuencia de comandos se ejecuta automáticamente.

1. Active la celda **A1** de un nuevo libro de trabajo.
2. Seleccione el comando Herramientas>Macro>Grabar nueva macro... que activa el cuadro de diálogo Grabar macro.

3. Introduzca un nombre para la macro en nuestro ejemplo: Amigos.
4. Introduzca el método abreviado para ejecutar la macro **Control-Mayús-D**.
5. En el cuadro Guardar macro seleccione libro actual, la opción predeterminada. Con ella podrá abrir la macro desde cualquier hoja de su libro.
6. Haga clic en el botón **Aceptar** para comenzar la grabación de la macro. A continuación introduzca la cadena de instrucciones.
7. Escriba un encabezamiento: Amigos en misión Afganistán.
8. Defínale un tipo y cuerpo de letra.
9. Inserte imágenes mediante el comando Insertar>Imagen>Desde archivo.
10. Ejecute la opción Macro>Detener grabación para poner fin a la creación de la macro. Las macros locales se guardan al almacenar el libro y, las globales, al cerrar la sesión.

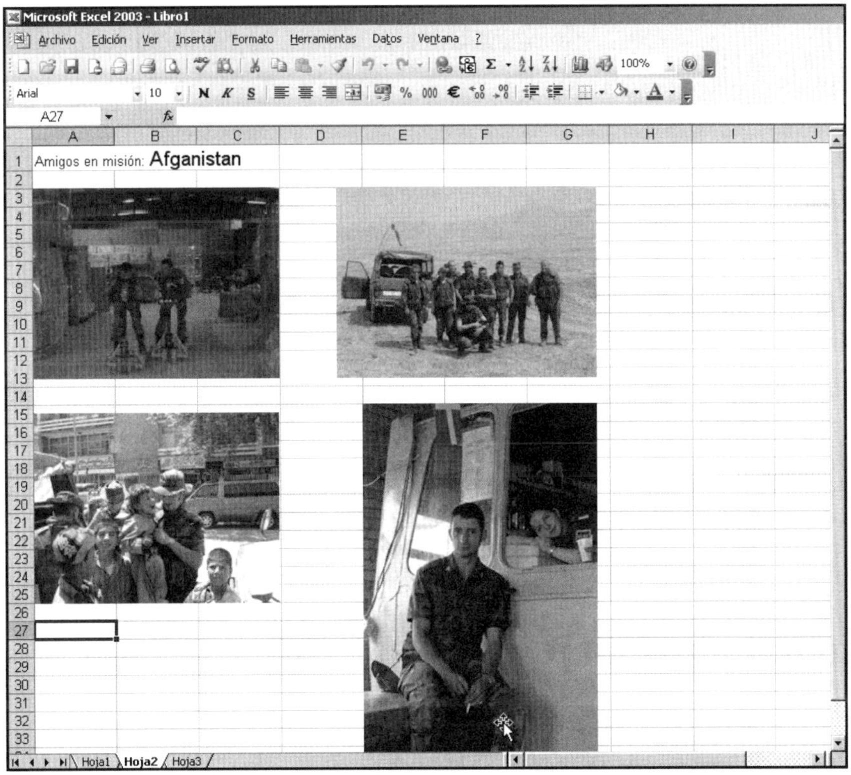

Figura 18.2. Una macro que introduce texto e imágenes de colegas en misión en Afganistán.

Ejecutar una macro

Cuando quiera reproducir una macro:

1. Ejecute la opción Herramientas>Macro>Macros...
2. En el cuadro de diálogo Macro, seleccione la macro que quiere ejecutar como muestra la figura 18.3.
3. Haga clic en el botón **Ejecutar**. Cuando la macro termina de reproducirse devuelve el control del programa al usuario.

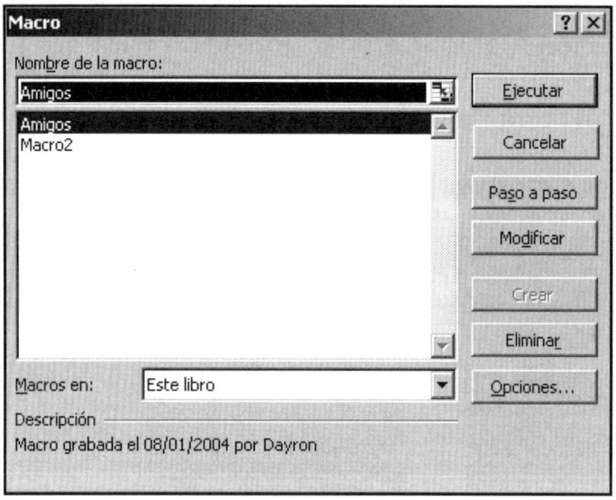

Figura 18.3. Ejecutar una macro.

Nota:

Los usuarios que conocen VBA (Visual Basic for Applications) *pueden activar el editor de este programa valiéndose del botón **Modificar**, para ver las macros en los códigos de lenguaje de programación y realizar las modificaciones.*

Eliminar una macro

Para eliminar una macro:

1. Ejecute Herramientas>Macro>Macros...
2. En el cuadro de diálogo Macro, seleccione la macro que desea eliminar.
3. Haga clic en el botón **Eliminar**.

Macros y seguridad

Las macros pueden convertirse en elementos que ponen en riesgo la seguridad. Algunos virus informáticos conocidos se transmiten en forma de macros de Office.

La opción Herramientas>Macro>Seguridad permite establecer diferentes niveles de seguridad. El nivel de seguridad predeterminado es alto y no permite la ejecución de macros que no tengan una firma digital de confianza.

Nota:

En Excel 2003 se introduce el nivel de seguridad Muy alto, *que autoriza la ejecución de macros instaladas por fuentes de confianza, lo mismo firmadas que sin firmar, denegando todas las restantes.*

Resumen

Cuando se repite frecuentemente un número de instrucciones en Excel, es símbolo de que se necesita una macro. La macro ejecuta secuencias de comandos de una vez. Prepare su propias macros en dependencia del tipo de trabajo que realice. Significarán un ahorro de tiempo considerable. En el próximo capítulo estudiará cómo se relaciona Excel con Internet, estudiaremos las herramientas que proporciona Excel para transformar las hojas de cálculo en páginas Web o en documentos XML, para añadir hipervínculos a las hojas de cálculo, importar datos de la Web o enviar las hojas de cálculo por correo electrónico.

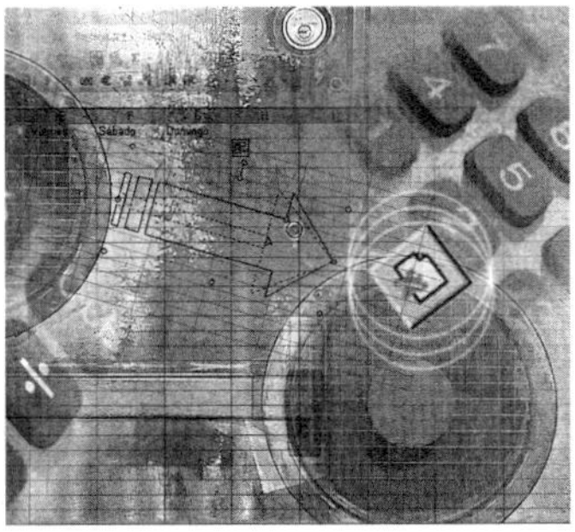

Capítulo 19

Excel en Internet

En este capítulo aprenderá a:

- Guardar archivos como páginas Web.
- Insertar hipervínculos.
- Modificar hipervínculos.
- Eliminar hipervínculos.
- Utilizar el correo electrónico para enviar libros de trabajo.
- Importar datos de la Web.
- Guardar hojas de cálculo en formato XML.
- Manejar la barra de herramientas Web.

Introducción

Excel proporciona diversas posibilidades para publicar y distribuir las hojas de cálculo, por ejemplo usando el correo electrónico, publicándolas en la Web o en la red interna de su empresa. En este capítulo estudiaremos las herramientas que ofrece Excel para transformar las hojas de cálculo en páginas Web o en documentos XML, así como para añadir hipervínculos a las hojas de cálculo, importar datos de la Web o enviar las hojas de cálculo por correo electrónico.

Transformar hojas de cálculo en páginas Web

El primer paso necesario para publicar una hoja de cálculo en la Web, consiste en convertir la hoja de cálculo o el libro de trabajo en un documento HTML (del inglés *HyperText Markup Language*), que es el formato de las páginas Web. Para ello:

1. Abra el libro de trabajo con el que desea trabajar.
2. A continuación, elija una de las siguientes opciones según sea el caso:
   - Para convertir todo el libro de trabajo en un documento Web, salte al paso 3.
   - Para convertir sólo una hoja de cálculo, seleccione la hoja deseada haciendo clic en la ficha de la hoja.
   - Para convertir sólo una parte de los datos de la hoja de cálculo, seleccione el rango de celdas correspondiente.
   - Para convertir un gráfico, selecciónelo.
3. Ejecute Archivo>Guardar como página Web, que activa el cuadro de diálogo Guardar como, que aparece en la figura 19.1.
4. En la sección Guardar active la casilla que corresponda, Todo el libro o Selección.
5. En el cuadro de texto Nombre de archivo escriba el nombre que desee.
6. Para conseguir una página Web interactiva, active la casilla Agregar interactividad. Esto permitirá que los usuarios de su página Web puedan insertar los datos que deseen.

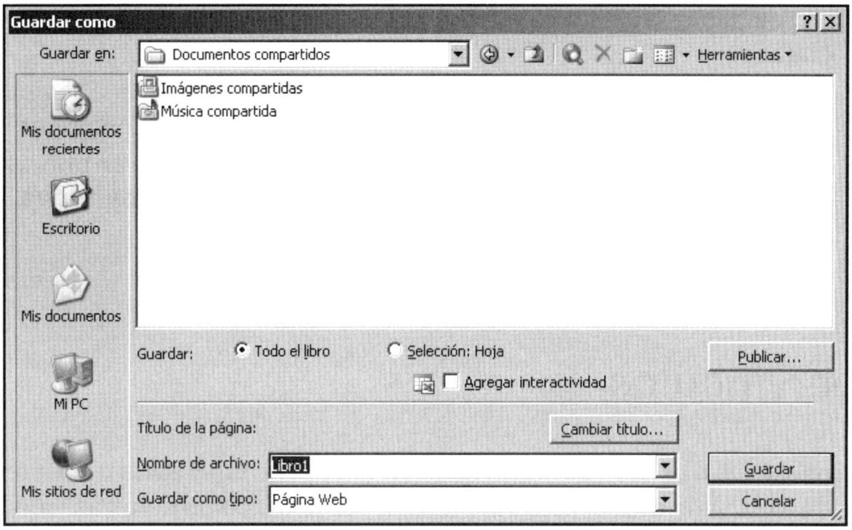

Figura 19.1. Cuadro de diálogo Guardar como.

7. Para poner título a su página Web, que aparecerá centrado en la parte superior de la página, haga clic en el botón **Cambiar título**; se activará el cuadro de diálogo Establecer el título de la página que se puede apreciar en la figura 19.2.

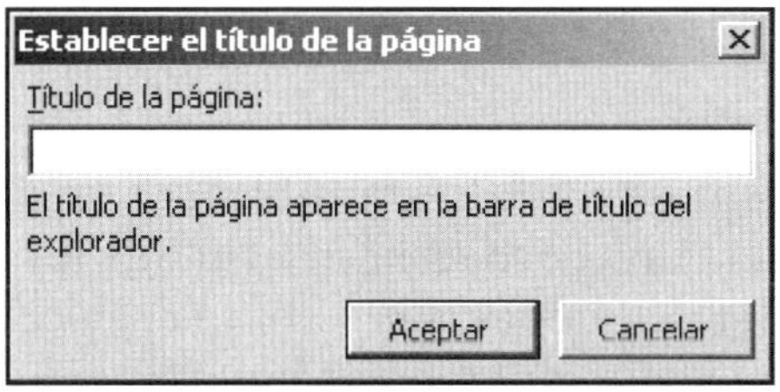

Figura 19.2. Cuadro de diálogo Establecer el título de la página.

8. Escriba el título que desee y haga clic en **Aceptar**.
9. Para guardar la página elija una de las siguientes opciones:
   - Para guardar la página en su disco duro, despliegue la lista Guardar en que se encuentra en la parte superior del cuadro de diálogo, seleccione la ubicación deseada y haga doble clic en ella.
   - Si desea guardar la página en Internet o en el intranet de su empresa, en una carpeta Web existente, haga clic en el icono Mis sitios de

red de la barra que se encuentra en la parte izquierda del cuadro de diálogo.

- Para guardar la página en un servidor FTP (*File Transfer Protocol*) de Internet, despliegue la lista Guardar en, seleccione Ubicaciones FTP y seleccione la ubicación que desee. Se puede configurar una ubicación FTP haciendo doble clic en Agregar o modificar ubicaciones FTP, como explicaremos más adelante.

10. Haga clic en **Guardar**.

Hipervínculos

Un hipervínculo es un acceso directo. Al hacer clic en él salta a otro recurso de destino. Los hipervínculos pueden ser textos (subrayados y en otro color) o imágenes; en ambos casos, al hacer clic en ellos con el ratón se activa el vínculo.

El destino de un hipervínculo puede ser:

- Una página Web.
- Un archivo de texto.
- Un libro de Excel.
- Un archivo de imagen.
- Un archivo de vídeo.
- Un archivo de sonido.

Estos archivos de destino pueden estar ubicados en el disco duro, en una red local o en Internet. Tampoco es necesario que los recursos de destino sean archivos completos, pueden ser sólo una selección de ellos. Dentro de una hoja de cálculo se pueden crear hipervínculos que se comporten exactamente igual que los hipervínculos de las páginas Web. También se pueden añadir hipervínculos a celdas o a imágenes.

Cuando se hace clic en un hipervínculo, se abre el recurso de destino en el formato en que fue creado, que no tiene que ser precisamente un archivo de Excel.

Existen tres formas de crear hipervínculos:

- Utilizando el comando Hipervínculo.
- Mediante la función HIPERVÍNCULO.
- Con el método de arrastrar y colocar.

Comando Hipervínculo

Los hipervínculos se pueden insertar en cualquier momento, tanto mientras se está creando una hoja de cálculo, como después de terminarla. Puede vincular celdas a:

- Un archivo o página Web ya existente.
- Otro lugar del mismo documento.
- Un nuevo documento.
- Una dirección de correo electrónico.

Hipervínculo a un archivo existente

Para insertar un hipervínculo a otro archivo o a una página Web ya existentes:

1. Active la celda donde desea insertar el hipervínculo, o seleccione el gráfico, la imagen o la selección de texto que quiera utilizar.
2. Ejecute el comando Insertar>Hipervínculo o haga clic en el botón Insertar hipervínculo de la barra de herramientas **Estándar**, para abrir el cuadro de diálogo **Insertar hipervínculo** que se muestra en la figura 19.3.

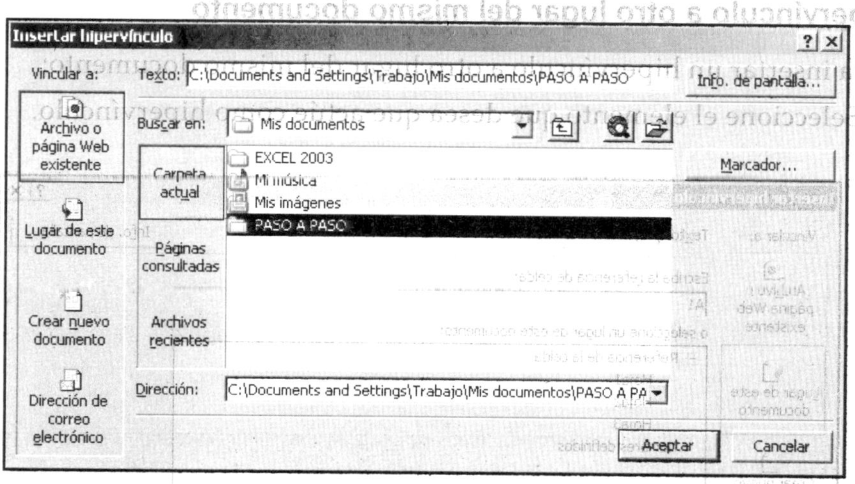

Figura 19.3. Cuadro de diálogo Insertar hipervínculo.

3. En la barra Vincular a, seleccione **Archivo o página Web existente**.
4. Utilice la sección Buscar en, que ofrece varias opciones de búsqueda mediante los botones Subir una carpeta, Explorar en la Web y

Buscar archivos y la barra de la izquierda con las opciones **Carpeta actual**, **Páginas consultadas** y **Archivos recientes**, que se muestran en la figura 19.3, para localizar el archivo que desea insertar.

5. Haga clic en el botón **Info. de pantalla** para abrir el cuadro de diálogo Establecer información de pantalla para hipervínculo que se muestra en la figura 19.4, donde podrá escribir el texto que desee que aparezca como información de pantalla.
6. Haga clic en **Aceptar**.

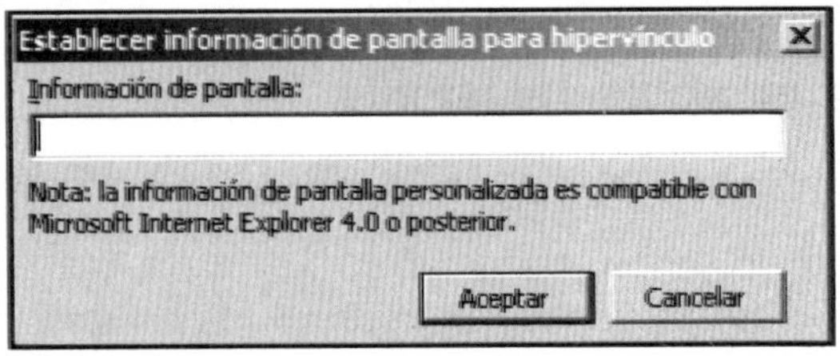

Figura 19.4. Cuadro de diálogo Establecer información de pantalla para hipervínculo.

Hipervínculo a otro lugar del mismo documento

Para insertar un hipervínculo a otro lugar del mismo documento:

1. Seleccione el elemento que desea que actúe como hipervínculo.

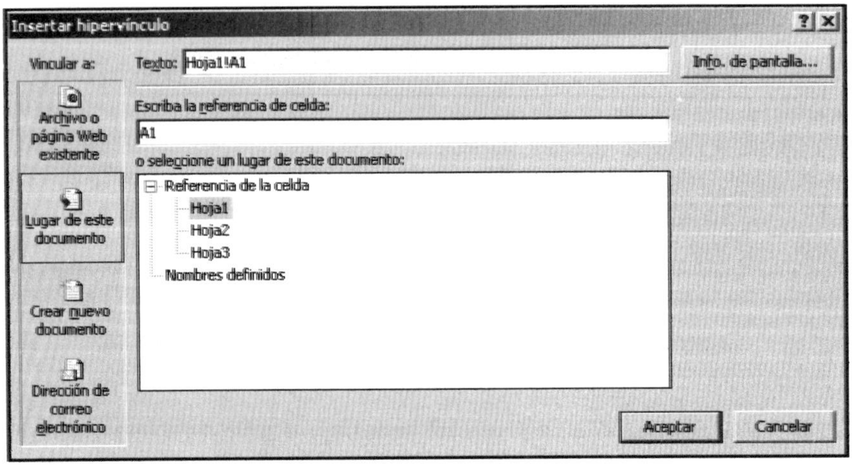

Figura 19.5. Insertar un hipervínculo en otro lugar del libro.

2. Ejecute el comando **Insertar>Hipervínculo** o haga clic en el botón Insertar hipervínculo, para abrir el cuadro de diálogo **Insertar hipervínculo**.
3. En la barra **Vincular a** seleccione **Lugar de este documento**. El cuadro de diálogo **Insertar hipervínculo** se muestra como en la figura 19.5.
4. Tiene dos opciones: escribir la referencia de celda en el cuadro de texto del mismo nombre, o seleccionar el nombre de otra hoja de trabajo en el cuadro **Seleccionar otro lugar de este documento**.
5. Haga clic en **Aceptar**.

Hipervínculo a un archivo nuevo

Para insertar un hipervínculo a un documento nuevo:

1. Seleccione el elemento que desea que actúe como hipervínculo.
2. Ejecute el comando **Insertar>Hipervínculo** o haga clic en el botón Insertar hipervínculo, para abrir el cuadro de diálogo **Insertar hipervínculo**.
3. Seleccione **Crear nuevo documento** en la barra **Vincular a**, para abrir el cuadro de diálogo **Insertar hipervínculo** que se muestra en la figura 19.6.

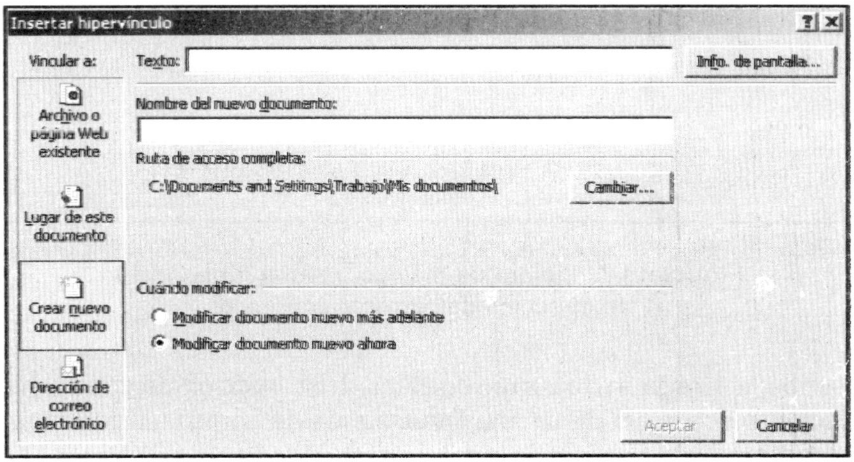

Figura 19.6. Cuadro de diálogo Insertar hipervínculo a un nuevo documento.

4. Escriba un nombre para el nuevo documento. Puede modificar la ruta de acceso con ayuda del botón **Cambiar**.

5. Especifique si desea modificar inmediatamente el nuevo documento o si quiere hacerlo más adelante con ayuda de las casillas de la sección Cuándo modificar.
6. Haga clic en **Aceptar**.

Hipervínculo a una dirección de correo electrónico

Si quiere insertar un hipervínculo a una dirección de correo:

1. Active la celda donde desea insertar el hipervínculo.
2. Ejecute el comando Insertar>Hipervínculo o haga clic en el botón Insertar hipervínculo para activar el cuadro de diálogo Insertar hipervínculo.
3. Haga clic en el botón **Dirección de correo electrónico** en la barra Vincular a del cuadro de diálogo Insertar hipervínculo, el cuadro de diálogo toma la forma que se muestra en la figura 19.7.

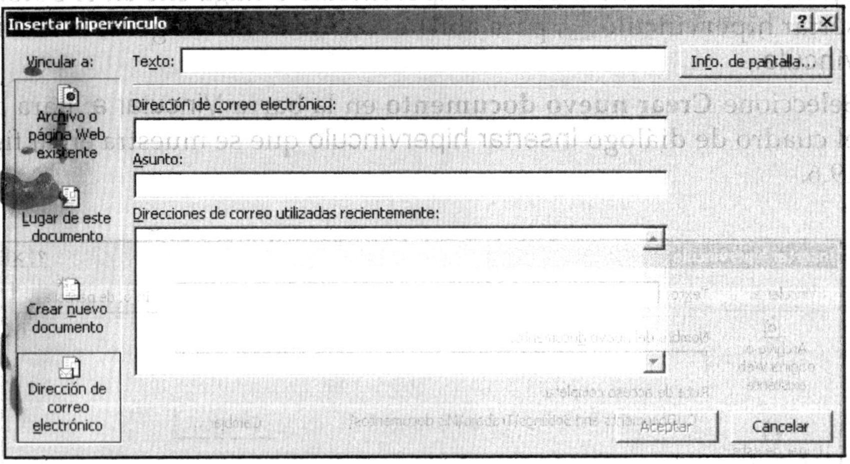

Figura 19.7. Cuadro de diálogo Insertar hipervínculo de dirección de correo electrónico.

4. Escriba la dirección de correo en el cuadro Dirección de correo electrónico, o selecciónela de la lista Direcciones de correo utilizadas recientemente.
5. Si lo desea, escriba un asunto para el correo, que aparecerá automáticamente cuando el usuario seleccione el hipervínculo.
6. Si quiere escribir una sugerencia, haga clic en el botón Info. de pantalla.
7. Haga clic en **Aceptar**.

Modificar un hipervínculo

Cuando se modifican las celdas del libro es necesario actualizar los hipervínculos. Para ello:

1. Haga clic en el hipervínculo con el botón derecho del ratón y seleccione Modificar hipervínculo en el menú emergente para activar el cuadro de diálogo del mismo nombre, que se muestra en la figura 19.8.

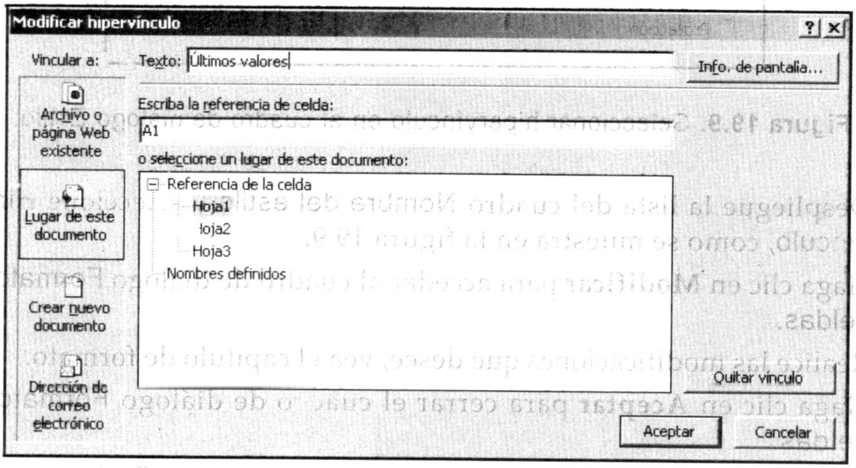

Figura 19.8. Cuadro de diálogo Modificar hipervínculo.

2. Tiene dos opciones: escribir la referencia de celda en el cuadro de texto del mismo nombre, o seleccionar el nombre de otra hoja de trabajo en el cuadro Seleccionar otro lugar de este documento.
3. Haga clic en **Aceptar**.

Aplicar formato a los hipervínculos

Existe un formato ya establecido para reconocer los hipervínculos (fuente de color azul subrayado) que, una vez seleccionados, aparecen en color violeta, por tanto no es conveniente modificar este formato predeterminado. De todos modos, si desea usar un formato diferente, haga lo siguiente:

1. Seleccione Formato>Estilo, para abrir el cuadro de diálogo Estilo.

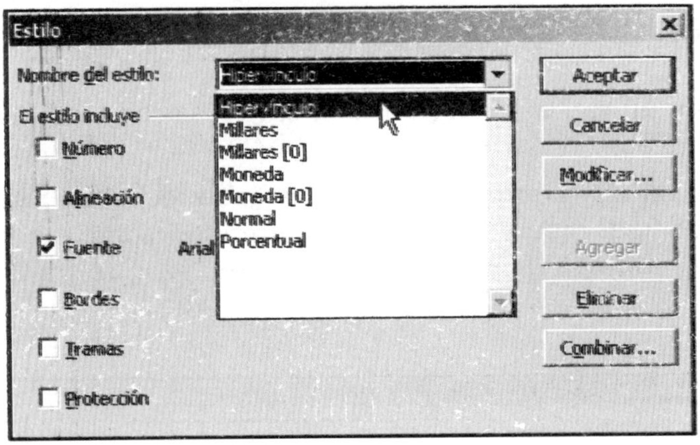

Figura 19.9. Seleccionar hipervínculo en el cuadro de diálogo Estilo.

2. Despliegue la lista del cuadro Nombre del estilo y seleccione Hipervínculo, como se muestra en la figura 19.9.
3. Haga clic en **Modificar** para acceder al cuadro de diálogo Formato de celdas.
4. Realice las modificaciones que desee, vea el capítulo de formato.
5. Haga clic en **Aceptar** para cerrar el cuadro de diálogo Formato de celdas.
6. Haga clic en **Aceptar** para cerrar el cuadro de diálogo Estilo.

Eliminar un hipervínculo

Para eliminar un hipervínculo, haga clic en el hipervínculo con el botón derecho del ratón y seleccione Quitar hipervínculo en el menú emergente, como se muestra en la figura 19.10.

Publicar hojas de cálculo en la Web

Una vez creado el documento que desea publicar, es necesario colocarlo en un servidor Web. Para simplificar este proceso, Excel proporciona una herramienta que permite guardar una página Web directamente en una carpeta Web, o en una carpeta de un servidor FTP (*File Transfer Protocol*), usando el comando Guardar como página Web.

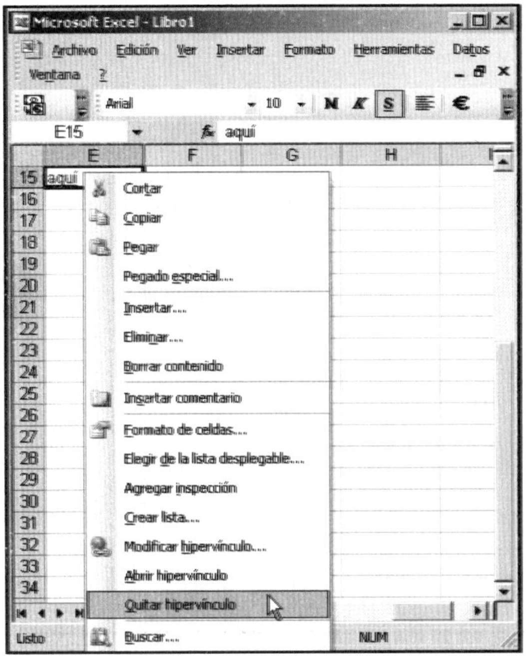

Figura 19.10. Eliminar un hipervínculo.

Un sitio en la Web

Para encontrar un lugar donde colocar su página Web, póngase en contacto con su proveedor de Internet; habitualmente disponen de algún espacio en sus servidores para que los usuarios publiquen sus páginas Web personales.

Si consigue acceso a un servidor Web que soporte carpetas Web, es necesario configurar un sitio de red o una carpeta Web en **Mis sitios de red**. Si trabaja con Windows XP este proceso resultará muy sencillo. Para ello:

1. Haga clic en el icono **Mis sitios de red**, que aparece en el escritorio de Windows que abre la ventana **Mis sitios de red**.
2. Haga clic en **Agregar un sitio de red** como se muestra en la figura 19.11. A continuación, se activará el **Asistente para agregar un sitio de red**.
3. Haga clic en el botón **Siguiente** para pasar al paso siguiente.
4. En el cuadro de diálogo que se muestra en la figura 19.12, seleccione **Elija otra ubicación de red** y haga clic en **Siguiente**.

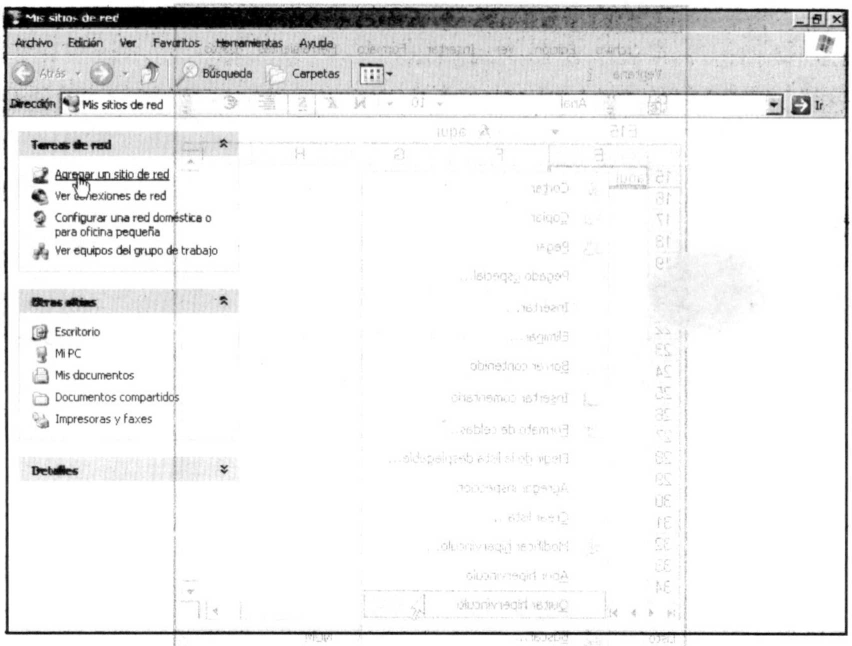

Figura 19.11. Agregar un sitio de red.

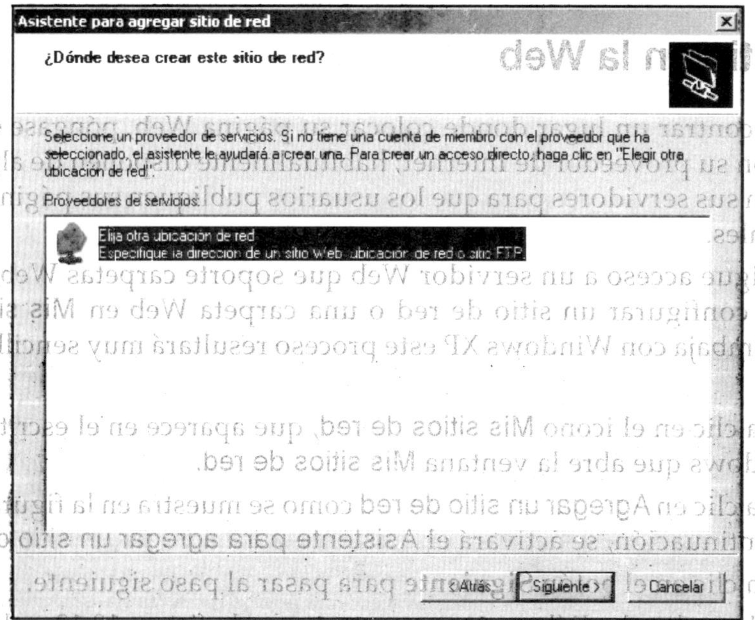

Figura 19.12. Elegir otra ubicación de red.

5. En el siguiente cuadro de diálogo que se muestra en la figura 19.13, escriba la dirección de la carpeta Web, o del servidor FTP, en el cuadro de texto Dirección de red o Internet y haga clic en **Siguiente**.

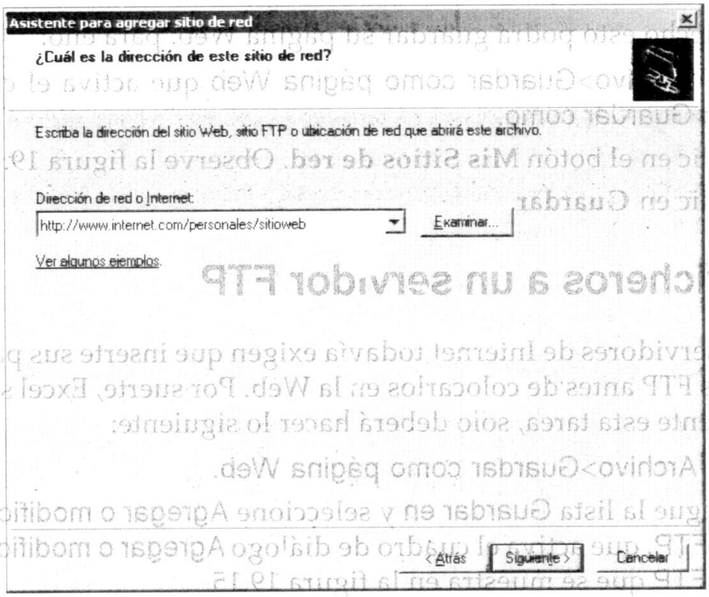

Figura 19.13. Escribir la dirección de red.

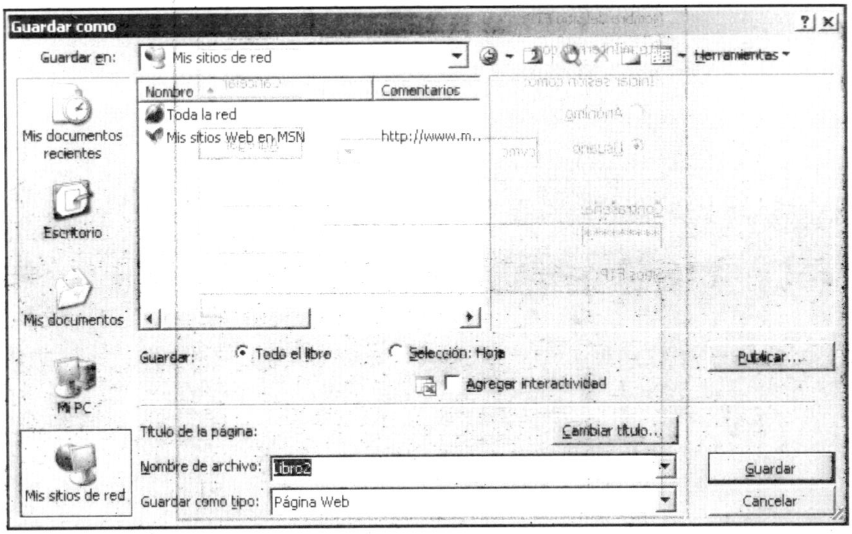

Figura 19.14. Guardar como página Web.

6. Windows establecerá la conexión con la carpeta que haya especificado y mostrará un cuadro de diálogo, el cual le pedirá su nombre de usuario y su contraseña. Introduzca los datos necesarios.
7. Haga clic en **Finalizar**.

Una vez hecho esto podrá guardar su página Web, para ello:

1. Ejecute Archivo>Guardar como página Web que activa el cuadro de diálogo Guardar como.
2. Haga clic en el botón **Mis Sitios de red**. Observe la figura 19.14.
3. Haga clic en **Guardar**.

Subir ficheros a un servidor FTP

Algunos servidores de Internet todavía exigen que inserte sus páginas en servidores FTP antes de colocarlos en la Web. Por suerte, Excel simplifica enormemente esta tarea, sólo deberá hacer lo siguiente:

1. Ejecute Archivo>Guardar como página Web.
2. Despliegue la lista Guardar en y seleccione Agregar o modificar ubicaciones FTP, que activa el cuadro de diálogo Agregar o modificar ubicaciones FTP que se muestra en la figura 19.15.

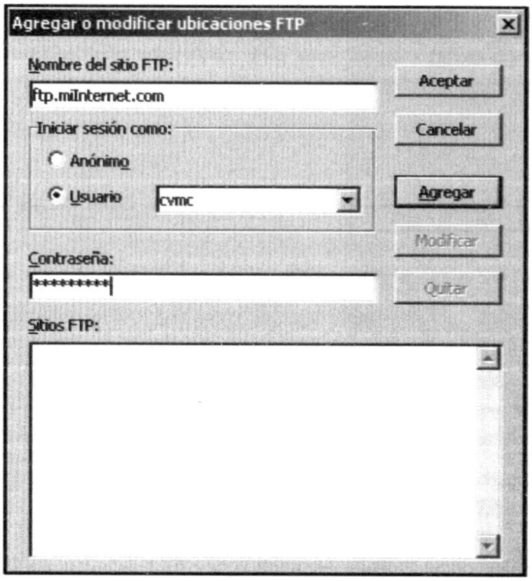

Figura 19.15. Cuadro de diálogo Agregar o modificar ubicaciones FTP.

3. Introduzca la información necesaria, haga clic en **Agregar**, (no escriba la ruta de acceso al servidor FTP, sólo la dirección del sitio FTP) y, a continuación, haga clic en **Aceptar**.
4. De nuevo, en el cuadro de diálogo Guardar como, seleccione la carpeta con la dirección FTP y haga clic en **Abrir**.
5. El cuadro de diálogo mostrará una lista con todos los directorios del servidor FTP, seleccione la carpeta donde debe guardar su página Web (siguiendo las instrucciones de su proveedor).
6. Haga clic en **Guardar**.

Importar datos de la Web

Al navegar por Internet, habrá encontrado datos que se podrían manipular perfectamente utilizando las avanzadas capacidades de selección de Excel.

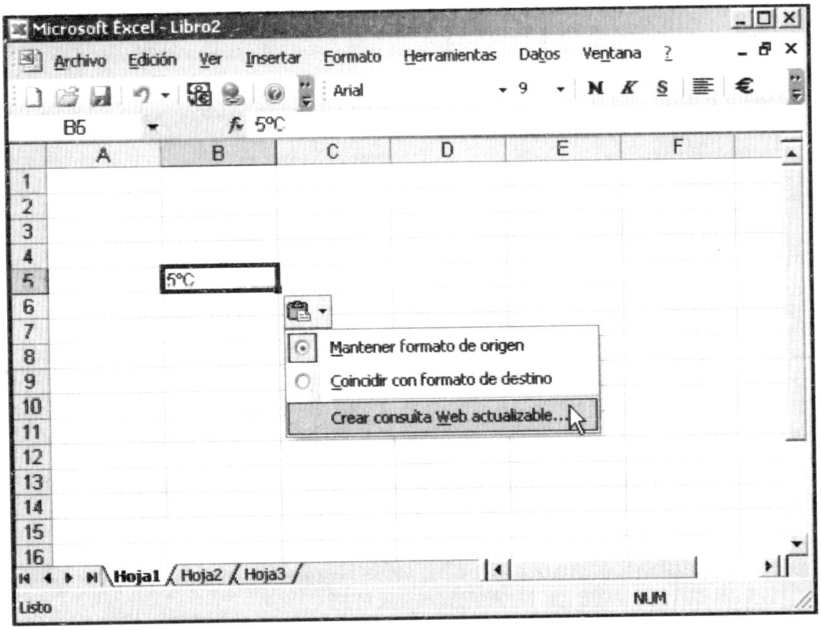

Figura 19.16. Opción crear consulta Web actualizable.

Excel permite acceder a información remota y crear un enlace activo entre su hoja de cálculo y una página Web. Con Excel es posible acceder a archivos de cualquier parte del mundo, con la misma facilidad que a los archivos almacenados en su propio disco duro. Veamos qué hacer:

1. Inicie su navegador Web y localice la página que contiene la información que necesita.
2. Seleccione la información necesaria y pulse **Control-C** para copiarla.
3. Vaya a su hoja de cálculo, active la celda donde quiera insertar y péguelo haciendo clic en **Control-V**.
4. Al pegar la información se mostrará la etiqueta inteligente Opciones de pegado. Seleccione la opción Crear consulta Web actualizable, que activa el cuadro de diálogo Nueva consulta Web que se muestra en la figura 19.17.

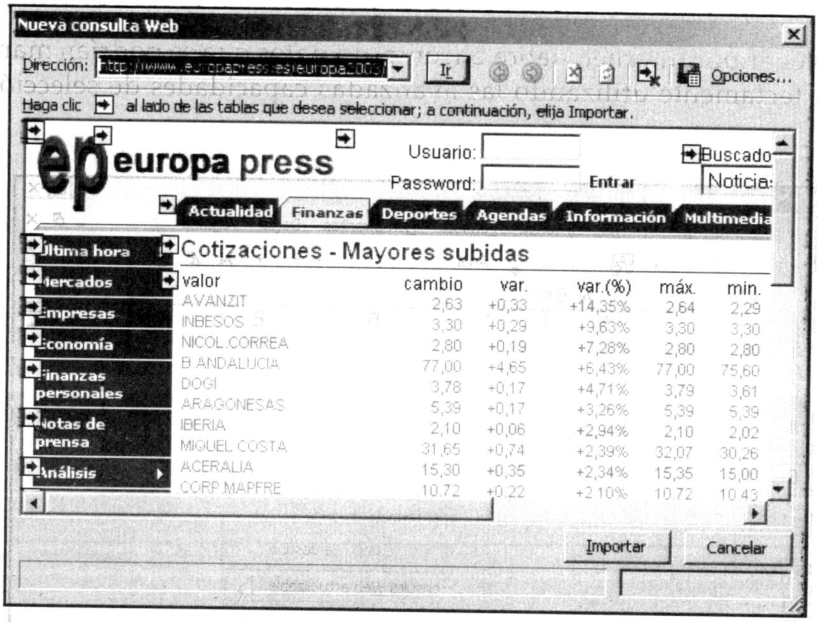

Figura 19.17. Cuadro de diálogo Nueva consulta Web.

5. Haga clic en el botón amarillo con una flecha más cercano a la información que busca.
6. Haga clic en **Importar**.

Para actualizar la información en su hoja de cálculo, active la barra de herramientas Datos externos que se aprecia en la figura 19.18 y haga clic en el botón Actualizar datos .

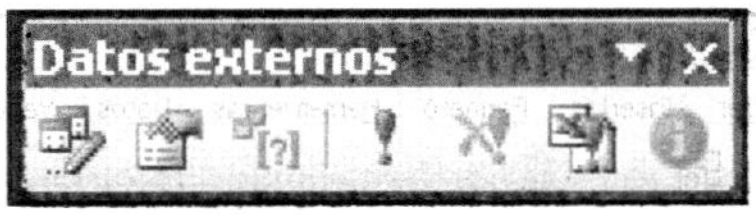

Figura 19.18. Barra de herramientas Datos externos.

Enviar el libro a un destinatario de correo

Para enviar su libro de trabajo por correo electrónico, ni siquiera es necesario abrir su aplicación de correo electrónico, puede hacerlo directamente desde Excel, para ello:

1. Haga clic en el botón Correo electrónico de la barra de herramientas Estándar, para activar el cuadro de diálogo Correo electrónico que aparece en la figura 19.19.

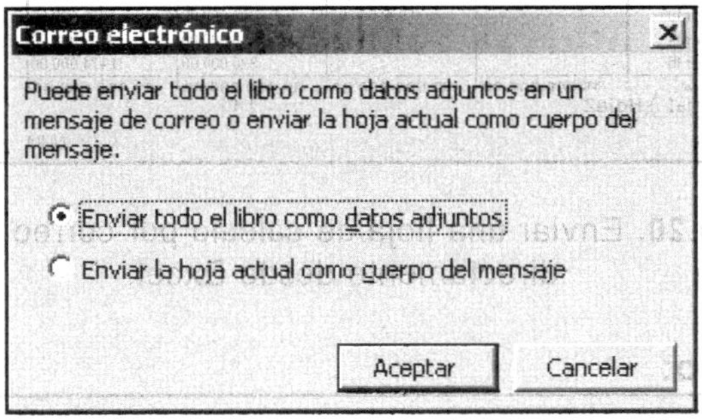

Figura 19.19. Cuadro de diálogo Correo electrónico.

2. Seleccione la opción que desee en el cuadro de diálogo Correo electrónico, dependiendo de si necesita enviar el libro de trabajo completo o sólo la hoja de cálculo activa.
3. A continuación se mostrará la barra de correo electrónico que se aprecia en la figura 19.20, donde Excel ha insertado automáticamente su dirección de correo electrónico como remitente y el nombre del libro de trabajo en Asunto.
4. Escriba la dirección de correo del destinatario en el cuadro de texto Para.
5. Haga clic en el botón **Enviar esta hoja**. Su programa predeterminado de correo electrónico enviará el correo electrónico y la barra de correo desaparecerá.

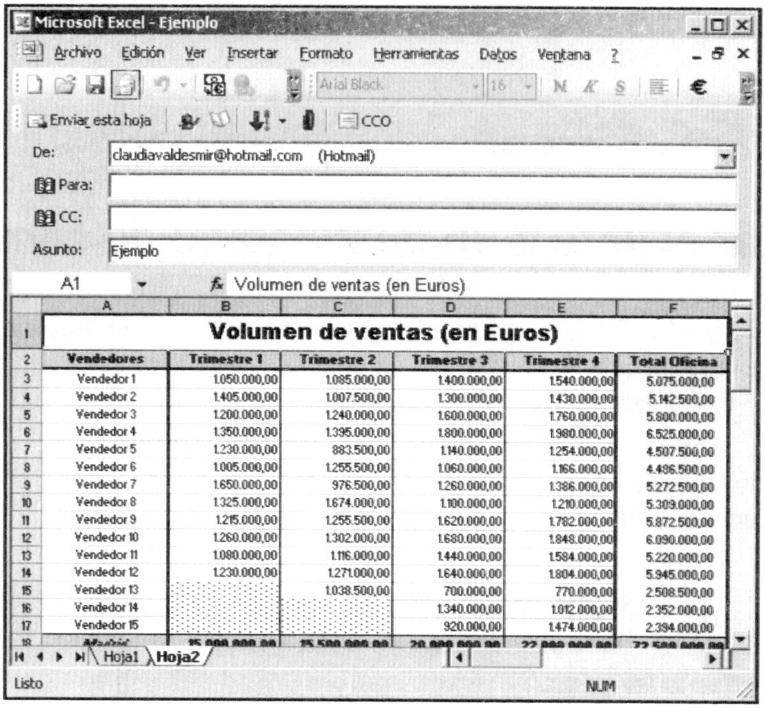

Figura 19.20. Enviar una hoja de cálculo por correo electrónico directamente desde Excel.

Truco:

Si decide no enviar el correo electrónico, haga clic en el botón Correo electrónico  *para desactivar la barra de correo electrónico.*

Observe que Excel presenta varias opciones más para enviar un libro de trabajo a otro usuario, el comando Archivo>Enviar a despliega un submenú con las siguientes opciones:

- Destinatario de correo.
- Destinatario de correo (para revisión).
- Destinatario de correo (como datos adjuntos).
- Destinatario de distribución.
- Carpeta de Exchange.
- Participante de reunión en línea.
- Destinatario que usa el servicio de fax de Internet.

Guardar su hoja de cálculo como archivo XML

Existe un formato que permite que los documentos compartan sus datos de forma dinámica en la Web, es el formato XML (del inglés *Extensible Markup Language*). Los archivos XML son documentos de texto que incluyen códigos para estructurar e identificar diferentes entradas de datos y controlar el formato.

Excel 2003 proporciona un soporte adicional para archivos XML, que permite guardar libros de trabajo como archivos XML, abrir cualquier archivo XML estructurado convenientemente y crear consultas Web para importar información desde otras fuentes de datos XML ubicadas en Internet.

Para guardar un libro de trabajo en formato XML:

1. Ejecute **Archivo>Guardar como** para activar el cuadro de diálogo **Guardar como.**
2. Despliegue la lista **Guardar como tipo** y seleccione **Hoja de cálculo XML** como se muestra en la figura 19.21.

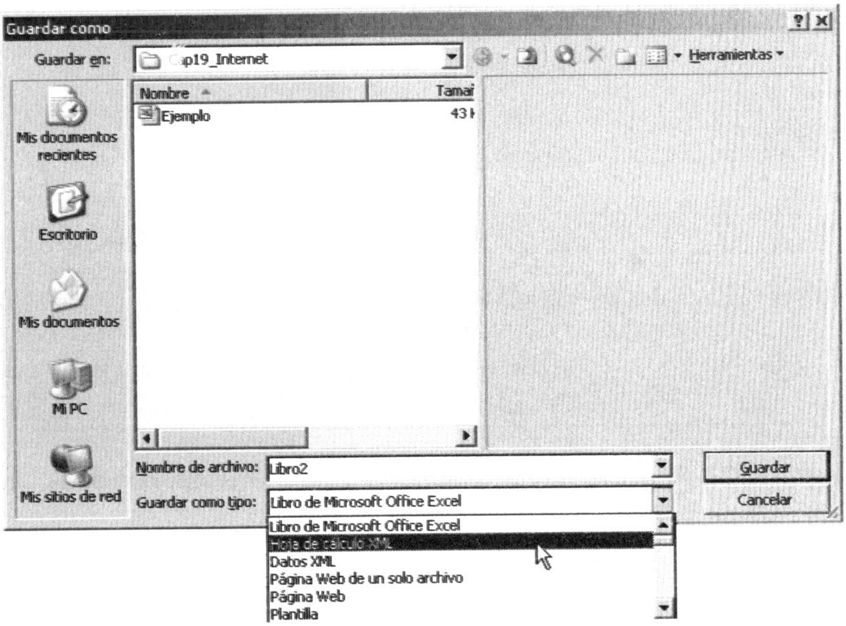

Figura 19.21. Seleccionar hoja de cálculo XML.

3. Escriba el nombre que desee (puede mantener el mismo) y seleccione la ubicación.
4. Haga clic en **Guardar**, Excel convertirá automáticamente el libro de trabajo al formato XML.

Además de poder guardar libros de trabajo con formato XML, Excel permite abrir archivos XML creados con otros programas e importar los datos que desee. Para ello:

1. Active el panel de tareas ejecutando Ver>Barra de herramientas>Panel de tareas.
2. Despliegue la lista Panel de tareas Inicio y seleccione Origen XML, para activar el panel de tareas Origen XML y la barra de herramientas Lista que se muestran en la figura 19.22.

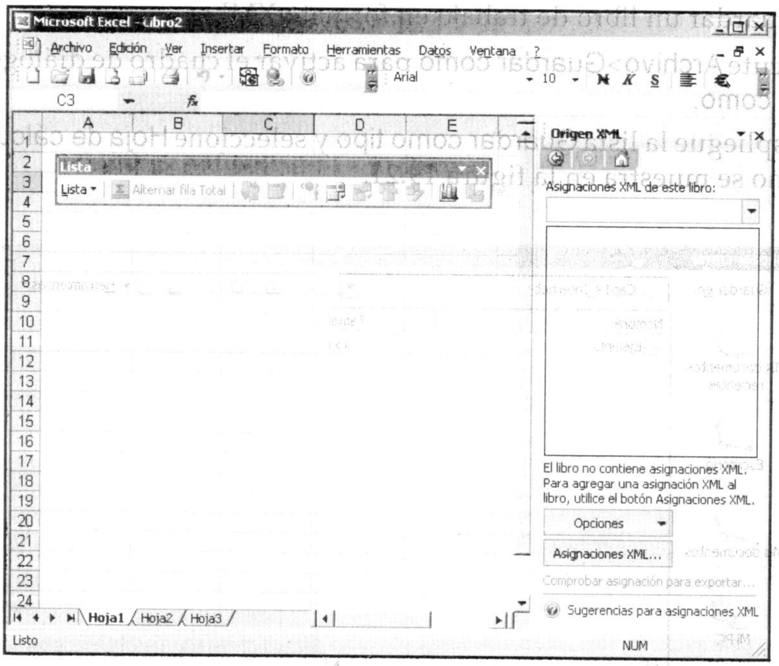

Figura 19.22. Panel de tareas Origen XML y barra de herramientas Lista.

3. Haga clic en el botón **Asignaciones XML** que aparece en la parte inferior del Panel de tareas.
4. Haga clic en el botón **Agregar** del cuadro de diálogo Asignaciones XML que se muestra en la figura 19.23.

Figura 19.23. Cuadro de diálogo Asignaciones XML.

5. Seleccione un documento XML con ayuda del cuadro de diálogo Seleccionar origen XML, que se muestra en la figura 19.24 y haga clic en **Abrir**.

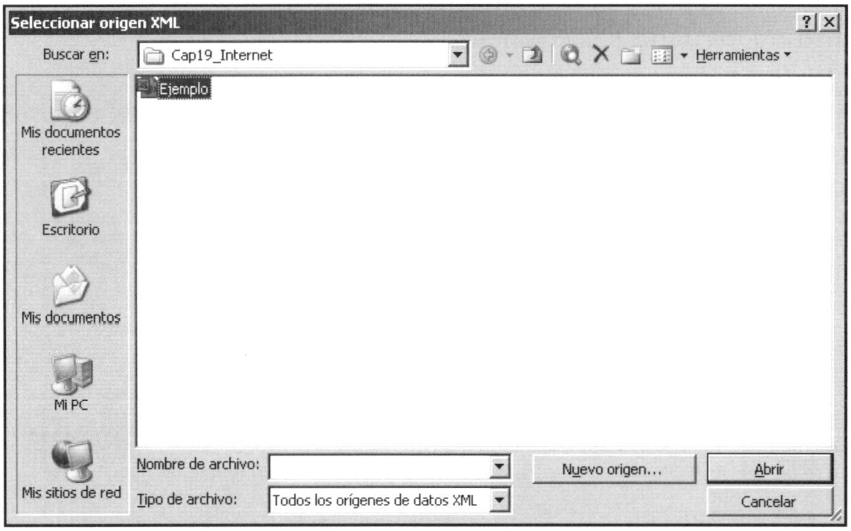

Figura 19.24. Cuadro de diálogo Seleccionar origen XML.

6. Si el archivo XML no incluye su propio esquema, Excel mostrará una ventana como la que se muestra en la figura 19.25, avisándole que va a crear un esquema en función de los datos del origen XML. Haga clic en **Aceptar**.
7. Haga clic en **Aceptar** en el cuadro de diálogo Asignaciones XML.

8. Desplácese a lo largo del cuadro **Asignaciones XML de este libro** y seleccione la carpeta de datos. Dicha carpeta contiene los datos y las instrucciones para darles formato. Arrástrelos hasta el libro como se muestra en la figura 19.26.

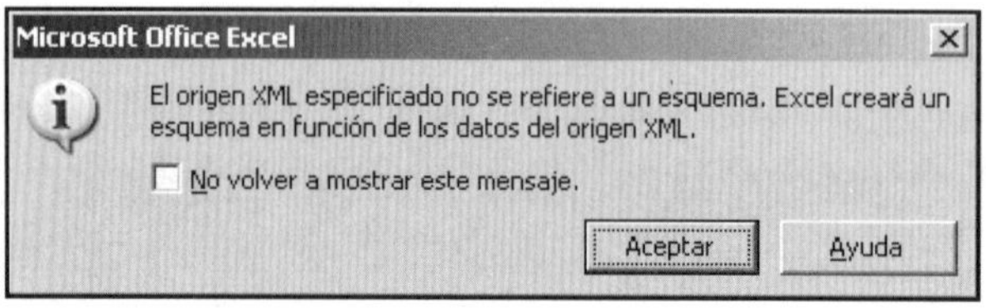

Figura 19.25. Excel va a crear un esquema en función de los datos de origen XML.

9. Haga clic con el botón derecho del ratón en el encabezamiento de los datos y seleccione **XML** y **Actualizar datos XML**, sucesivamente, en el menú emergente, como se muestra en la figura 19.27. Excel importará y mostrará los datos seleccionados.

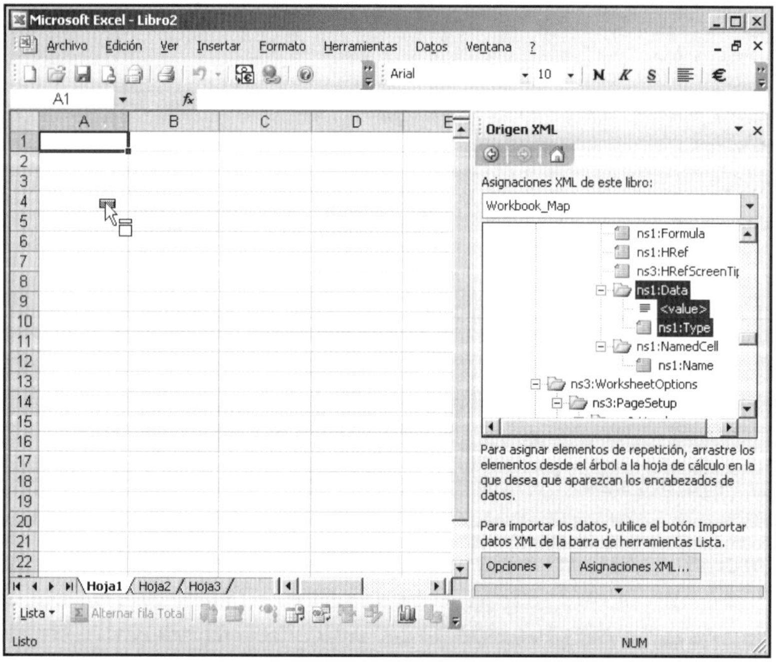

Figura 19.26. Arrastrar los datos desde el origen XML hasta la hoja de trabajo.

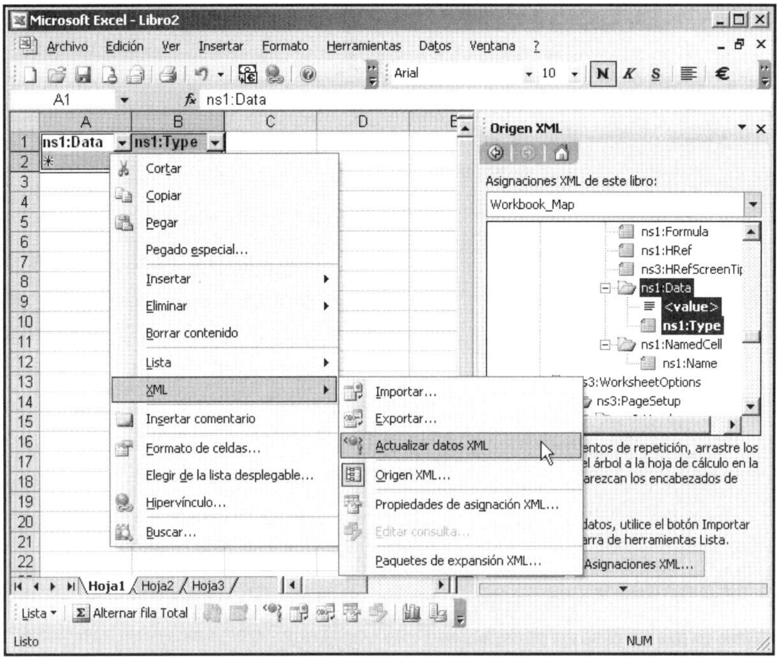

Figura 19.27. Ejecutar XML y Actualizar datos XML.

La barra de herramientas Web

Por último veamos cómo usar la barra de herramientas Web. Para hacerla visible ejecute Ver>Barras de herramientas>Web. En la figura 19.28 aparece la barra de herramientas Web y, en la tabla 19.1, se detallan las funciones de todos sus botones.

Si ya está acostumbrado a navegar, observará que las funciones son las mismas que las del navegador. Tenga en cuenta que si modifica la página de inicio, esa modificación también afectará al navegador Internet Explorer y a todas las demás aplicaciones de Microsoft Office.

Figura 19.28. La barra de herramientas Web.

Tabla 19.1. Los botones de la barra de herramientas Web.

Botón	Nombre	Función
	Atrás	Muestra el último documento que se visualizó.
	Adelante	Muestra el documento siguiente.
	Detener	Detiene la descarga de un documento.
	Actualizar	Actualiza la última versión del documento. Permite mostrar las últimas modificaciones realizadas a un documento ubicado en el disco duro.
	Página de Inicio	Va a la página que se ha establecido como Página de Inicio.
	Buscar en la Web	Va a la página que se ha seleccionado como página de búsqueda.
	Favoritos	Despliega un menú con el contenido de la carpeta Favoritos.
	Ir a	Despliega un menú para desplazarse a cualquiera de los sitios ya descritos y ofrece también otras posibilidades.
	Mostrar sólo la barra de herramientas Web	Oculta las restantes barras de herramientas. Para que se muestren de nuevo, haga clic otra vez en este botón.
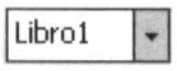	Dirección	Muestra la dirección (URL) del documento.

Resumen

Ahora ya sabe guardar archivos de Excel como páginas Web, insertar hipervínculos utilizando diferentes métodos, aplicar formato a los hipervínculos y eliminar hipervínculos. En este capítulo ha estudiado también las capacidades de Excel para tratar los archivos de Internet, característica imprescindible para una aplicación en estos tiempos. Con este capítulo casi cerramos nuestro libro, en el próximo capítulo expondremos las principales novedades que presenta esta nueva versión de Microsoft Excel.

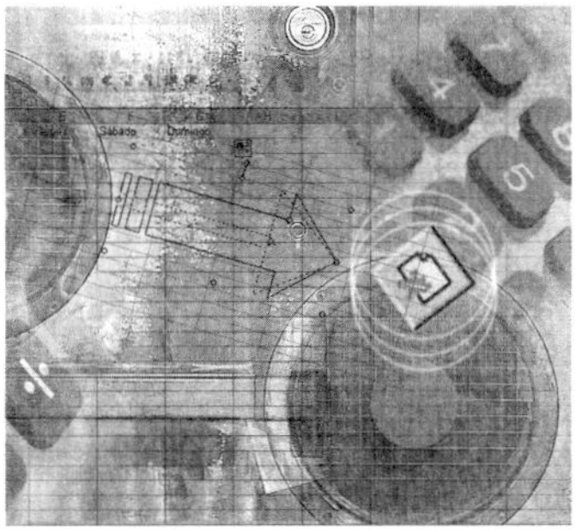

Capítulo 20

Novedades de Excel 2003

Introducción

Cada vez que Microsoft lanza una nueva versión de Office, todos los usuarios esperan nuevos e importantes cambios. Office 2003 está enfocada completamente al mercado corporativo; ya no constituye solamente un conjunto de programas sino que forma parte de Office System, que está dirigido a mejorar la productividad de las empresas. Los componentes de Office System son los programas tradicionales: Excel, Word, Access y PowerPoint, más los adicionales: Publisher, Project y FrontPage. Cuenta, además, con un grupo de servidores para facilitar la colaboración y las comunicaciones, y un grupo de soluciones y servicios para complementar la funcionalidad de las aplicaciones.

Si ha utilizado Excel XP antes de estudiar esta versión, no habrá notado muchos cambios ni modificaciones en este libro, aunque Excel 2003 sí introduce novedades. Sucede que muchas de ellas no son objeto de estudio en un Manual Imprescindible. Ese es el motivo por el que hemos decidido dedicar este último capítulo a ofrecer una pequeña descripción de las principales novedades de la versión 2003.

La interfaz

Aunque no hay grandes cambios en la interfaz de usuario de Excel, la integración a los estilos de Windows XP ha mejorado su aspecto. Instalando Excel 2003 bajo Windows XP notará que las barras de botones y otros elementos se adaptan al tema seleccionado. Bajo otros sistemas sólo observará que los iconos de los botones y las barras de herramientas tienen un nuevo aspecto, digamos más notable.

Los paneles de tareas

Una herramienta que ha cobrado nueva fuerza en esta versión son los denominados **paneles de tareas**, una idea que apareció en la versión anterior y que se ha ampliado con la aparición de nuevos paneles. Algunos de ellos han sido objeto de estudio a lo largo de este libro.

Aunque normalmente los paneles de tareas aparecen en el margen derecho de la ventana de Excel, pueden situarse en cualquier otro punto o convertirse en una ventana flotante. Muchos de los paneles de tareas se activan automáticamente.

El panel de tareas Referencia

El nuevo panel de tareas Referencia ofrece gran cantidad de información. Con este panel puede conectarse al programa con diccionarios electrónicos de todo tipo. Para poder utilizar esa información en su libro de trabajo se requiere estar conectado a Internet, en casi todos los casos.

Compatibilidad con XML

De las novedades de Excel 2003, posiblemente la más mencionada sea su compatibilidad con XML, aunque esta característica es más bien objeto de estudio de un Manual Avanzado que de éste que nos ocupa, por ser más útil para los desarrolladores.

Si en Excel XP ya era posible guardar los libros como documentos XML, con Excel 2003 puede adjuntar esquemas XML personalizados a un libro, estableciendo vínculos entre las celdas de la hoja de cálculo y los elementos del documento XML.

Esto garantiza la correcta interpretación de cualquier documento con formato XML y la conservación de todos sus atributos. Esta compatibilidad se usa para actualizar cuadros, tablas y gráficos. Ahora puede leer datos de cualquier documento XML proporcionando información dinámica y en tiempo real para el análisis en cualquier formato de Excel.

Nota:

XML (Extensible Markup Language) *es el estándar universal para intercambio de información entre aplicaciones. Un lenguaje de marcas contiene información que describe el documento independientemente de la plataforma y el sistema operativo que se utilice.*

El panel de tareas Origen XML permite asignar las celdas a los elementos del esquema. Después de esta asignación podrá exportar e importar datos sin problema.

Documentos inteligentes

La posibilidad de incorporar paquetes de expansión XML permite añadir nuevas funciones a un documento respondiendo a las acciones que el usuario indique. A estos documentos se les llama documentos inteligentes porque controlan en qué paso del proceso se encuentran y cuáles son los siguientes. Además de XML debe disponer también del entorno de desarrollo de Visual Studio .NET y el paquete de herramientas para diseño de documentos inteligentes. Algunos documentos, como los formularios y las plantillas, funcionan bien como documentos inteligentes.

Compartir información

La nueva versión ofrece nuevas garantías de seguridad gracias a la implantación de los permisos de información compartida. De esta forma puede establecer la colaboración con otros usuarios y protegerse a la vez contra el uso indebido de la información.

Integración con Windows SharePoint Services

Gracias a la tecnología Windows SharePoint Services puede guardar documentos en directorios compartidos, de tal manera que otros usuarios puedan tener acceso a la última versión de esos documentos. Es decir, que puede compartir información con otros usuarios de forma más sencilla. Puede definir una parte de una hoja de cálculo como una lista y exportarla a un sitio Web de SharePoint.

Nota:

SharePoint, instalado en Windows Server 2003, ofrece la posibilidad de crear áreas de documentos compartidos para simplificar el proceso de creación, edición y revisión en grupo.

Para crear un área de documentos compartida utilice el nuevo panel de tareas Área de trabajo compartida que se activa con la opción Herramientas>Área de trabajo compartida. Cuando cree áreas de documentos compartidos puede indicar qué usuarios tienen permitido el acceso y cuáles son sus funciones.

El URL que necesita debe entregárselo el administrador de su sistema y dependerá del servidor que esté ejecutando SharePoint Services.

Comparar libros en paralelo

Ahora es posible revisar libros comparándolos en paralelo, sincronizando el desplazamiento de dos libros visibles de manera simultánea. La opción Ventana>Comparar en paralelo con permite ver la diferencia entre los libros.

Controlar los derechos sobre la información

Hasta este momento sólo era posible controlar la información limitando el acceso a la misma, pero no existían restricciones para aquellos usuarios con acceso. Gracias a la nueva función IRM (*Information Rights Management*) puede limitar las acciones que usuarios con acceso pueden realizar sobre sus documentos. Puede, por ejemplo, imposibilitar el reenvío del documento por correo electrónico o su impresión.

Advertencia:

Los documentos a los que se aplican estas limitaciones sólo pueden abrirse con Office 2003. IRM funciona bajo Windows Server 2003.con Microsoft Windows Rights Management Services.

Análisis estadístico

La nueva versión incluye considerables mejoras en el análisis estadístico. Ahora el análisis es más eficaz en la detección de colinealidad, en las distribuciones normales y en los cálculos de sumas de desviaciones cuadradas.

Funcionalidad de las listas

Excel 2003 perfecciona el funcionamiento de las listas. Ahora puede crear listas para agrupar datos relacionados y actuar sobre ellos a partir de datos existentes o en rangos vacíos. La información de la lista creada puede compartirla utilizando SharePoint Services.

Microsoft Office Online

Ahora es posible acceder desde el programa al servicio Microsoft online que ofrece información actualizada y aporta plantillas, imágenes prediseñadas, sugerencias, ejemplos y otros elementos de trabajo. Este sitio se actualiza periódicamente con contenido basado en las sugerencias y comentarios de los usuarios de Office.

Nota:

El programa en su versión en lengua inglesa permite convertir la voz en contenido de celdas.

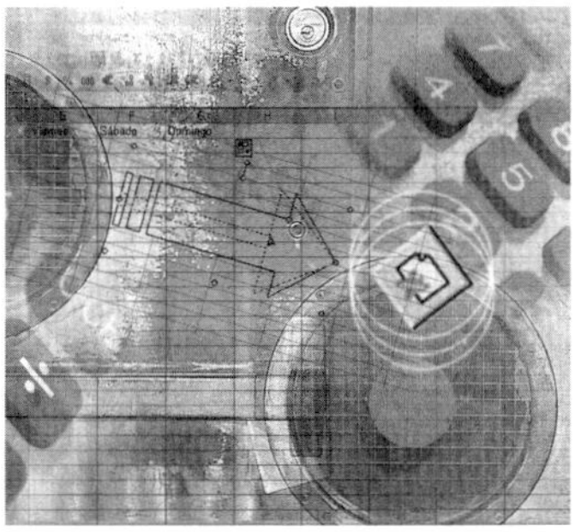

Apéndice

Instalar Excel

Las características técnicas que requiere este software no difieren de las necesarias para instalar Windows, es conveniente tener un mínimo de 64 Mb de RAM. Es posible instalar Excel por separado o como parte del paquete de Office 2003. Existen varias versiones de Office 2003 desde la versión Standard (la más básica) hasta la Professional o incluso la Professional Enterprise Edition (pensada para PYMES). Estas versiones difieren entre sí por la cantidad de aplicaciones incluidas en cada caso. No obstante, en lo que a nuestro caso se refiere, no se preocupe porque Excel aparece en todas ellas. En cualquier caso, la instalación es básicamente similar.

Requisitos del sistema

Ésta es una de las cuestiones que más preocupa a los usuarios al adquirir nuevas aplicaciones. Por ello, antes de explicar el proceso de instalación de este software, relacionaremos los requisitos imprescindibles para poder hacerlo:

- Equipo y Procesador: PC Intel Pentium 233-MHz. Se recomienda Pentium III.
- Memoria: 128 Mb de RAM.
- Sistema Operativo: Microsoft Windows 2000 con Service Pack 3 (SP3) o Windows XP.
- Pantalla: Super VGA (800 × 600) o monitor con una resolución superior.
- Disco duro: Las necesidades variarán en dependencia del paquete integrado que haya decidido instalar. Las instalaciones personalizadas pueden requerir más o menos espacio en el disco. Veamos los requisitos de espacio disponible en el disco para instalaciones individuales de Office 2003 Editions.
  - Microsoft Office Standard Edition 2003: 260 Mb de espacio disponible en el disco duro. La instalación opcional de archivos (recomendado) requiere un espacio adicional de 250 Mb.
  - Microsoft Office Small Business Edition 2003: 380 Mb en el disco duro y 190 Mb de espacio disponible Microsoft Office Outlook 2003 con Business Contact Manager. La instalación opcional de archivos requiere un espacio de 280 Mb.
  - Microsoft Office Student and Teacher Edition 2003: 260 Mb en el disco duro y la instalación opcional de archivos requiere un espacio adicional de 250 Mb.

- Microsoft Office Professional Edition 2003: 400 Mb de espacio disponible en el disco duro; 190 Mb de espacio disponible en el disco duro para Microsoft Office Outlook 2003 con Business Contact Manager. La instalación opcional de archivos requiere un espacio adicional de 290 Mb. Para la instalación opcional de Outlook 2003 con Business Contact Manager, necesitará, como mínimo, un PC Pentium 450-MHz, 260 Mb de RAM y 190 Mb de espacio disponible adicional en el disco duro.

Instalar el software

A continuación describiremos paso a paso el proceso de instalación. Hemos utilizado la edición Profesional de Office 2003 pero, no obstante, el proceso de instalación de Excel será prácticamente el mismo con cualquier versión. Durante el proceso de instalación se transferirá el contenido del CD-ROM (el soporte de distribución) al disco del ordenador. Dependiendo del entorno de trabajo, es posible que en lugar de disponer del CD-ROM de Office XP cuente con una unidad de red o un servidor Web desde el cual realizar la instalación. A continuación detallamos la instalación desde el CD-ROM pero, una vez iniciado el proceso desde la hipotética unidad de red o servidor Web, las diferencias serán mínimas:

Cualquiera de las versiones de Windows que se requieren para la instalación de Microsoft Office 2003, comprueba, cada vez que se inserta un CD-ROM, si éste es autoejecutable y actúa en consecuencia; por lo tanto, será suficiente insertar el CD-ROM de Microsoft Office 2003 para iniciar el programa de instalación. En caso de que esté desactivada la opción de autoejecución, haga lo siguiente para iniciar el programa de instalación:

- Haga clic en el botón **Inicio** de Windows; a continuación, seleccione Ejecutar, como se muestra en la figura A.1 y, con ayuda del botón **Examinar,** localice el archivo Instalar.exe en la unidad de CD-ROM donde haya insertado el CD de instalación. Por último haga clic en **Aceptar**.
- Hacer doble clic en el icono Mi PC, a continuación en el icono de la unidad de CD-ROM donde ha insertado el CD de instalación y, por último, haga clic en el archivo Instalar.exe.

A partir de ahora empieza la instalación del programa propiamente dicha.

Advertencia:

Puede que las ventanas que se muestran en las figuras de este apéndice no coincidan con las que observe en su ordenador, ello se debe a la personalización del entorno de Windows.

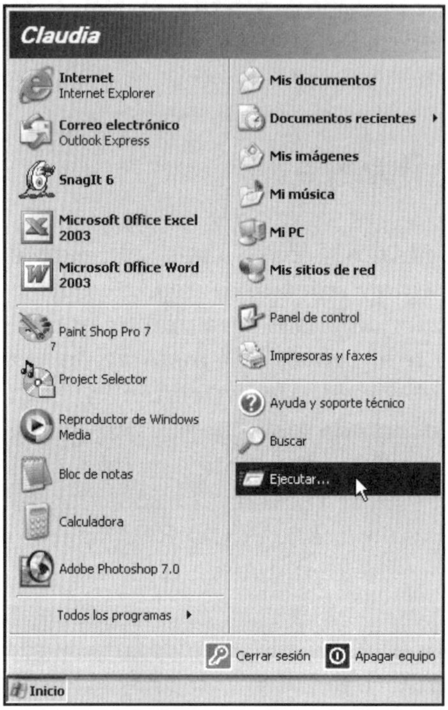

Figura A.1. Seleccionar Ejecutar en el menú Inicio.

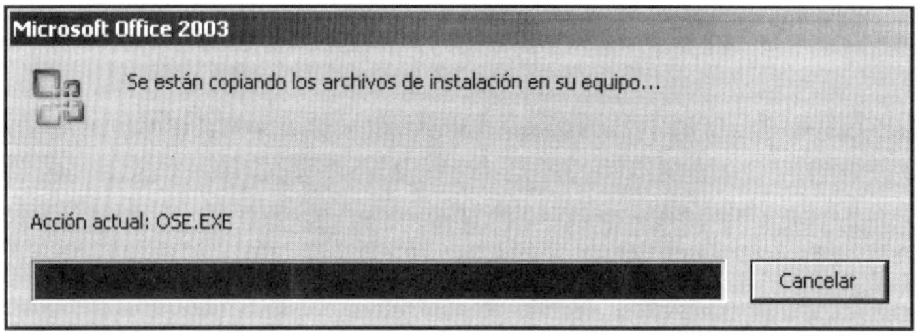

Figura A.2. Copia de los archivos de instalación en el equipo.

Al empezar la instalación el programa precisa recuperar una serie de datos para realizar su trabajo. Para ello inspeccionará el sistema, detectando su configuración actual de Office, si es que existe alguna. Durante este proceso se mostrarán dos ventanas, la primera, que mostramos en la figura A.2, indica que se están copiando los archivos de instalación en su equipo y la segunda, que puede apreciar en la figura A.3, explica que se está preparando el Asistente para la instalación de Microsoft Office.

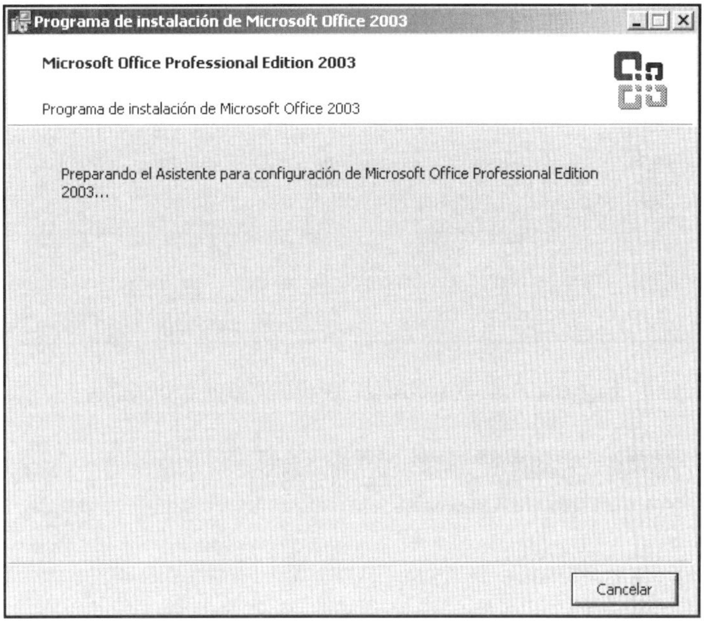

Figura A.3. Preparación del Asistente de instalación.

A partir de ahora siga los pasos que describimos a continuación para concluir la instalación con éxito:

1. A continuación se muestra el cuadro de diálogo que mostramos en la figura A.4 donde deberá introducir la clave del producto que encontrará en una etiqueta de la caja del CD-ROM. Una vez hecho esto haga clic en **Siguiente**.
2. En el cuadro de diálogo que se muestra en la figura A.5 aparecerá su nombre y el de la empresa u organización para la que trabaja. El programa de instalación recupera automáticamente estos datos, leyéndolos en la configuración de Windows. Si fuera preciso, corrija o complete dichos datos, y haga clic en el botón **Siguiente**.

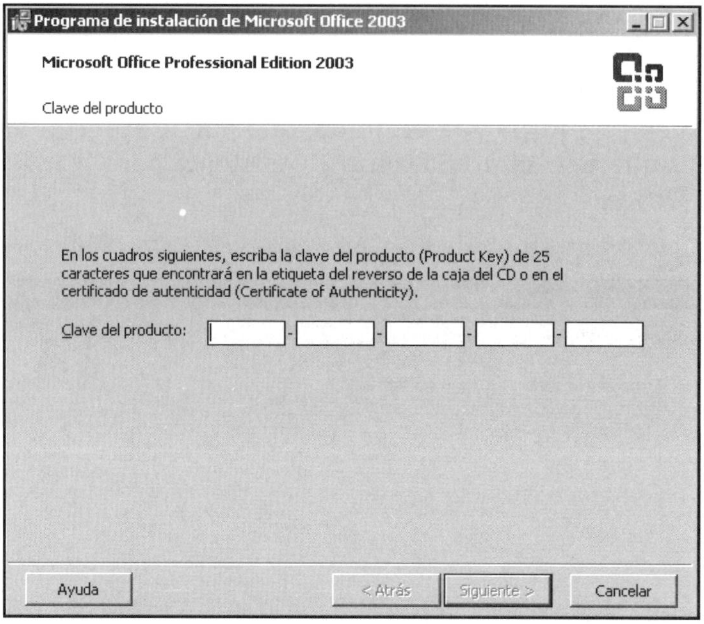

Figura A.4. Introducir la clave del producto.

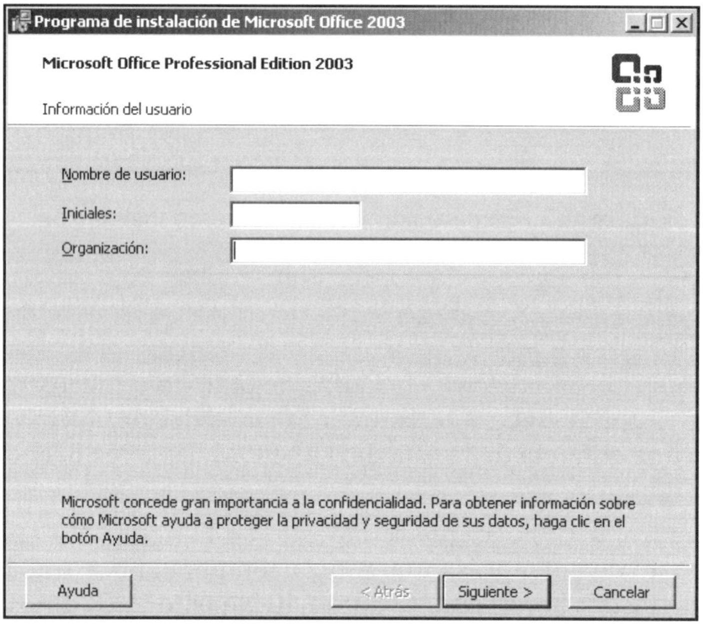

Figura A.5. Introducir los datos de usuario.

3. El siguiente cuadro de diálogo, que contiene los términos del Contrato de Licencia para Usuario Final, se muestra en la figura A.6. Debe leer este contrato y, si acepta las condiciones del contrato, active la casilla **Acepto los términos del Contrato de Licencia,** y haga clic en **Siguiente**.

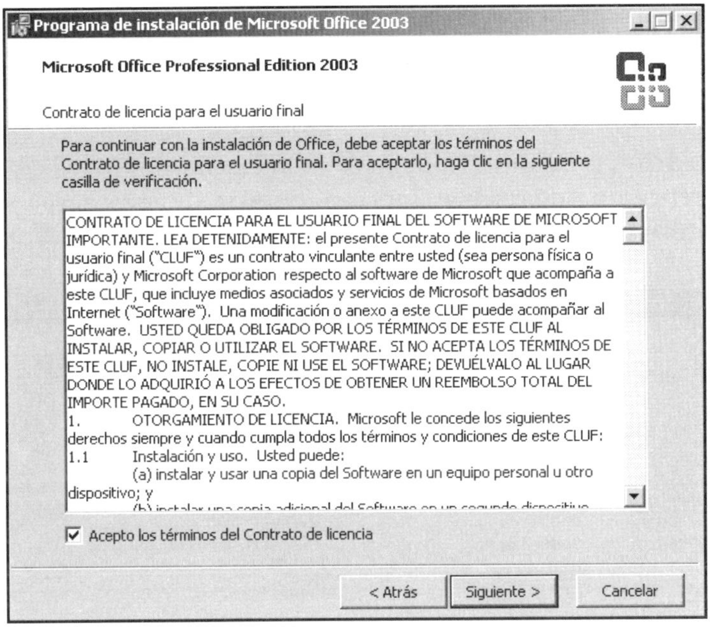

Figura A.6. Aceptar los términos del Contrato de Licencia.

El siguiente paso dependerá de si ya tiene instalada una versión anterior de Microsoft Office en su ordenador. Si ya posee una versión anterior, vaya directamente al siguiente apartado de este apéndice, "Actualizar versiones anteriores"; en caso contrario continúe con el paso siguiente:

4. El siguiente cuadro de diálogo, que se muestra en la figura A.7, permite modificar la ruta de acceso que se muestra de forma predeterminada (C:\Archivos de programa\Microsoft Office\) en el cuadro de texto Instalar en con ayuda del botón **Examinar**, pero no es recomendable. En esta ventana podrá elegir entre las siguientes opciones:
   - Instalación típica: Instalará la configuración predeterminada que incluye los componentes más utilizados. En la mayoría de los casos esta configuración suele ser la indicada. Para continuar con esta opción haga clic en **Siguiente** y vaya al paso 6.

- **Instalación completa**: Obviamente es que se instalarán todos los elementos de Office 2003, por lo que el espacio utilizado será bastante mayor y, a cambio, podrá disponer de una mayor funcionalidad. Para instalar esta opción selecciónela, haga clic en **Siguiente** y vaya al paso 6.
- **Instalación mínima**: Si, por el contrario, dispone de poco espacio libre en su disco duro, ésta sería la opción recomendable ya que instalaría sólo los elementos indispensables, consumiendo el menor espacio posible en el disco. Para instalarla selecciónela, haga clic en **Siguiente** y vaya al paso 6.
- **Instalación personalizada**: Si ya sabe exactamente los componentes de Office que desea instalar, y por algún motivo desea seleccionar esta opción, hágalo y haga clic en **Siguiente**.

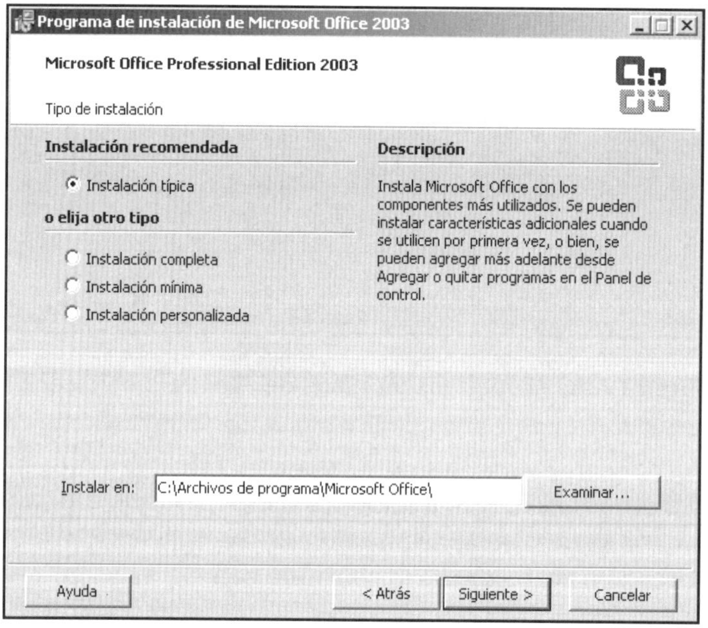

Figura A.7. Seleccionar el tipo de instalación.

5. Si ha elegido la Instalación Personalizada, el cuadro de diálogo que se muestra a continuación permite seleccionar qué aplicaciones desea instalar, como se aprecia en la figura A.8. A medida que active o desactive aplicaciones en la parte inferior derecha del cuadro de diálogo se mostrará el espacio requerido y el espacio disponible en el disco. Seleccione las aplicaciones que desea instalar y haga clic en **Siguiente**.

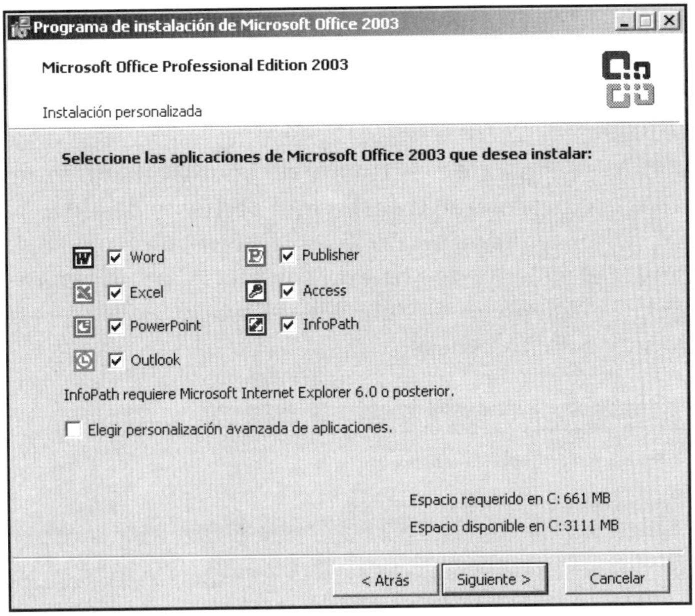

Figura A.8. Seleccionar las aplicaciones a instalar en la Instalación personalizada.

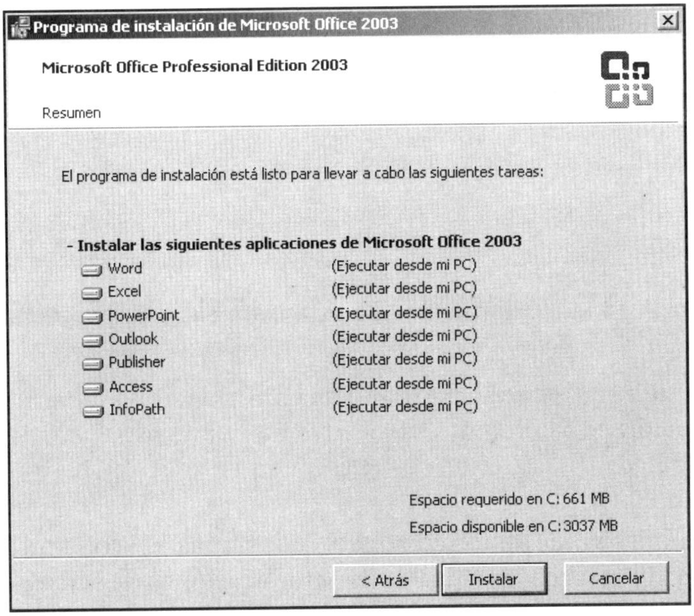

Figura A.9. Resumen de aplicaciones que van a instalarse.

6. El siguiente cuadro de diálogo, que aparece en la figura A.9 y que puede variar en dependencia del tipo de instalación seleccionado en el paso 4, muestra el resumen de las aplicaciones que van a instalarse. Para continuar haga clic en **Instalar**.
7. Espere mientras se instala el software de Microsoft Office en el ordenador; durante ese proceso se transferirán archivos desde el CD-ROM al disco duro del ordenador según las opciones que haya seleccionado y se configurará el sistema de acuerdo con ellas. Por otra parte, el cuadro de diálogo del asistente de instalación que se muestra en la figura A.10, informará sobre dicho proceso.

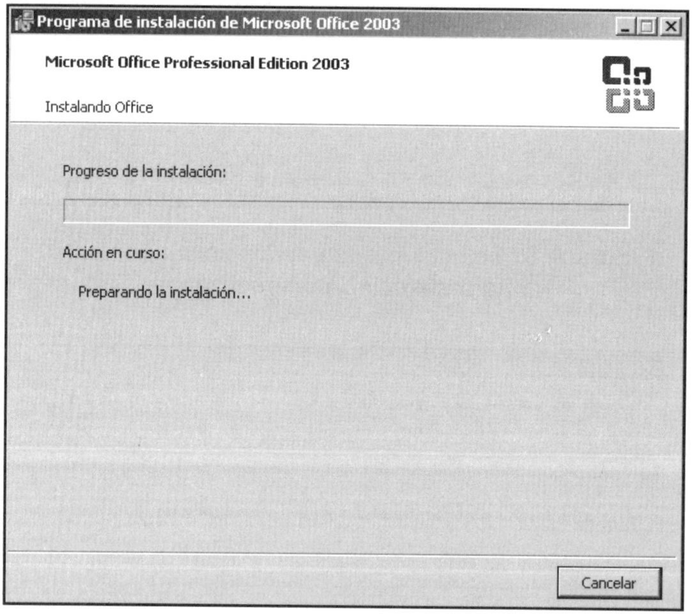

Figura A.10. Microsoft Office se está instalando en el ordenador.

8. Finalmente se mostrará la ventana de confirmación, que informará que la instalación de Microsoft Office 2003 ha finalizado correctamente. En este cuadro de diálogo que se muestra en la figura A.11, aparecen dos opciones:
   - Comprobar si hay actualizaciones y descargas adicionales disponibles en Web: Que accederá al sitio de actualizaciones de Microsoft Office.
   - Eliminar archivos de instalación: Elimina del sistema los archivos de instalación.

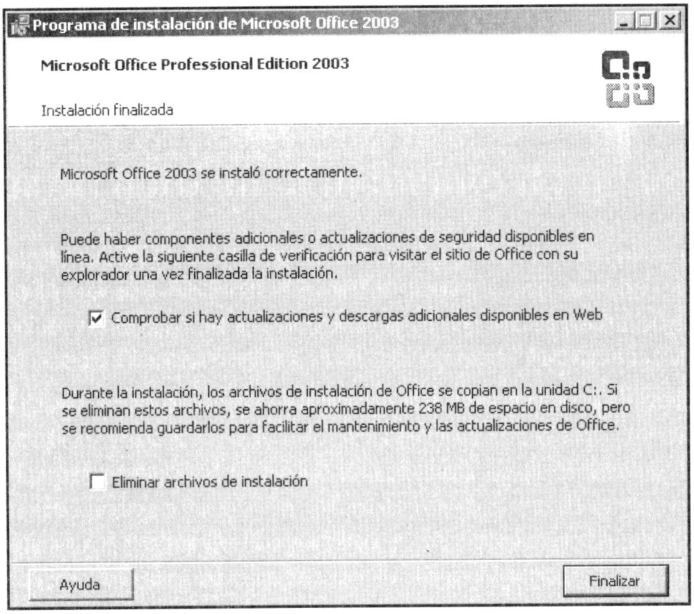

Figura A.11. La instalación ha finalizado.

Ambas opciones se ejecutarán si las activa; a continuación, haga clic en **Finalizar**.

Actualizar versiones anteriores

Si tiene instalada en su equipo una versión anterior de Microsoft Office, al detectarlo el programa de instalación mostrará la ventana que se muestra en la figura A.12 donde puede elegir entre actualizar la versión anterior o ejecutar una nueva instalación.

Si selecciona Actualizar, el programa de instalación eliminará la versión previa de Office e instalará Microsoft Office 2003 en la misma carpeta, manteniendo la configuración que tenía establecida y, si es posible, las personalizaciones que pudiesen existir en cada aplicación.

Si utiliza cualquiera de las otras opciones podrá decidir la carpeta de instalación y personalizar la instalación:

- Si selecciona instalar Microsoft Office 2003 en la misma carpeta en la que se encontraba la versión anterior, el programa de instalación sobrescribirá dicha versión con Office 2003.

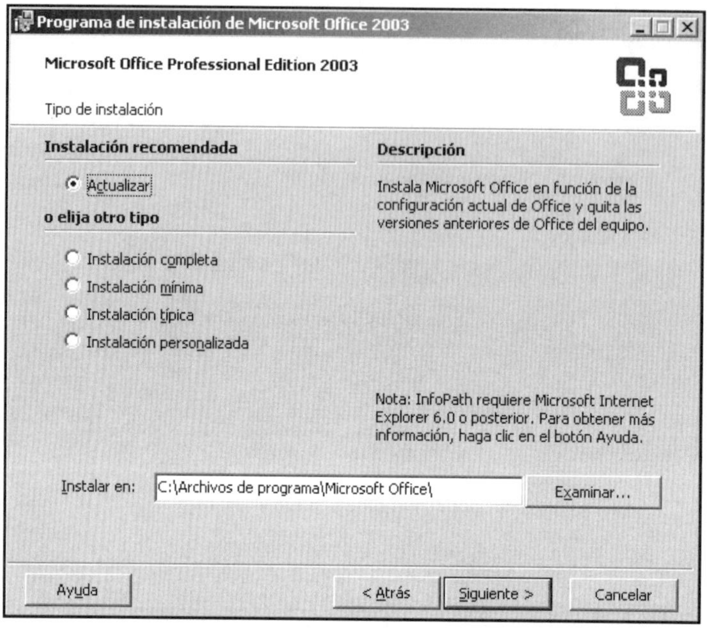

Figura A.12. Actualizar versiones anteriores.

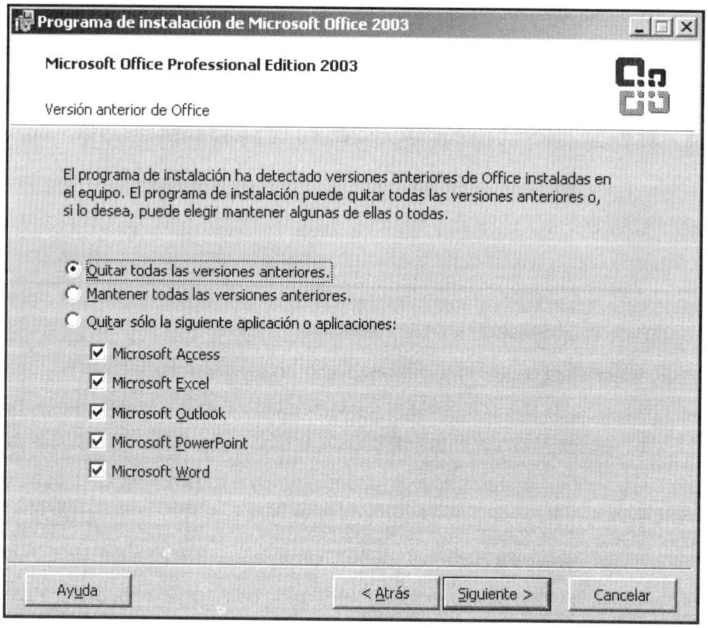

Figura A.13. Seleccione las opciones que desea mantener.

- En caso de que seleccione una carpeta diferente, podrá optar por eliminar la versión antigua o mantenerla. Para ello active o desactive las casillas de verificación o los botones que desee, que se muestran en la figura A.13, haga clic en **Siguiente** y vaya al paso 6 del apartado anterior.

Opciones del modo mantenimiento

El modo mantenimiento es una característica del programa de instalación. Para activar el modo mantenimiento puede utilizar cualquiera de las variantes que indicamos al inicio del capítulo para ejecutar el programa de instalación. También puede seleccionar Agregar o quitar programas en el Panel de Control, seleccione Microsoft Office 2003 y en uno de los botones **Cambiar** o **Quitar** en dependencia de lo que desee ejecutar, como se muestra en la figura A.14.

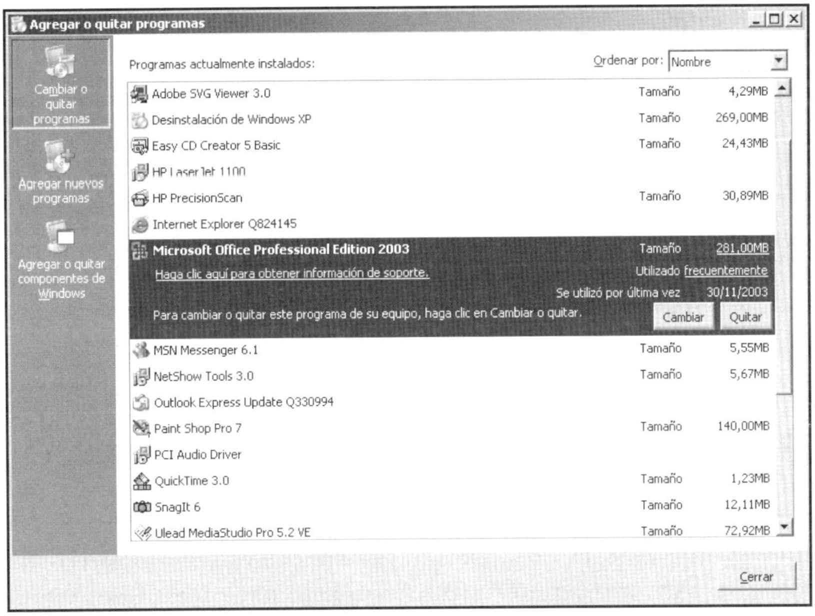

Figura A.14. Activar el modo de mantenimiento desde Agregar o quitar programas en el Panel de Control.

Una vez instalado el software, cada vez que ejecute el programa de instalación éste se iniciará automáticamente en este modo, mostrando la ventana que aparece en la figura A.15 y que permite:

- **Agregar o quitar funciones:** Como su nombre indica permite agregar o quitar funciones que no se incluyeron en la instalación inicial.
- **Reinstalar o reparar:** Utilice esta opción si alguna de las aplicaciones deja de funcionar o presenta un comportamiento anormal, debido probablemente a que se ha dañado algún archivo.
- **Desinstalar:** Desinstala la aplicación.

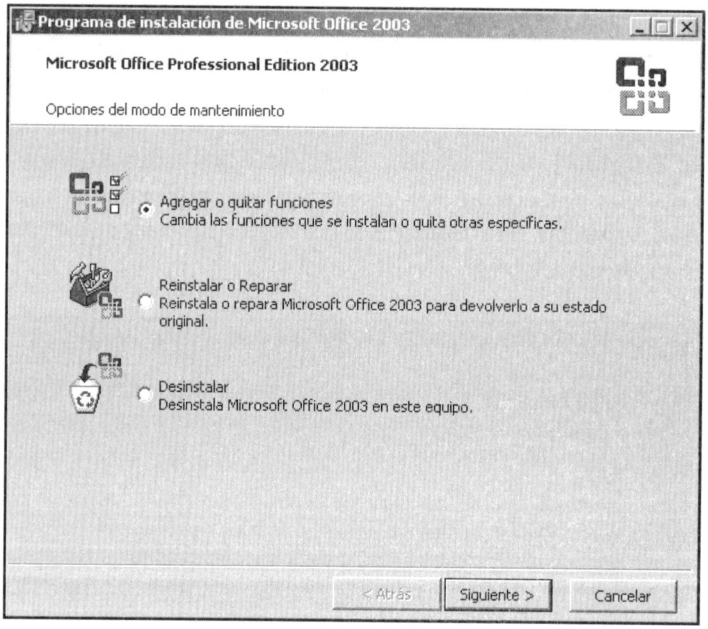

Figura A.15. Opciones del modo mantenimiento.

Activar el producto

Cuando inicie cualquiera de las aplicaciones de Microsoft Office 2003 por primera vez, se mostrará el Asistente para la activación de Microsoft Office 2003 que mostramos en la figura A.16. Este paso resulta indispensable para poder utilizar el paquete integrado de Microsoft Office 2003 y si no lo ejecuta, la mayoría de las opciones dejarán de estar disponibles cuando haya iniciado la aplicación varias veces. Este asistente presenta dos opciones para activar el producto:

- Deseo activar el software a través de Internet (recomendado).
- Deseo activar el software por teléfono.

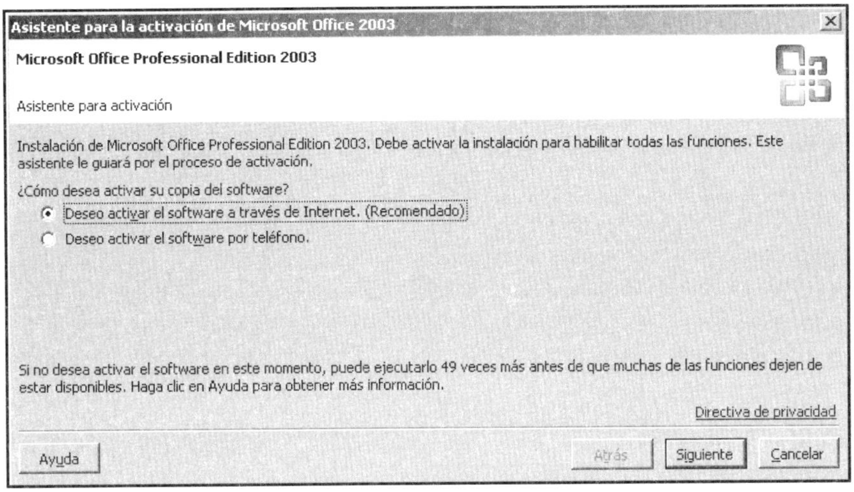

Figura A.16. Activar Microsoft Office 2003.

Si tiene conexión a Internet seleccione la primera opción para activar el producto, en caso contrario elija la segunda opción y siga los pasos indicados para la activación telefónica. Después de activar el producto podrá registrarlo. Este paso, que es opcional, permitirá que Microsoft le facilite información periódicamente sobre Office.

Índice alfabético

G

H

I

L

M

N

O

P

R

S

T

V

X

W

Soporte Técnico de Anaya Multimedia

Si tiene algún problema relacionado con el contenido de nuestras publicaciones, o con el material suministrado en las mismas, por favor comuníquelo a nuestro **Departamento de Soporte Técnico** a través de alguno de estos medios:

- TELÉFONO, en el número **91 320 90 36**. El horario es de **Lunes a Viernes desde las 9 a las 15 horas**. En el resto del día existe un contestador automático en donde podrá dejar sus mensajes, que serán respondidos a la mayor brevedad posible.

- FAX, en el número **91 320 44 19**.

- CORREO A NUESTRA DIRECCIÓN, **C/ Juan Ignacio Luca de Tena 15. 28027 Madrid**.

- CORREO ELECTRÓNICO a la dirección, **a_multimedia@anaya.es**.

Anaya Multimedia dispone de un servicio especial mediante el cual, cualquier persona que disponga de una DIRECCIÓN DE CORREO ELECTRÓNICO puede recibir información detallada de las nuevas publicaciones de nuestra editorial.

Si está interesado en suscribirse, puede hacerlo directamente a través de nuestra Web:

http://www.anayamultimedia.es

Una vez aquí, diríjase a la sección **Servicios** y, después, al apartado **Novedades a usuarios**.

También puede contactar con nosotros a través de cualquiera de los medios antes mencionados.